单片机技术及应用(第 2 版)

刘训非　陈希　张宇峰　王栋　编著

清华大学出版社
北京

内 容 简 介

本书以 MCS-51 系列单片机为对象，主要介绍单片机的基本结构、工作原理、指令系统、程序设计以及系统扩展与工程应用。在讲解单片机原理的同时，也介绍了单片机 C 语言程序设计方法，特别在讲解部分实例时，给出汇编语言和 C 语言两种语言的编写方法，目的是通过比较汇编语言与 C 语言的编写特点，使学生能够有比较性地选择一种语言进行学习，并且认识另一种语言。

本书依据高职教育培养高技能型人才的要求和办学特点来编写，内容系统、全面、深入浅出，重点突出动手能力的培养。在讲授基本工作原理的同时，作者结合自己多年的教学和项目开发经验，给出了许多实际项目，在项目的设置上力求做到循序渐进，使学生能够轻松掌握相关的技能和知识。本书侧重单片机系统构成与应用设计，通过实践环节，软、硬结合，初步培养学生的单片机开发能力。

本书适合高职高专类院校作为单片机或 C51 等相关课程的教材，也可作为各类电子信息工程、自动化技术人员和计算机爱好者的参考书。

图书在版编目(CIP)数据

单片机技术及应用/刘训非等编著. --2 版. --北京：清华大学出版社，2014(2020.1重印)
(高职高专计算机实用规划教材——案例驱动与项目实践)
ISBN 978-7-302-34465-0

Ⅰ. ①单…　Ⅱ. ①刘…　Ⅲ. ①单片机微型计算机—高等职业教育—教材　Ⅳ. ①TP368.1

中国版本图书馆 CIP 数据核字(2013)第 270025 号

责任编辑：张彦青　桑任松
封面设计：杨玉兰
责任校对：周剑云
责任印制：丛怀宇

出版发行：清华大学出版社
　　　　　网　　　址：http://www.tup.com.cn, http://www.wqbook.com
　　　　　地　　　址：北京清华大学学研大厦 A 座　　　邮　　　编：100084
　　　　　社 总 机：010-62770175　　　　　邮　　　购：010-62786544
　　　　　投稿与读者服务：010-62776969, c-service@tup.tsinghua.edu.cn
　　　　　质量反馈：010-62772015, zhiliang@tup.tsinghua.edu.cn
　　　　　课件下载：http://www.tup.com.cn, 010-62791865
印 装 者：北京国马印刷厂
经　　销：全国新华书店
开　　本：185mm×260mm　　　印　张：15.5　　　字　数：375 千字
版　　次：2010 年 3 月第 1 版　　2014 年 1 月第 2 版　　印　次：2020 年 1 月第 4 次印刷
定　　价：32.00 元

产品编号：052476-01

第 2 版前言

本书第 1 版为国家高职高专计算机实用规划教材，2011 年被评为江苏省高等学校精品教材。本书在第 1 版的基础上，按照教育部高职高专"十二五"规划教材和电子信息、机电一体化等专业课的要求，总结提高、修改增删而成。

教材在编写时，编著者提出以下修订思路：精选内容，突出单片机的案例驱动与项目实践，注重单片机应用技术的介绍，去掉繁杂的理论分析，简化器件内部结构的分析，讲清基本概念、软件/硬件的基本工作原理和基本分析方法，力求使本书易教易学。本书主要做了如下改进工作。

(1) 在第 1 版的基础上，引入多个单片机 C 语言编程项目，力求使学生多学点 C51 编程，使学生所学的编程方法更贴近实际。本书在第 6 章引用了 9 个 C 语言编程项目，编程难度循序渐进，每个项目后面附扩展练习，留给编程能力较高的学生练习。

(2) 加强单片机电路的设计与新增 Proteus 仿真分析。Proteus 仿真分析对于完成一个单片机项目的设计或修改非常方便，虽然是虚拟实验，但采用了 Proteus 仿真更易于项目教学，使学生做实验更方便。本书的教学采用实际项目和虚拟仿真相结合的方法。第 6 章的 9 个项目中重点是 Proteus 仿真。

(3) 单片机教学团队的老师们与电子产品检验所的工程师们经过几年来的教学与应用实践，编写本书第 2 版时，重点考虑增加企业的单片机案例，使案例更丰富、更实际，再加上 Keil 和 Proteus 的结合，仿真实验简易、方便，适合读者学习，所以本教材比市面上现有的相关教材更加实用、经济，教与学都比较方便，很适合读者学习。

参加本书修订工作的有王栋(第 1、2 章)、陈希(第 5 章)、张宇峰(第 6、7 章和附录)、袁志敏(第 5、7 章的部分内容)、刘训非(第 3、4 章)。

刘训非负责全书的策划、组织和定稿。

由于电子信息技术发展迅速，且由于作者水平有限，因此错误和疏漏之处在所难免，恳请使用本教材的师生和其他读者予以批评指正，以便不断提高。

编 者

第 1 版前言

单片微型计算机简称单片机，是典型的嵌入式微控制器，由于其具有集成度高、体积小、功耗低、性价比高、功能强、应用灵活、可靠性高等优点，所以在工业控制、机电一体化、通信终端、智能仪表、家用电器等诸多领域中都起着十分重要的作用，并且应用越来越广泛。鉴于此，工科类高职高专院校师生和工程技术人员了解并掌握单片机的原理及应用技术就显得十分必要了。目前，单片机技术已成为高职高专院校电子、计算机、机械等专业的学生所要学习的重要课程之一。

在新的背景下，由于原有教材体系和教材内容已不能适应当今高职高专教育的培养目标和要求，因此结合自己多年的教学经验与研发经验编写了本书，旨在满足新形势下的教学需要。本书具有以下特点。

1. 课程进行了整合

单片机课程和 C 语言课程是工科专业的两门主干课程。在大多数高职院校，单片机和C 语言作为两门课程分别讲授，但是由于单片机内容较多，既要讲硬件，又要讲软件，而且实践内容也多，总觉得学时不够，学生学得也不够扎实；而 C 语言也缺乏实践内容，基本理论又比较枯燥、乏味，学生缺乏学习兴趣，即使学完课程，学生仍一知半解。为了改善这种状况，我们决定把它们进行整合，这样既可以增加单片机课程的课时，让学生得到更多的实践机会，又能给 C 语言课程的学习提供一个很好的实践内容。目前，既讲单片机又讲 C 语言的教材很少，特别是适合于高职高专学生这方面的教材更不多见。同时，由于C51在开发比较复杂的单片机应用系统时，已成为主流，且具备移植性好、仿真调试容易等特点，所以在编写单片机教材的同时引入 C51 是非常必要的。

2. 课程内容实用

本书的编写以国家和行业制定并颁布的法规、标准、规范为依据，体现了我国当前单片机技术及应用实践中的真实情况，反映了国内外本学科的发展动态。

3. 知识体系博采众长

编者广泛参考和吸取国内外相关教材的优点，充分吸收国内外最新学科理论的研究成果和教学改革成果。

4. 教学案例典型、丰富

单片机是一门应用性很强的学科，在本书的编写过程中，编者始终坚持"理论够用、重在技能型人才的培养"原则，书中附有大量典型实用的案例，特别是将大规模的案例引入课堂教学，使学生能够置身于真实的工程环境中，通过实例进行模拟练习，以提高学生的实践能力。

5. 教材内容广泛、全面并进行了整合

教材内容紧跟当前工程实际应用，紧扣当前用人单位需求和学生就业市场，并为技能等级考核、学生电子竞赛等打下一定的基础。

6. 课程知识结构合理

在知识结构上，本书以 MCS-51 系列单片机为对象，主要向学生介绍单片机的基本结构、工作原理、指令系统与程序设计、系统扩展与工程应用，做到主线明确、层次分明、重点突出、结构合理。

7. 教材框架便于教学

本书在体系架构方面，每章开头均介绍了本章的教学提示和教学目标，章后设置实践训练和习题，便于教师教学和学生自学，有助于学生尽快学习和领悟书中的知识结构系统，加强对所学知识的综合应用。

本书由刘训非、陈希、张宇峰、王栋编著。参编者的具体分工为：王栋编写第 1 章；张宇峰编写第 2 章；钱昕编写第 3 章、第 4 章；蔡成炜编写第 5 章、第 6 章；陈希编写第 7 章；程雪敏编写第 8 章、第 9 章；刘训非编写第 10 章、第 11 章。全书由刘训非、张宇峰负责统稿。特在此对本书出版给予支持帮助的单位和个人表示诚挚的感谢！同时感谢参考文献中的作者，本书借鉴了他们的部分成果，他们的工作给予我们很大的帮助和启发。

由于编者水平有限，书中难免存在错误和不足之处，真诚希望得到专家和广大读者的批评和指正。

编　者

目 录

高职高专计算机实用规划教材—案例驱动与项目实践

第 1 章 单片机基础知识

教学提示：

本章介绍单片机的基础知识和计算机的数制转换及编码，并为初学者介绍 Keil μVision4 和 Proteus 7.7 两款工具软件，为以后各章的学习打下基础。

教学目标：

- 了解单片机的最小系统和一般系统。
- 了解单片机的发展历程。
- 了解单片机的种类。
- 掌握 Keil 软件的使用。
- 掌握 Proteus 软件的使用。
- 掌握计算机的数制。

1.1 单片微型计算机

单片微型计算机是制作在一块集成电路芯片上的计算机，简称单片机；它包括中央处理器(CPU)、用 RAM 构成的数据存储器、用 ROM 构成的程序存储器、定时/计数器、各种输入/输出(I/O)接口和时钟电路，可独立地进行工作。

如典型 8 位单片机 8051 片内 ROM 为 4000 字节，片内 RAM 为 256 字节，有两个 16 位定时/计数器、4 个功能复用的并行口和 1 个异步通信串行口。

许多单片机还有专用的 I/O 接口和功能，如能直接驱动各种显示器的并行口、模拟/数字转换接口、通信接口、DMA(存储器直接存取)功能、字符发生或波形发生功能等。

单片机可当作学习机，用来学习有关的微处理器原理及应用知识，学习按相应的指令系统进行汇编语言编程。将程序固化后，单片机可用作小型专用计算机。

1.1.1 单片机最小系统

单片机最小系统，或者称为最小应用系统，是指用最少的元件组成的使单片机可以工作的系统。

对一般的 51 系列单片机来说，只需单片机、晶振电路和复位电路，便可组成一个最小系统(但一般我们在设计中总是喜欢把按键输入、显示输出等加到上述电路中，构成最小系统)。如 8051 单片机加上一个时钟电路和复位电路，就组成一个完整的最小系统，如图 1-1 所示。

最小系统只是单片机能工作的最低要求，它不能对外完成控制任务，也不能实现人机对话；要进行人工对话，还需要一些输入、输出部件。做控制时还要有执行部件。

所以一般最小系统应具有一定的可扩展性。利用单片机的 I/O 口，可方便地与其他电路板连接，另外，我们可以在最小系统周围连上按键、LED 等简单的外围设备，使得我们在制作完最小系统以后，可以确保其正常工作。

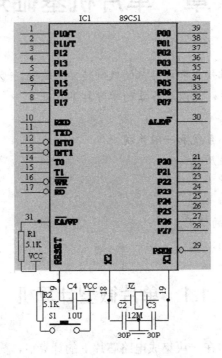

图 1-1　8051 最小系统

1.1.2　单片机的基本知识

微型计算机包含有微处理器(通称 CPU，即 Central Processing Unit)，存储器(存放程序指令或数据的 ROM(Read Only Memory)、RAM(Random Access Memory)，输入/输出口(Input/Output，I/O)及其他功能部件，如定时/计数器、中断系统等。它们通过地址总线(Address Bus，AB)、数据总线(Data Bus，DB)和控制总线(Control Bus，CB)连接起来，通过输入/输出口线与外部设备及外围芯片相连。CPU 中配置有指令系统，计算机系统中配有驻机监控程序、系统操作软件及用户应用软件。

1. 单片机

单片机是微型计算机中的一种，是把微型计算机中的微处理器、存储器、I/O 接口、定时/计数器、串行接口、中断系统等电路集成在一块集成电路芯片上形成的微型计算机。因而被称为单片微型计算机，简称单片机。

换一种说法，单片机就是不包括输入输出设备、不带外部设备的微型计算机，相当于一个没有显示器，没有键盘，不带监控程序的单板机。

虽然单片机只是一个芯片，但从组成和功能上看，它已具有了计算机系统的属性，因此称它为单片微型计算机(Single Chip Micro-Computer，SCMC)，简称单片机。单片机系统结构如图 1-2 所示。

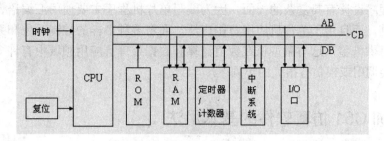

图 1-2 单片机系统结构

单片机在应用时通常处于被控系统核心地位并融入其中，即以嵌入的方式进行使用。

为了强调其"嵌入"的特点，也常常将单片机称为嵌入式微控制器(Embedded Micro-Controller Unit，EMCU)，在单片机的电路和结构中有许多嵌入式应用的特点。

在学习单片机时，还应注意区别通用单片机和专用单片机、单片机和单片机系统、单片机应用系统和单片机开发系统、单片机的程序设计语言和软件。

2．单片机和单片机系统

单片机只是一个芯片，而单片机系统则是在单片机芯片的基础上扩展其他电路或芯片构成的具有一定应用功能的计算机系统。

通常所说的单片机系统都是为实现某一控制应用需要由用户设计的，是一个围绕单片机芯片而组建的计算机应用系统。在单片机系统中，单片机处于核心地位，是构成单片机系统的硬件和软件基础。

在单片机硬件的学习上，既要学习单片机，也要学习单片机系统，即单片机芯片内部的组成和原理，以及单片机系统的组成方法。

3．单片机应用系统和单片机开发系统

单片机应用系统是为控制应用而设计的，该系统与控制对象结合在一起使用，是单片机开发应用的成果。但由于软硬件资源所限，单片机系统本身不能实现自我开发。要进行系统开发设计，必须使用专门的单片机开发系统。

单片机开发系统是单片机系统开发调试的工具。早期使用逻辑分析仪；现在使用在线仿真器(In Circuit Emulator，ICE)，如 DICE、SICE、DP-852、KDC-51、SBC-51、EUDS-51。

4．单片机的程序设计语言和软件

单片机程序设计语言和软件主要是指在开发系统中使用的语言和软件。在单片机开发系统中使用机器语言、汇编语言和高级语言。

机器语言是用二进制代码表示的单片机指令，用机器语言构成的程序称为目标程序。汇编语言是用符号表示的指令，汇编语言是对机器语言的改进，是单片机最常用的程序设计语言。虽然机器语言和汇编语言都是高效的计算机语言，但它们都是面向机器的低级语言，不便于记忆和使用，且与单片机硬件关系密切，这就要求程序设计人员必须精通单片机的硬件系统和指令系统。

单片机也开始尝试使用高级语言，其中编译型语言有 P1、M51、C-51、C、MBASIC-51 等，解释型的有 MBASIC 和 MBASIC-52 等。

单片机程序设计有其复杂的一面，因为编写单片机程序主要使用汇编语言，使用起来有一定的难度，而且由于单片机应用范围广泛，面对多种多样的控制对象和系统，很少有现成的程序可供借鉴，这与微型机在数值计算和数据处理等应用领域中有许多成熟的经典程序可供直接调用或模仿有很大的不同。

1.1.3　Keil C51 仿真软件的基本用法

当我们分析完功能模块并编制程序之后，就可以进行程序的编译和调试了。这里我们采用 Keil μVision4 软件，本节我们主要学习怎样使用 Keil μVision4 软件。

1. 安装 Keil

可以通过 http://www.keil.com 网站下载 Keil RealView Microcontroller Development Kit Evaluation 软件。这个软件包包含有 Keil μVision4 集成开发环境。评估版本有一定限制，最大只能使用 32KB 的镜像文件，但它是免授权(License-free)的。

关于安装 Keil μVision4 的更多信息，可以参考 Keil 下载包中的 Read Me First 文档。

2. 连接目标设备

目标设备可用 PC 的 USB 供电，或者也可以用其他 5 伏特的直流电源。将 Keil ULINK 调试器通过 USB 与 PC 相连，通过 SWD 端口(Serial Wire Debug)与目标板相连。连好以后，将可以用它来向目标设备下载程序和调试，如图 1-3 所示。

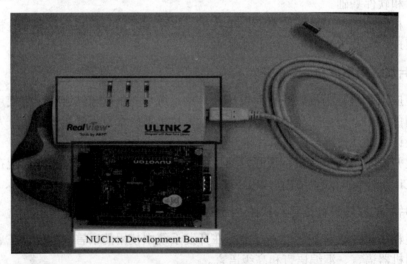

图 1-3　ULINK 使用一根 20 脚的带状电缆与 NUC1xx 开发板连接

3. μVision4 概要

μVision4 有如下两种操作模式。

(1) 构建模式：用于编辑和编译所有的程序文件，并生成最终的可执行程序。在创建程序相关章节中，我们将详细描述该构建模式。

(2) 调试模式：提供一个强大的调试环境，帮助我们跟踪调试程序，如图 1-4 所示。

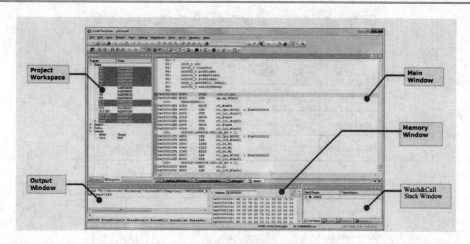

图 1-4　调试模式

4．构建过程

在菜单或工具栏上单击 Build Target(见图 1-5)命令之后，将开始编译代码。系统将自动检测文件依赖和关联性，因此只有修改过的文件才会被重新编译，这样可以显著地加快编译过程。开发者或许可以设定全局优化选项，对 C 或其他模块执行增量式重编译。通过 Project菜单，可以进入项目文件和项目管理设置对话框。

命令选项	工具条按钮	功能描述	快捷键
Translate...		编译当前文件	无
Build Target		编译修改后的文件并构建应用程序	F7
Rebuild Target		重新编译所有文件并构建应用程序	无
Batch Build		编译选中的多个项目目标	无
Stop Build		停止编译过程	无
Flash Download		调用 Flash 下载工具（需要事先配置此工具）	无
Target Option		设置该项目目标的设备选项、输出选项、编译选项、调试器和 flash 下载工具等选项。	无
Select Current Project Target		选择当前项目的目标	无
Manage Project		设置项目组件，配置工具环境，项目相关书籍等	无

常用项目描述如下：

图 1-5　构建选项及工具条按钮功能描述

5．调试器

Keil μVision4 集成开发环境包含仿真器、调试器等，提供了一个单纯统一的环境，使得开发者能够快速地编辑、仿真和调试程序。通过μVision4 的工具条，就可以实现绝大多数调试和编辑的功能，如图 1-6 所示。

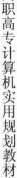

常用项目描述如下：

命令选项	工具条按钮	功能描述	快捷键
Reset CPU		重置 CPU	Ctrl+F5
Go		运行程序，直到遇到一个活动断点	F5
Halt Execution		暂停运行程序	ESC
Single step into		单步运行。如果当前行是函数，会进入函数。	F11
Step Over		单步运行。如果当前行是函数，会将函数一直运行过	F10
Step Out		运行直到跳出函数，或遇到活动断点。	无
Run to cursor line		运行到光标所在行	无
Show next statement		显示下一条执行语句或指令	无
Disassembly		显示或隐藏汇编窗口	无
Watch & Call Stack window		显示或隐藏Watch & Call Stack窗口	无
Memory window		显示或隐藏Memory窗口	无

图 1-6　调试选项及工具条按钮功能描述

在代码编辑区域，可以通过右键菜单设定断点。如果还没调试，在编辑状态就设定这些断点，调试开始后，这些断点会自动生效。µVision4 标记了编辑窗口中每一行的属性，所以可以快速地查看当前的所有断点和执行状态。

6．使用步骤

下面来看一个 C51 程序编译的实例。

【例 1-1】 C51 程序实例。代码如下：

```
#include <reg51.h>
#include <stdio.h>      //包含文件
sbit p2_0 = P2^0;
sbit p2_1 = P2^1;

void main(void)         //主函数
{
    while(1)            //无限循环
    {
        p2_0 = 0;       //亮灯
        p2_1 = 1;       //灭灯
    }
}
```

一个完整的 C51 程序是由一个 main()函数(又称主函数)和若干个其他函数结合而成的。学习程序设计语言、学习某种程序软件时，最好的方法是直接操作实践。下面我们主要通过此程序的调试、运行，引导读者学习 Keil µVision4 软件的基本用法和调试技巧。

(1) 建立项目

首先要养成一个习惯：先建立一个空文件夹，把我们的工程文件放到里面，以避免与其他文件混淆。如图 1-7 所示，先创建了一个名为"Mytest"的工程文件夹。

图 1-7　新建工程文件夹

(2)　打开软件

双击桌面上的 Keil μVision4 图标，出现启动画面，如图 1-8 所示。

图 1-8　Keil μVision4 启动画面

(3)　新建工程

从菜单栏中选择 Project → New μVision Project 命令新建一个工程，如图 1-9 所示。

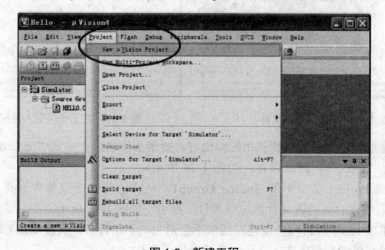

图 1-9　新建工程

弹出如图 1-10 所示的 Create New Project 对话框，选择放在刚才建立的 Mytest 文件夹下，给这个工程取个名(例如"test")后保存，不需要填写后缀。注意版本 4 默认的工程后缀与μVision3 及 μVision2 不同了，为 uvproj。单击"保存"按钮后，弹出 Select Device for Target 对话框，选择目标器件，这里在 CPU 窗口中选择 Atmel 公司的 AT89C52 单片机型号(实际根据所选用的单片机型号而定)，如图 1-11 所示。

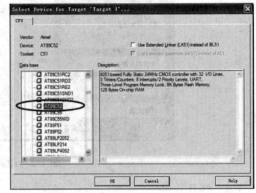

图 1-10 保存工程到工程文件夹   图 1-11 单片机选型

(4) 新建源文件

从菜单栏中选择 File → New 命令新建一个源文件，如图 1-12 所示。在空白工作区中正确写入或复制一个完整的 C 或汇编程序，如图 1-13 所示。单击工具栏中的"保存"按钮，将弹出 Save As 对话框，输入源程序文件名称，这里的示例中输入了"test"这个名称，而实际上，开发者可以随便命名。

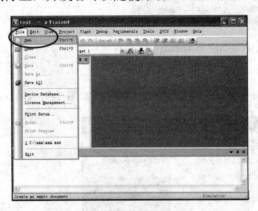
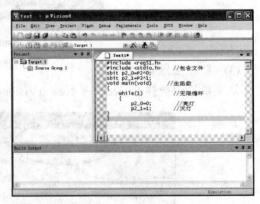

图 1-12 新建源程序文件   图 1-13 在工作区写入源程序

需要注意的是：如果我们想使用汇编语言，要带后缀名，一定是"test.asm"，如果是 C 语言，则是"test.c"，然后保存，如图 1-14 所示。

右击左侧 Project 窗口中的 Source Group1，从弹出的快捷菜单中选择 Add Files to Group...命令，将保存好的源文件添加到项目工程中，如图 1-15 所示。

读者在单击 ADD 按钮时会发现对话框不会消失，不用管它，直接单击 Close 按钮关闭就行了，此时可以看到程序文本字体颜色已发生了变化。

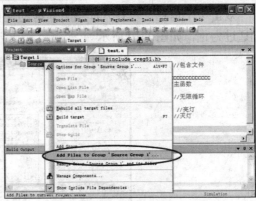

图 1-14　保存源文件　　　　　　　　　　图 1-15　添加源文件到工程

(5)　设置属性

在编译之前，要对工程属性进行设置，右击左侧 Project 窗口中 Target1，从弹出的快捷菜单中选择 Option for Target 命令，从弹出的对话框中选择 Target 选项卡，建议初学者将其中的 Xtal(MHz)改为 12MHz，如图 1-16 所示；再选择 Output 选项卡，如图 1-17 所示，选中 Create HEX File 复选框，右上角的 Name of Executable 可以更改 HEX 文件的名称。

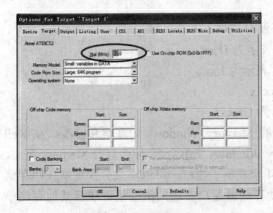
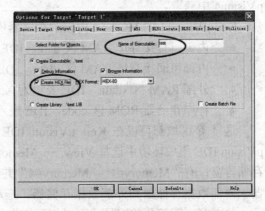

图 1-16　改仿真时钟　　　　　　　　　　图 1-17　设置输出 HEX 文件

(6)　编译成功

从菜单栏中选择 Project → Build Target 命令(或者使用快捷键 F7 或通过单击工具条上的"Build 目标"按钮)，可以编译所有的源文件并生成应用。编译结果会显示在输出窗口内。如果是"0 Error(s), 0 Warning(s)."就表示程序没有问题了(至少是在语法上不存在问题)，需注意的是，此时并不代表程序没有任何错误了。如果存在错误或警告，μVision4 将在 Build Output 窗口中显示这些错误和警告信息，如图 1-18 所示。

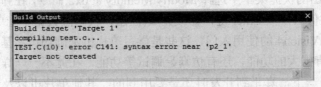

图 1-18　编译出错

双击一个信息，将打开此信息对应的文件并定位到语法错误处。修改后，再编译，直到通过为止，如图1-19所示。

图1-19　编译通过

(7) 调试成功

在 Keil μVision4 中可以区域性地观察和修改所有的存储器数据，这些数据从 Keil μVision4 中获取。

Keil μVision4 把 MCS-51 内核的存储器资源分成如下 4 个区域：

● 内部可直接寻址 RAM 区 data，IDE 表示为 D:xx。
● 内部可间接寻址 RAM 区 idata，IDE 表示为 I:xx。
● 外部 RAM 区 xdata，IDE 表示为 X:xxxx。
● 程序存储器 ROM 区 code，IDE 表示为 C:xxxx。

这 4 个区域都可以在 Keil μVision IDE 的 Memory Windows 中观察和修改。在 Keil μVision IDE 集成环境中选择 View → Memory Windows 菜单命令，便会打开 Memory 窗口，存储器窗口有"Memory#1 ～ Memory#4"共 4 个观察子窗口，可以用来分别观察代码存储器、内部数据存储器和外部数据存储器。拖动存储器窗口右边的滚动条可观察其他存储单元，单击窗口下部分的编号，可以相互切换显示。

在地址输入栏内输入待显示的存储器区起始地址。如"D:47H"，表示从内部可直接寻址 RAM 区 47H 地址处开始显示；"X:2014H"，表示从外部 RAM 区 2014H 地址处开始显示；"C:0x0006"，表示从程序存储器 ROM 区 0006H 地址处开始显示。

在区域显示中，默认的显示形式为十六进制字节(byte)，但是可以选择其他显示方式，在 Memory 窗口内右击，从弹出的快捷菜单中可以选择其他显示方式。

在 Memory 窗口中显示的数据可以修改，修改方法如下：用鼠标对准要修改的存储器单元并右击，从弹出的快捷菜单中选择 Modify Memory at 0x...命令，在弹出对话框的文本输入栏内输入相应数值后，按 Enter 键，修改完成(注意，代码区数据不能更改)。

以上是 Keil μVision4 的使用入门，这些是学习单片机基础知识和基本操作所必备的。Keil μVision4 拥有强大的功能，还有仿真、调试等功能，在此不一一详解，建议读者找专业书籍好好地学习一下，真正到开发时还是要用到的。其他单片机以及嵌入式芯片的编译仿真下载过程均可参看以上例子，过程基本都类似。

1.1.4 Proteus 的基本用法

1. 概述

(1) 认识 Proteus

Proteus 是英国 Labcenter Electronics 公司开发的 EDA 软件。它运行于 Windows 操作系统上，能够实现从原理图设计、电路仿真到 PCB 设计的一站式作业，真正实现了电路仿真软件、PCB 设计软件和虚拟模型仿真软件的三合一。

Proteus 的特点是：①完善的电路仿真和单片机协同仿真，具有模拟、数字电路混合仿真，单片机及其外围电路的仿真，拥有多样的激励源和丰富的虚拟仪器；②支持主流单片机类型，目前支持的单片机类型有 68000 系列、8051 系列、ARM 系列、AVR 系列、PIC10 系列、PIC12 系列、PIC16 系列、PIC18 系列、PIC24 系列、DSPIC33 系列、MPS430 系列、HC11 系列、Z80 系列以及各种外围芯片；③提供代码的编译与调试功能，自带 8051、AVR、PIC 的汇编器，支持单片机汇编语言的编辑、编译，同时支持第三方编译软件(如 Keil μVision)进行高级语言的编译和调试；④智能、实用的原理图与 PCB 设计，在 ISIS 环境中完成原理图的设计后可以一键进入 ARES 环境进行 PCB 设计。

这里主要介绍 Proteus ISIS 的工作环境和一些基本操作。

(2) 进入 Proteus ISIS

我们以 Proteus 7.7 为例，简单介绍软件的使用过程。双击桌面上的 ISIS 7 Professional 图标或者单击屏幕左下方的"开始"→"所有程序"→"Proteus 7 Professional"→"ISIS 7 Professional"，进入 Proteus ISIS 欢迎界面，如图 1-20 所示。

(3) 工作界面

Proteus ISIS 的工作界面是一种标准的 Windows 界面，包括屏幕上方的标题栏、菜单栏、标准工具栏，屏幕左侧的绘图工具栏、对象选择按钮、预览对象方位控制按钮、仿真进程控制按钮、预览窗口、对象选择器窗口，屏幕下方的状态栏，屏幕中间的图形编辑窗口，如图 1-21 所示。

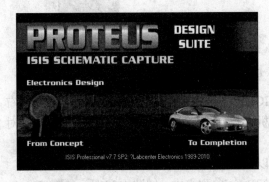

图 1-20 Proteus ISIS 的欢迎界面   图 1-21 Proteus 软件的工作界面

对于初次接触 Proteus 软件的人来说，如果一开始就单独介绍 Proteus 的各项功能的详细使用，会看得晕头转向，未免太枯燥无味了。所以我们将通过项目实践的方式带领读者认识和了解 Proteus，并掌握 Proteus 的使用。

2．项目实践

(1) 电路设计

首先设计一个简单的单片机电路，如图 1-22 所示。

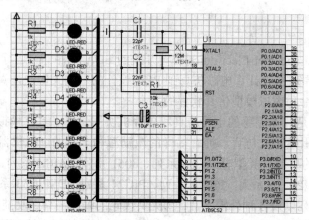

图 1-22　单片机控制 LED 灯闪烁电路

电路的核心是单片机 AT89C52，晶振 X1 和电容器 C1、C2 构成单片机时钟电路，单片机的 P1 口接 8 个发光二极管，二极管的阳极通过限流电阻接到电源的正极。

(2) 电路图绘制

①　将需要用到的元器件加载到对象选择器窗口。单击对象选择器按钮 P，弹出 Pick Devices 对话框，如图 1-23 所示。

图 1-23　调出 Pick Devices 对话框

在 Category 列表中找到"Microprocessor ICs"选项，用鼠标左键单击，在对话框的右侧，会发现这里有大量常见的各种型号的单片机。找到 AT89C52，双击。这样在左侧的对象选择器就有了 AT89C52 这个元件了。

如果知道元件的名称或者型号，我们也可以在 Keywords 文本框中输入"AT89C52"，系统在对象库中进行搜索，并将搜索结果显示在 Results 列表中，如图 1-23 所示。在 Results 列表中，双击"AT89C52"即可将 AT89C52 加载到对象选择器窗口内。

接着在 Keywords 文本框中输入"CRY"，然后在 Results 列表中，双击"CRYSTAL"将晶振加载到对象选择器窗口内，如图 1-24 所示。

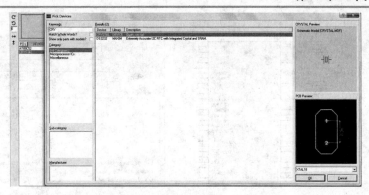

图 1-24 搜索晶振 CRYSTAL

经过前面的操作，我们已经将 AT89C52、晶振加载到了对象选择器窗口内，现在还缺 CAP(电容)、CAP POL(极性电容)、LED-RED(红色发光二极管)、RES(电阻)，我们只要依次在 Keywords 文本框中输入 CAP、CAP POL、LED-RED、RES，然后在 Results 列表中，把需要用到的元件加载到对象选择器窗口内即可。

在对象选择器窗口内，用鼠标左键单击 AT89C52，会在预览窗口看到 AT89C52 的实物图，且绘图工具栏中的元器件按钮 处于选中状态。在单击 CRYSTAL、LED-RED 时也能看到对应的实物图，按钮也处于选中状态，如图 1-25 所示：

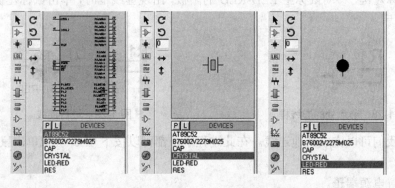

图 1-25 放置单片机、晶振和 LED

② 将元器件放置到图形编辑窗口。

在对象选择器窗口内，选中 AT89C52，如果元器件的方向不符合要求，可使用预览对象方向控制按钮进行操作。如用 按钮对元器件进行顺时针旋转，用 按钮对元器件进行逆时针旋转，用 按钮对元器件进行左右翻转，用 按钮对元器件进行上下翻转。元器件方向符合要求后，将鼠标置于图形编辑窗口元器件需要放置的位置，单击鼠标左键，出现紫红色的元器件轮廓符号(此时还可对元器件的放置位置进行调整)。再单击鼠标左键，元器件被完全放置(放置元器件后，如还需调整方向，可使用鼠标左键，单击需要调整的元器件，再单击鼠标右键，从快捷菜单进行调整)。同理将晶振、电容、电阻、发光二极管放置到图形编辑窗口，如图 1-26 所示。

在图 1-26 中，我们已将元器件编好了号，并修改了参数。修改的方法是：在图形编辑窗口中，双击元器件，在弹出的 Edit Component 对话框中进行修改。现在以电阻为例进行说明，如图 1-27 所示。

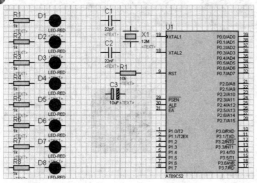

图 1-26　放置所有元件　　　　　　　　　图 1-27　修改电阻属性

把 Component Reference 文本框中的 R?改为 R1，把 Resistance 文本框中的 10k 改为 1k。修改后单击 ___OK___ 按钮，这时编辑窗口中就有了一个编号为 R1，阻值为 1kΩ的电阻了。读者只需重复以上步骤，就可对其他元器件的参数进行修改了，操作只是大同小异而已。

③　元器件与元器件的电气连接。

Proteus 具有自动连线功能(Wire Auto Router)，当鼠标移动至连接点时，鼠标指针处出现一个虚线框，如图 1-28 所示。

单击鼠标左键，移动鼠标至 LED-RED 的阳极，出现虚线框时，单击鼠标左键完成连线，如图 1-29 所示。

　　　　　　　　　　　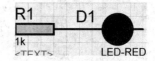

图 1-28　节点处的虚线框　　　　　　　　　图 1-29　进行连线

同理，我们可以完成其他连线。在此过程中，都可以按下 Esc 键或单击鼠标右键放弃连线。

④　放置电源端子。

单击绘图工具栏中的▤按钮，使其处于选中状态。选中"POWER"，放置两个电源端子；选中"GROUND"，放置一个接地端子。放置好后完成连线，如图 1-30 所示。

⑤　在编辑窗口绘制总线。

单击绘图工具栏的╫按钮，使其处于选中状态。将鼠标置于图形编辑窗口，单击鼠标左键，确定总线的起始位置；移动鼠标，屏幕出现一条蓝色的粗线，选择总线的终点位置，双击鼠标左键，这样一条总线就绘制好了，如图 1-31 所示。

⑥　元器件与总线的连线。

绘制与总线连接导线的时候，为了与一般的导线区分，我们一般喜欢画斜线来表示分支线。此时需要自己决定走线路径，只需在想要拐点处单击鼠标左键即可。在绘制斜线时，需要关闭自动连线(Wire Auto Router)功能。可通过使用工具栏里的 WAR 命令按钮▨关闭。绘制完后的效果如图 1-32 所示。

⑦　放置网络标号。

单击绘图工具栏的网络标号按钮▦使其处于选中状态。将鼠标置于欲放置网络标号的导

线上，这时会出现一个"×"，表明该导线可以放置网络标号。单击鼠标左键，弹出 Edit Wire Label 对话框，在 String 文本框中输入网络标号名称(如"a")，单击 <u>OK</u> 按钮，完成该导线的网络标号的放置。同理，可以放置其他导线的标号。注意，在放置导线网络标号的过程中，相互接通的导线必须标注相同的标号，如图 1-33 所示。

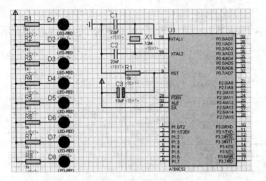

图 1-30　完成所有导线的放置　　　　　　　　图 1-31　放置总线

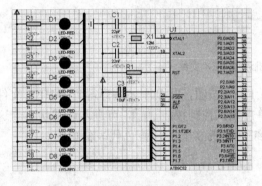
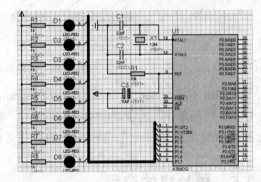

图 1-32　完成总线分支的绘制　　　　　　　　图 1-33　完成网络标签的放置

至此，我们便完成了整个电路图的绘制。

(3) 电路调试

在进行调试前，需要设计和编译程序，并加载编译好的程序。

① 编译程序。

Proteus 自带编译器，有 8051 的、AVR 的、PIC 的汇编器等。在 ISIS 添加上编写好的程序。方法如下：从菜单栏中选择 Source → Add/Remove Source Files 命令，出现一个对话框，如图 1-34 所示。

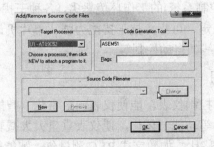

图 1-34　添加源程序代码

单击对话框中的 New 按钮，在弹出的对话框中找到设计好的 ASM 文件，单击"打开"按钮，在 Code Generation Tool 的下面找到"ASEM51"，然后单击 OK 按钮，设置完毕我们就可以编译了。从菜单栏中选择 Source → Build All 命令，过一会，编译结果的对话框就会出现在我们面前。如果有错误，对话框中会提示是哪一行出现了问题。

② 加载程序。

选中单片机 AT89C52，以鼠标左键双击 AT89C52，弹出一个对话框，如图 1-35 所示。

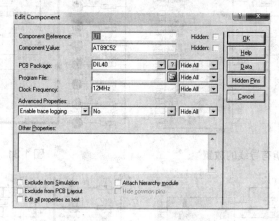

图 1-35　为单片机添加 HEX 文件

在 Edit Component 对话框中单击 Program File 按钮，找到刚才编译得到的 HEX 文件并打开，然后单击 OK 按钮就可以模拟了。单击调试控制按钮，可进入调试状态。这时就能清楚地看到每一个引脚电平的变化。红色代表高电平，蓝色代表低电平。

1.1.5　单片机的应用

单片机是在一块芯片上集成了一台微型计算机所需的 CPU、存储器、输入/输出部件和时钟电路等。因此它具有体积小，使用灵活、成本低、易于产品化、抗干扰能力强，可在各种恶劣环境下可靠地工作等特点。特别是它应用面广，控制能力强，使它在工业控制、智能仪表、外设控制、家用电器、机器人、军事装置等方面得到了广泛的应用。

单片机主要可用于以下几个方面。

1. 在测控系统中的应用

控制系统(特别是工业控制系统)的工作环境恶劣，各种干扰也强，而且往往要求实时控制，故要求控制系统工作稳定、可靠、抗干扰能力强。单片机最适宜用于控制领域。例如炉子的恒温控制、电镀生产线的自动控制等。

2. 在智能仪表中的应用

用单片机制作的测量、控制仪表，能使仪表向数字化、智能化、多功能化、柔性化发展，并使监测、处理、控制等功能一体化，使仪表重量大大减轻，便于携带和使用，同时降低了成本，提高了性能价格比。如数字式 RLC 测量仪、智能转速表、计时器等。

3. 在智能产品中的应用

单片机与传统的机械产品结合，使传统机械产品结构简化、控制智能化，构成新型的机、电、仪一体化产品。如数控车床、智能电动玩具、各种家用电器和通信设备等。

4. 在智能计算机外设中的应用

在计算机应用系统中，除通用外部设备(键盘、显示器、打印机)外，还有许多用于外部通信、数据采集、多路分配管理、驱动控制等接口。如果这些外部设备和接口全部由主机管理，势必造成主机负担过重、运行速度降低，并且不能提高对各种接口的管理水平。如果采用单片机专门对接口进行控制和管理，则主机和单片机就能并行工作，这不仅能大大提高系统的运算速度，而且单片机还可对接口信息进行预处理，以减少主机和接口间的通信密度、提高接口控制管理的水平。如绘图仪控制器、磁带机/打印机的控制器等。

综上所述，单片机在很多应用领域都得到了广泛的应用。目前国外的单片机应用已相当普及，国内虽然从 1980 年开始才着手开发应用，但至今也已拥有数十家专门生产单片机开发系统的工厂或公司，越来越多的科技工作者投身到单片机的开发和应用中，并且在程序控制、智能仪表等方面涌现出大量的科技成果。可以预见，单片机在我国必将有着更为广阔的发展前景。

1.2 计算机的数制

冯·诺依曼体系的要点之一就是在计算机中所有的数据和指令都用二进制代码表示，这是因为二进制数有运算简单、便于物理实现、节省设备等优点。但是二进制数书写起来很不方便，且目前计算机中运算器的长度一般是 8 位、16 位、32 位二进制数，都是 4 位二进制数的整数倍。4 位二进制数即 1 位十六进制数，所以计算机中的二进制数都采用十六进制数缩写，便于阅读和记忆。而人们最常用、最熟悉的是十进制数，所以不同进位制的相互转换是不能回避且必须熟练处理的问题。

一个数值型数据的完整表示包含如下 3 个方面：

- 采用什么进位计数制。
- 如何表示一个带符号的数，即如何使符号的表示也数字化。
- 如何表示带小数点的数，即定点表示和浮点表示。

1.2.1 数制

常用的进位制有二进制、八进制、十六进制及十进制。

为了区分不同进位制的数，通常在数的右边加上一个英文字母，用字母 B(Binary)表示二进制数，用字母 D(Decimal)或不带字母表示十进制数，用字母 H(Hexadecimal)表示十六进制数，用字母 O 或 Q 表示八进制数。

对于每一种进位制，首先关心的问题是逢几进位。逢二进位为二进制，逢十进位为十进制等，这就是进位计数制。实际上，每种进位制都有以下 3 个要素必须弄清楚。

1. 进位制的基 R

R=2 即二进制，R=10 即十进制。

2. 系数

R 一旦确定，该进位制中某一位代码可能的表示符号也就确定了，例如 R=2，可能的符号为 0 和 1；R=10，可能的符号为 0，1，2，3，4，5，6，7，8，9；R=16，可能的符号为 0，1，2，3，4，5，6，7，8，9，A，B，C，D，E，F。即可能的符号为{0，1，...，(R-1)} 中的一个。某一个数字的第 i 位的代码也称为第 I 位的系数 Ki。

3. 位权

例如，$1983.3=1\times10^3+9\times10^2+8\times10^1+3\times10^0+3\times10^{-1}$，其中某一数位 $i(m\leqslant i\leqslant n)$，此例中 m=-1，n=3，即 i 在-1～+3 之间，每一位的系数用 K_i 表示。

一般地，对任意一个 K 进制数 S，都可表示为：

$$(S)_k = S_{n-1}\times K_{n-1}+S_{n-2}\times K_{n-2}+...+S_0\times K_0+S_{-1}\times K_{-1}+...+S_{-m}\times K_{-m}$$
$$= \sum S_i \times K_i \quad (i = [-m, n-1])$$

其中：

- S_i：S 的第 i 位数码，可以是 K 个符号中的任何一个。
- n, m：整数和小数的位数。
- K：基数。
- K_i：K 进制数的权。

1.2.2 数制转换

1. 二进制和十六进制的相互转换

(1) 二进制整数转换为十六进制整数，其方法是从右(最低位)向左将二进制数进行分组，每 4 位为一组，若最后一组不是 4 位，则在其左边添加 0，以凑成 4 位一组。每一组用 1 位十六进制数表示即可。

【例 1-2】11011001001111B → 0011 0110 0100 1111 → 364FH。

十六进制数转换为二进制数，只需用 4 位二进制数代替 1 位十六进制数即可。

例如，3BC4H = 0011 1011 1100 0100 B。

(2) 对于纯小数的二进制数转换为十六进制数，则是以小数点为准，向右每 4 位分为一组，不足 4 位时，在其右边添加 0 以凑成最低的一组，然后，将每一组用一位十六进制数代替即可。

【例 1-3】0.11111011000111B → 0.1111 1011 0001 1100 B → 0.FB1CH。

即将纯小数的十六进制数转换为二进制数，只需将每一位十六进制数用 4 位二进制数代替即可。

2. 十进制数与任意进制数的相互转换

(1) 任意进制转换为十进制

方法是用数的加权求和通用表达式展开求和即可。

【例 1-4】$10101101.10B = 1×2^7+1×2^5+1×2^3+1×2^2+1×2^0+1×2^{-1}$

$= 128+32+8+4+1+0.5 = 173.5$。

相应地，八进制、十六进制数也可用通用表达式展开求和的方法转换为十进制数。

【例 1-5】$4F.8H = 4×16^1+15×16^0+8×16^{-1} = 79.5$。

当然，也可以先把十六进制数化为二进制数，然后再按通用表达式展开求和得到。

【例 1-6】$3A.8 = 00111010.1000B$

$= 1×2^5+1×2^4+1×2^3+1×2^1+1×2^{-1}$

$= 32+16+8+2+0.5$

$= 58.5$

(2) 十进制整数转换为任意进制数

将十进制整数转换为任意进制数的方法是，把要转换的十进制数不断除以数制的基数(如二进制，即除以 2；十六进制，即除以 16)，且记下余数，直到商为 0 为止。该方法常记为除基取余倒计法。

【例 1-7】$37D = ($ $)B$。

37/2=18	余数(a_0=1)	低
18/2=9	余数(a_1=0)	
9/2=4	余数(a_2=1)	
4/2=2	余数(a_3=0)	↓
2/2=1	余数(a_4=0)	
1/2=0	余数(a_5=1)	高

所以，$37D = 100101B$。

将十进制整数转换为二进制数后，便不难再转换成相应的八进制和十六进制数。

(3) 将十进制小数转换为任意进制数

方法是将待转换的十进制小数不断乘数制的基数，然后记下整数位进位，直到指定的进制的位数为止，该方法常记为：乘基取整顺计法。

【例 1-8】$37.825D = ($ $)B$。

0.825×2=1.650	整数(a_{-1}=1)	高
0.650×2=1.30	整数(a_{-2}=1)	
0.3×2=0.6	整数(a_{-3}=0)	↓
0.6×2=1.2	整数(a_{-4}=1)	低

若取小数点后 4 位，则 $0.825D = 0.1101B$。所以，当把 37.825D 转化成二进制数时，由于 $37D = 100101B$，$0.825D = 0.1101B$，也即 $37.825D = 100101.1101$。

3. 有符号数的表示法

(1) 机器数与真值

二进制与十进制数都有正负之分。在计算机中，是用二进制编码的符号位及数值部分共同表示的，通常可用原码、反码和补码表示。符号位通常在数的最高位的左边(纯小数则在小数点左边)，用 0 表示正("+"号)，用 1 表示负("-"号)。这样表示的数称为机器数，而实际带"+"和"-"符号表示的数就称为机器数的真值。把机器数的符号位也当成数值的数，就是无符号数。

为表示方便，常把 8 位二进制数称为字节，把 16 位二进制数称为字(Word 或 W)，把 32 位二进制数称为双字(Double Word 或 D Word)。

(2) 原码

将数值用其绝对值表示，且正数的符号位用 0 表示，负数的符号位用 1 表示，表示的带符号数称为原码。

【例 1-9】X1=+105=+1101001B，[X1]原=01101001B；X2=-105=-1101001B，[X2]原=11101001B。

八位原码所表示的整数范围为-7FH ~ +7FH(-127 ~ +127)，原码值为 FFH~7FH。

其中[+0]原=00H，[-0]原=80H，也就是说，[+0]与[-0]的原码是不相同的。

十六位原码所表示的整数范围为-7FFFH ~ +7FFFH(~32767 ~ +32767)，原码值为 FFFFH ~ 7FFFH。其中[+0]原=0000H，[-0]原=8000H。

(3) 反码

正数的反码与原码相同，负数的反码，其符号位为 1，数值部分为该数的原码按位求反所得。

【例 1-10】求下列数的反码。

X1=+105=+1101001B，[X1]反=01101001B。

X2=-105=-1101001B，[X2]反=10010110B。

(4) 补码

正数的补码与原码相同，负数的补码是将一个数除符号位外按位外取反后再加 1 而得。

【例 1-11】求下列数的补码。

X1=+105=+1101001B，[X1]补=01101001B。

X2=-105=-1101001B，[X2]补=10010111B。

补码具有以下特点。

① [+0]补=[-0]补=00000000B。

② n 位二进制补码所能表示的数值范围为：

$$-2^{n-1} \leqslant X \leqslant +2^{n-1}-1$$

若 n=8，则 8 位二进制补码所能表示的数值范围为-128 ~ +127。

③ 对于一个用补码表示的负数，如果将[X]补再求一次补，即将[X]补除符号位外取反并在最末位加 1，就可得到[X]原。

用下式表示为：

$$[[X]补]补 = [X]原$$

【例 1-12】[[15]补]补 = [[10001111B]补]补 = [11110001B]补 = 10001111B = [-15]原。

注意： [10000000]补 = [-128]原 = 10000000B，如表 1-1 所示。

表1-1 八位二进制的无符号数、原码、反码、补码的表示

二进制数码	无符号数	原 码	反 码	补 码
00000000	0	+0	+0	+0
00000001	1	+1	+1	+1
00000010	2	+2	+2	+2
...	...	...	...	...
01111110	126	+126	+126	+126
01111111	127	+127	+127	+127
10000000	128	−0	−127	−128
10000001	129	−1	−126	−127
10000010	130	−2	−125	−126
...	...	...	...	...
11111110	254	−126	−1	−2
11111111	255	−127	−0	−1

(5) 补码的加减运算

在现在的计算机中，有符号数的表示都用补码表示，补码表示时运算简单。

补码的加法运算规则如下：

$$[X+Y]_补 = [X]_补 + [Y]_补$$

$$[X-Y]_补 = [X]_补 + [-Y]_补$$

对于$[-Y]_补$，只要求$[Y]_补$就可以得到。

【例1-13】假设计算机字长为8位，完成下列补码运算。

① 25+32

$[25]_补$=00011001B $[32]_补$=00100000B

$$
\begin{array}{r}
[25]_补 = \quad 00011001 \\
+ \quad [32]_补 = \quad 00100000 \\
\hline
00111001
\end{array}
$$

所以，$[25+32]_补=[25]_补+[32]_补$=00111001B=$[57]_补$。

② 25+(−32)

$[25]_补$=0011001B $[-32]_补$=11100000B

$$
\begin{array}{r}
[25]_补 = \quad 00011001 \\
+ \quad [-32]_补 = 11100000 \\
\hline
11111001
\end{array}
$$

所以，$[25+(-32)]_补=[25]_补+[-32]_补$=11111001B=$[-7]_补$。

③ 25−32

$[25]_补$=0011001B $[-32]_补$=11100000B

$$
\begin{array}{r}
[25]_补 = \quad 00011001 \\
+ \quad [-32]_补 = 11100000 \\
\hline
11111001
\end{array}
$$

所以，[25-32]补=[25]补+[-32]补=11111001B=[-7]补。

④ 25-(-32)

[25]补=00011001B   [32]补=00100000B

$$
\begin{array}{r}
[25]_{补} = 00011001 \\
+ \quad [32]_{补} = 00100000 \\
\hline
00111001
\end{array}
$$

所以[25-(-32)]补=[25]补+[32]补=00111001B=[57]补。

从以上可以看出，通过补码进行加减运算非常方便，而且能把减法转换成加法，得到正确的结果。

(6) 补码的作用

① 引入补码后，将减法运算转化为易于实现的加法运算，且符号位也当作数据相加，从而可简化运算器的结构，提高运算速度。因此，在微型计算机中，有符号数通常都用补码表示，得到的是补码表示的结果。

② 当字长由 8 位扩展到 16 位时，对于用补码表示的数，正数的符号扩展应该在前面补 0，而负数的符号扩展应该在前面补 1。

【例 1-14】机器字长为 8 位，[+46]补=00101110B，[-46]=11010010B，从 8 位扩展到 16 位。解法如下：

[+46]补 = 0000 0000 0010 1110B = 002EH

[-46]补 = 1111 1111 1101 0010B = FFD2H

(7) 有符号数运算时的溢出问题

当两个有符号数进行加减运算时，如果运算结果超出可表示的有符号数的范围，就会发生溢出，使计算结果出错。显然，只有两个同符号数相加或两个异号数相减时，才会产生溢出。

【例 1-15】设机器字长为 8 位，以下运算都会发生溢出：

(+88) + (+65) = +153　　　　> 127

(+88) - (-65) = +153　　　　> 127

(-83) - (+80) = -163　　　　< -128

4. 定点数和浮点数

在计算机中，数值数据有两种表示法：定点表示法和浮点表示法。分别称为定点数和浮点数。

(1) 定点数

定点数是指小数点在数中的位置是固定不变的，常用的定点数有纯小数和纯整数两种。

- 纯小数：小数点固定在符号位之后，如 0.1100111B，此时机器中所有数均为小数。
- 纯整数：小数点固定在最低位之后，如 11100111.B，此时机器中所有数均为整数。

(2) 浮点数

浮点数由阶码和尾数两部分组成。对任意一个有符号的二进制数 N 的普遍形式可表示为：

$$N = 2E \times M$$

式中 E 称为 N 的阶码，是一个有符号的可变整数。设：

$$E = e_j e_{k-1} \ldots e_0$$

e_j 为阶符：若 $e_j=0$，则 E 是正数；若 $e_j=1$，则 E 为负数。

$e_{k-1} \ldots e_0$ 是阶值。

式中 M 称为 N 的尾数，是一个有符号的纯小数。设：

$$M = m_j m_1 \ldots m_n$$

m_j 为尾符：若 $m_j=0$，则 M 为正数；若 $m_j=1$，则 M 为负数。尾数 M 的符号就是浮点数 N 的符号。

$m_1 \ldots m_n$ 是尾值。

例如：

科学记数法：$3.14159 = 0.314159 \times 10^{+1}$

高级语言中的浮点格式：$3.14159 = +0.314159E+01$

尾符　　　　尾数　阶符　阶码

浮点数 N 在计算机内的表示形式如下所示：

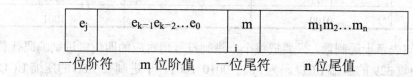

e_j	$e_{k-1}e_{k-2}\ldots e_0$	m_i	$m_1 m_2 \ldots m_n$

一位阶符　　　m 位阶值　　　一位尾符　　　n 位尾值

(3)　规格化数与溢出

为了便于浮点数的运算，数采用规格化表示。对尾数规格化做如下定义：若 $m_j \neq m_1$，则称尾数 M 为规格化数；若 $m_j=m_1$，则称尾数 M 为非规格化数。例如，$N=2^{011} \times 0.0010100$，显然尾数 0.001010 为非规格化数。

如果尾数不是规格化数，那么要用移位手段把它变为规格化数。尾数每左移一位，阶码就减 1，尾数每右移一位，阶码就加 1，直至 $m_j \neq m_1$ 为止。以左移操作实现尾数的规格化称为左规，以右移实现规格化称为右规。如上例中的 N 为非规格化数，则将 0.0010100 左移两位后，变成 0.1010000，此数已是规格化数，不再左移，从阶码 011 中减去 010，得 001。所以规格化后的 N 应为 $2^{001} \times 0.1010000$。

存储在计算机中的数一定是规格化数。两数的运算结果也应为规格化数，如果不是，那么必须通过移位方式把它变为规格化数。

当浮点数超出机器所能表示数的范围时，我们称为溢出。对规格化的浮点数，当阶码小于机器所能表示的最小数时，称为下溢，此时机器将把此数作 0 处理；若阶码大于机器所能表示的最大范围时，称为上溢。

溢出发生时，机器就产生溢出中断，进入中断处理。

浮点表示法比定点表示法所表示的数的范围大、精度高，但运算规则比较复杂，开销较大。早期的微型计算机采用定点表示，机器中数均为整数，没有处理浮点数的指令。为了弥补这方面的不足，专门设计了相应的数值协处理器(8087、80287、80387 等)来实现对浮点数的运算。80486、80586 的数值协处理器已集成在 CPU 芯片内部。在本书中，若无特别说明，数据均采用纯整数定点表示。

1.2.3 二进制编码

计算机内部对信息是按二进制方式处理的，但我们生活中习惯使用十进制。为了处理方便，在计算机中，对于十进制数也提供了十进制编码形式。

十进制编码又称为 BCD 码，分压缩 BCD 码和非压缩 BCD 码。压缩 BCD 码又称为 8421码，它是用四位二进制编码来表示一位十进制符号。十进制数符号有 0~9 这十个，编码情况见表 1-2。

表 1-2　压缩 BCD 编码表

十进制符号	压缩 BCD 编码	十进制符号	压缩 BCD 编码
0	0000	5	0101
1	0001	6	0110
2	0010	7	0111
3	0011	8	1000
4	0100	9	1001

用压缩 BCD 码表示十进制数，只要把每个十进制符号用对应的四位二进制编码代替即可。例如，十进制数 329 的压缩 BCD 码为 0011 0010 1001。十进制数 7.86 的压缩 BCD 码为 0111.1000 0110。

非压缩 BCD 码是用八位二进制来表示一位十进制符号，其中低四位二进制编码与压缩BCD 码相同，高四位任取。例如下面介绍的数字符号的 ASCII 码就是一种非压缩的 BCD码。用非压缩 BCD 码表示十进制数时，一位十进制符号须用八位二进制数表示。例如，十进制数 124 的非压缩 BCD 码为 0011 0001 0011 0010 0011 0100。

1.2.4 计算机中数的表示

在计算机信息处理中，除了处理数值数据，还涉及到大量的字符数据。例如从键盘上输入的信息或打印输出的信息都是以字符方式输入输出的，字符数据包括字母、数字、专用字符及一些控制字符等，这些字符在计算机中也是用二进制编码表示的。现在的计算机中，字符数据的编码通常采用的是美国信息交换标准代码 ASCII 码(American Standard Code for Information Interchange)。基本 ASCII 码标准定义了 128 个字符，用七位二进制来编码，包括英文 26 个大写字母、26 个小写字母、10 个数字符号 0~9，还有一些专用符号(如"："、"！"、"％")及控制符号(如换行、换页、回车等)。常用字符的 ASCII 码见表 1-3。

计算机中一般以一个字节为单位，而以 8 位二进制数来表示一个字节。所以通常，为便于存储，7 位 ASCII 码在最高位加 1 位，组成 8 位代码。最高位常用作奇偶校验位，奇校验时，每个代码的二进制位应有奇数个 1；偶校验时，每个代码的二进制位应有偶数个 1。

7 位二进制码称为标准的 ASCII 码。近年来，在标准 ASCII 码基础上，为表示更多符号，将 7 位 ASCII 码扩充到 8 位，可表示 256 个字符，称为扩充的 ASCII 码。扩充的 ASCII

码可以表示某些特定的符号，如希腊字母、数学符号等。扩充的 ASCII 码只能在不用最高位作校验位或其他用途时使用。

表 1-3　常用字符的 ASCII 码(用十六进制数表示)

字　符	ASCII	字　符	ASCII	字　符	ASCII	字　符	ASCII	字　符	ASCII
NUL	00	.	2F	C	43	W	57	k	6B
BEL	07	0	30	D	44	X	58	l	6C
LF	0A	1	31	E	45	Y	59	m	6D
FF	0C	2	32	F	46	Z	5A	n	6E
CR	0D	3	33	G	47	[	5B	o	6F
SP	20	4	34	H	48	\	5C	p	70
!	21	5	35	I	49	]	5D	q	71
"	22	6	36	J	4A	^	5E	r	72
#	23	7	37	K	4B	_	5F	s	73
$	24	8	38	L	4C	`	60	t	74
%	25	9	39	M	4D	a	61	u	75
&	26	:	3A	N	4E	b	62	v	76
'	27	;	3B	O	4F	c	63	w	77
(	28	<	3C	P	50	d	64	x	78
)	29	=	3D	Q	51	e	65	y	79
*	2A	>	3E	R	52	f	66	z	7A
+	2B	?	3F	S	53	g	67	{	7B
,	2C	@	40	T	54	h	68	|	7C
-	2D	A	41	U	55	i	69	}	7D
/	2E	B	42	V	56	j	6A	~	7E

习题与思考题

(1) 设机器字长为 6 位，写出下列各数的原码、反码和补码。

① 10101　　② 11111　　③ 10000

④ -10101　　⑤ -11111　　⑥ -10000

(2) 设机器字长为 8 位，最高位为符号位，对下列算式进行二进制补码运算。

① 16+6=?　　② 8+18=?　　③ 9+(-7)=?

④ -25+6=?　　⑤ 8-18=?　　⑥ 9-(-7)=?

⑦ 16-6=?　　⑧ -25-6=?

(3) 设机器字长为 8 位，最高位为符号位，试判别下列二进制运算有没有溢出产生。若有，是正溢出还是负溢出？

① 43+8=?　　　② −52+7=?　　　③ 50+84=?

④ 72−8=?　　　⑤ −33+(−37)=?　　　⑥ −90+(−70)=?

(4) 将下列十进制数分别变为压缩型 BCD 码和非压缩型 BCD 码。

① 8609　　　② 1998　　　③ 2003　　　④ 5324

(5) 将下列 BCD 码表示成十进制数和二进制数。

① 01111001B　　② 10010001B　　③ 10000011B　　④ 00100101B

(6) 写出下列各数的 ASCII 代码。

① 51　　　② 7F　　　③ AB　　　④ C6

(7) 有一个 16 位的数值 0100 0000 0110 0011。

① 如果它是一个二进制数，与它等值的十进制数是多少？

② 如果它们是 ASCII 码字符，则是些什么字符？

③ 如果是压缩型的 BCD 码，它表示的数是什么？

(8) 假设两个二进制数 A=00101100，B=10101001，试比较它们的大小。

① A、B 两数均为带符号的补码数。

② A、B 两数均为无符号的数。

(9) 什么叫单片机？其主要特点有哪些？

(10) 单片机 CPU 与通用微机 CPU 有什么异同？

(11) 单片机的主要用途是什么？列举你所知道的目前应用较为广泛的单片机种类。

(12) 为什么计算机要采用二进制数？学习十六进制数的目的是什么？

(13) 为什么在计算机中带符号数不用原码表示，而用补码表示？在八位二进制数中，−12H 的补码是多少？−12H 在 16 位二进制数中的补码又是多少？

第2章 MCS-51 单片机的结构

教学提示:

本章主要介绍 MCS-51 单片机的内部结构、引脚功能、时钟电路、复位电路、I/O 端口以及存储器配置,为以后各章的学习打下基础。

教学目标:

了解单片机的内部结构和型号。

掌握单片机各引脚的信号功能定义。

掌握单片机的时钟电路、指令时序及复位电路。

掌握单片机各 I/O 口的特点。

掌握单片机存储器空间分配及读写。

掌握利用单片机的 I/O 口实现循环灯的控制。

2.1 MCS-51 单片机的基本结构原理

MCS-51 单片机以其典型的结构、完善的总线,丰富的指令系统及众多的位操作功能,为以后的其他单片机的发展奠定了基础。正因为其优越的性能和完善的结构,导致后来的许多厂商多沿用或参考了其体系结构,世界上有许多大的电气商丰富和发展了 MCS-51 单片机,像 Philips、Dallas、Atmel 等著名的半导体公司都推出了兼容 MCS-51 的单片机产品,就连我国的台湾 Winbond 公司也开发了兼容 C51 的单片机品种。

MCS-51 系列又分为 51 和 52 两个子系列,并以芯片型号的最末位数字作为标志。其中,51 子系列是基本型,而 52 子系列是增强型,如表 2-1 所示。

表 2-1 MCS-51 系列单片机参数表

系列	片内存储器				定时器计数器	并行 I/O	串行 I/O	中断源
	ROM			RAM				
	无	ROM	EPROM					
Intel MCS-51 子系列	8031 80C31	8051 80C51 (4KB)	8751 87C51 (4KB)	128B	2×16	4×8位	1	5
Intel MCS-52 子系列	8032 80C32	8052 80C52 (8KB)	8752 87C52 (8KB)	256B	3×16	4×8位	1	6
Atmel 89C系列 (常用型)	1051(1KB)/2051(2KB)/4051(4KB) E²PROM(20条引脚DIP封装)			128B	2	15位	1	5
	89C51(4KB)/89C52(8KB) E²PROM(40条引脚DIP封装)			128/256B	2/3	32位	1	5/6

这两个子系列的主要差别如下:

片内 ROM 从 4KB 增加到 8KB。

片内 RAM 从 128B 增加到 256B。

定时/计数器从 2 个增加到 3 个。

中断源从 5 个增加到 6 个。

MCS-51 单片机片内程序存储器有三种配置形式，即无 ROM、掩膜 ROM 和 EPROM。51 子系列主要有 8031、8051、8751 三种机型及现在常用的 89 系列。它们的指令系统与芯片引脚完全兼容。

从表 2-1 中可以看出，它们的差别仅在于片内有无 ROM、EPROM 及 E^2PROM。

MCS-51 系列单片机采用两种半导体工艺生产。一种是 HMOS 工艺，即高速度、高密度、短沟道 MOS 工艺。另外一种是 CHMOS 工艺，即互补金属氧化物的 HMOS 工艺。在表 2-1 中，芯片型号中带有字母 C 的，为 CHMOS 芯片，其余均为一般的 HMOS 芯片。CHMOS 是 CMOS 和 HMOS 的结合，除保持了 HMOS 高速度和高密度的特点外，还具有 CMOS 低功耗的特点。在便携式、手提式或野外作业仪器设备上，低功耗是非常有意义的，因此，在这些产品中，必须使用 CHMOS 的单片机芯片。

8051 是 MCS-51 系列单片机的典型产品，本书以这一代表性的机型进行系统的讲解。今后将会经常提到的 Atmel 的 AT89C2051/51/52 等 MCU 也列在了表 2-1 中。

2.1.1 MCS-51 单片机的组成

单片机是一个大规模集成电路芯片，其上集成有 CPU、存储器、I/O 口(串行口、并行口)、其他辅助电路(如中断系统，定时/计数器，振荡电路及时钟电路等)，如图 2-1 所示。

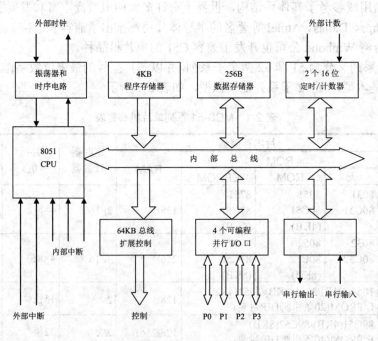

图 2-1 MCS-51 单片机组成

MCS-51 单片机内包含下列几个部件：

4KB 的 ROM 程序存储器。

256B 的 RAM 数据存储器。

两个 16 位定时/计数器。

可寻址 64KB 外部数据存储器和 64KB 外部程序存储器空间的控制电路。

32 条可编程的 I/O 线(4 个 8 位并行 I/O 端口)。

一个可编程全双工串行口。

具有 5 个中断源、两个优先级嵌套中断结构。

2.1.2　MCS-51 单片机的内部结构框图及引脚功能

MCS-51 系列单片机的内部结构如图 2-2 所示。

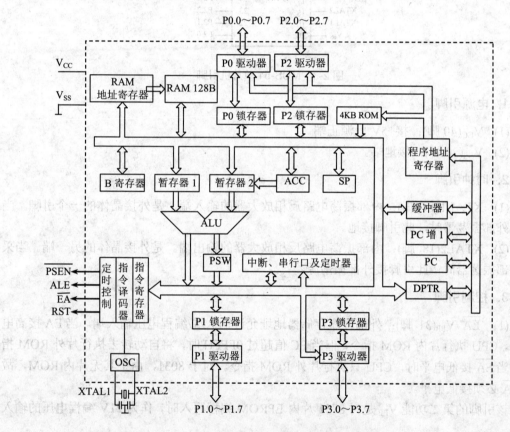

图 2-2　MCS-51 系列单片机的内部结构

从图 2-2 中可看出，MCS-51 单片机组成结构中包含运算器、控制器、片内存储器、4 个 I/O 口、串行口、定时/计数器、中断系统、振荡器等功能部件。

图 2-2 中，SP 是堆栈指针寄存器，PC 是程序计数器，PSW 是程序状态字寄存器，DPTR 是数据指针寄存器。

MCS-51 系列单片机都采用 40 引脚的双列直插封装方式，引脚见图 2-3，包括 2 个电源引脚、2 个时钟引脚、4 个控制引脚、32 个 I/O 接口。

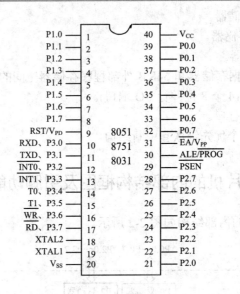

图 2-3　MCS-51 单片机引脚

1．电源引脚

(1)　V$_{CC}$(40 脚)：接+5V 电源正端。

(2)　V$_{SS}$(20 脚)：接地端。

2．时钟引脚

(1)　XTAL1(19 脚)：内部振荡电路反相放大器的输入端，是外接晶体的一个引脚。当采用外部振荡器时，此引脚接地。

(2)　XTAL2(18 脚)：内部振荡电路反相放大器的输出端。是外接晶体的另一端。当采用外部振荡器时，此引脚接外部振荡源。

3．控制引脚

(1)　$\overline{EA}$/V$_{PP}$(31 脚)：外部程序存储器地址允许输入端/编程电压输入端。当 $\overline{EA}$ 接高电平时，CPU 执行片内 ROM 指令，但当 PC 值超过 0FFFH 时，将自动转去执行片外 ROM 指令；当 $\overline{EA}$ 接低电平时，CPU 只执行片外 ROM 指令。对于 8031，由于其无片内 ROM，故其 $\overline{EA}$ 必须接低电平。

该引脚的第二功能 V$_{PP}$ 是对 8751 片内 EPROM 编程写入时，作为 21V 编程电压的输入端子。

(2)　ALE/$\overline{PROG}$(30 脚)：地址锁存有效信号输出端。ALE 在每个机器周期内输出两个脉冲。在访问片外程序存储器期间，下降沿用于控制锁存 P0 输出的低 8 位地址；在不访问片外程序存储器期间，可作为对外输出的时钟脉冲或用于定时目的。对于片内含有 EPROM 的机型，在编程期间，该引脚用作编程脉冲 $\overline{PROG}$ 的输入端。

(3)　$\overline{PSEN}$(29 脚)：片外程序存储器读选通信号输出端，低电平有效。当从外部程序存储器读取指令或常数期间，每个机器周期该信号两次有效，以通过数据总线 P0 口读回指令或常数。在访问片外数据存储器期间，$\overline{PSEN}$ 信号将不出现。

(4) RST/V_PD(9 脚)：RST 即为 RESET，V_PD 为备用电源。该引脚为单片机的上电复位或掉电保护端。当单片机振荡器工作时，该引脚上出现持续两个机器周期的高电平，就可实现复位操作，使单片机回复到初始状态。上电时，考虑到振荡器有一定的起振时间，该引脚上高电平必须持续 10ms 以上才能保证有效复位。

当 V_CC 发生故障，降低到低电平规定值或掉电时，该引脚可接上备用电源 V_PD(+5V) 为内部 RAM 供电，以保证 RAM 中的数据不丢失。

4. I/O 引脚

(1) P0 口(P0.0 ~ P0.7)：P0.7 是最高位，P0.0 是最低位。

P0 口有如下两种功能。

通用 I/O 接口：无片外存储器时，P0 口可作通用 I/O 接口。

地址/数据口：在访问外部存储器时，用作地址总线的低 8 位和数据总线。

(2) P1 口(P1.0 ~ P1.7)：P1.7 是最高位，P1.0 是最低位，仅用作 I/O 口。

(3) P2 口(P2.0 ~ P2.7)：P2.7 是最高位，P2.0 是最低位。

P2 口有如下两种功能。

通用 I/O 接口：无片外存储器时，P2 口可作通用 I/O 接口。

地址口：在访问外部存储器时，用作地址总线的高 8 位。

(4) P3 口(P3.0 ~ P3.7)：P3.7 是最高位，P3.0 是最低位。

P3 口有如下两种功能。

第一功能：通用 I/O 接口。

第二功能：用于串行口、中断源输入、计数器、片外 RAM 选通。

2.1.3 时钟电路与复位电路

1. 时钟电路

单片机的时钟信号用来提供单片机内部各种操作的时间基准，时钟电路用来产生单片机工作所需要的时钟信号。

单片机内部有一个高增益的反向放大器，其输入端 XTAL1 和 XTAL2 用于外接晶体和电容，以构成自激振荡器，其发出的脉冲直接送入内部的时钟电路。外接电路如图 2-4(a) 所示。外部时钟方式是把外部已有的时钟信号引入单片机内，如图 2-4(b) 所示。

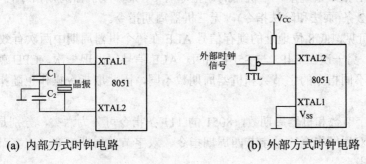

(a) 内部方式时钟电路   (b) 外部方式时钟电路

图 2-4 MCS-51 单片机的时钟电路

2．CPU时序

CPU总是按照一定的时钟节拍和时序工作。CPU的时序是指CPU在执行指令过程中，CPU的控制器所发出的一系列特定的控制信号在时间上的相互关系。时序是用定时单位来说明的。

常用的时序定时单位有时钟周期、状态周期、机器周期、指令周期。

（1）时钟周期

时钟周期是指振荡源的周期，即时钟脉冲频率的倒数，是最基本、最小的定时信号，又称为振荡周期。

（2）状态周期

两个振荡周期为一个状态周期，由振荡脉冲二分频后得到，用S表示。两个振荡周期作为两个节拍分别称为节拍P1和节拍P2。在状态周期的前半周期P1有效时，通常完成算术逻辑操作；在后半周期P2有效时，一般进行内部寄存器之间的传输。

（3）机器周期

MCS-51采用定时控制方式，因此它有固定的机器周期。一个机器周期的宽度为6个状态，并依次表示为S1、S2、…、S6。由于一个状态又包括两个节拍，因此，一个机器周期总共有12个节拍，分别记作S1P1、S1P2、…、S6P2。由于一个机器周期共有12个振荡脉冲周期，因此机器周期就是振荡脉冲的十二分频。

当时钟频率为12MHz时，机器周期为1μs；当时钟频率为6MHz时，机器周期为2μs。

（4）指令周期

执行一条指令所需要的时间称为指令周期。它一般由1～4个机器周期组成。不同的指令，所需要的机器周期数也不相同。通常分为三类：单机器周期指令、双机器周期指令和四机器周期指令。指令的运算速度与指令所包含的机器周期有关，机器周期数越少的指令执行速度越快。

【例2-1】8051的状态周期、机器周期、指令周期是如何分配的？当晶振频率为6MHz和12MHz时，一个机器周期为多少微秒？

解：8051单片机每个状态周期包含2个时钟周期，一个机器周期有6个状态周期，每条指令的执行时间(即指令周期)为1～4个机器周期。

当f=6MHz时，时钟周期=1/f=1/6μs；机器周期为(1/6)×12=2μs。

当f=12MHz时，时钟周期=1/f=1/12μs；机器周期为(1/12)×12=1μs。

在MCS-51指令系统中，单机器周期指令有64条，双机器周期指令有45条，四机器周期指令只有2条(乘法和除法指令)，无三机器周期指令。

由图2-5可见，低8位地址的锁存信号ALE在每个机器周期中两次有效：一次在S1P2与S2P1期间，另一次在S4P2与S5P1期间。ALE信号每出现一次，CPU就进行一次取指操作，但由于不同指令的字节数和机器周期数不同，因此取指令操作也随指令不同而有小的差异。

按照指令字节数和机器周期数，8051的111条指令可分为六类，分别是单字节单周期指令、单字节双周期指令、单字节四周期指令、双字节单周期指令、双字节双周期指令、三字节双周期指令。

图2-5(a)(b)中分别给出了单字节单周期指令(INC A)和双字节单周期指令(ADD A, #data)

的时序。单周期指令的执行始于 S1P2，这时操作码被锁存到指令寄存器内。若是双字节，则在同一机器周期的 S4 读第二字节。若是单字节指令，则在 S4 仍有读出操作，但被读入的字节无效，且程序计数器 PC 并不增加。

图 2-5(c)给出了单字节双周期指令(INC DPTR)的时序，两个机器周期内进行 4 次读操作码操作。因为是单字节指令，后三次读操作都是无效的。

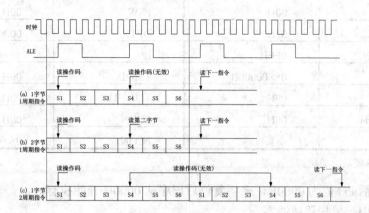

图 2-5　MCS-51 的取指/执行时序

3．复位电路

单片机复位是使 CPU 和系统中的其他功能部件都恢复为初始状态，这就好比电脑的重启，并从这个状态开始工作。要实现复位操作，必须使 RES 引脚至少保持两个机器周期(24个振荡器周期)的高电平。CPU 在第二个机器周期内执行内部复位操作，以后每一个机器周期重复一次，直至 RES 端电平变低。复位期间不产生 ALE 及 $\overline{\text{PSEN}}$ 信号，即 ALE=1 和 $\overline{\text{PSEN}}$ =1。这表明单片机复位期间不会有任何取指操作。当 RES 引脚返回低电平以后，CPU 从 0000H 地址开始执行程序。

单片机常见的复位电路主要有上电复位电路和按键复位电路。上电复位电路如图 2-6(a)所示，由 RC 构成微分电路，在上电瞬间，产生一个微分脉冲，其宽度若大于两个机器周期，80C51 将复位。为保证微分脉冲宽度足够大，RC 时间常数应大于两个机器周期。一般取 22μF 电容、1kΩ 电阻。按键复位电路如图 2-6(b)所示，该电路除具有上电复位功能外，若要复位，只需按动图中 RESET 键，R1、C2 仍构成微分电路，使 RST 端产生一个微分脉冲复位，复位完毕 C2 经 R2 放电，等待下一次按下复位按键。

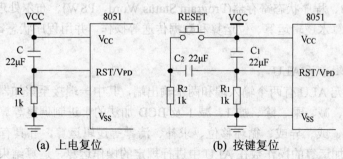

图 2-6　复位电路

单片机复位后，内部各专用寄存器状态如表 2-2 所示。

表 2-2　内部专用寄存器复位状态

寄 存 器	复位状态	寄 存 器	复位状态
PC	0000H	ACC	00H
B	00H	PSW	00H
SP	07H	DPTR	0000H
P0～P3	0FFH	IP	×××00000B
IE	0××00000B	TMOD	00H
TCON	00H	TL0、TL1	00H
TH0、TH1	00H	SCON	00H
SBUF	不定	PCON	0×××0000B

说明：其中×表示无关位。

(1) 复位后 PC 值为 0000H，表明复位后程序从 0000H 开始执行。

(2) A=00H，累加器被清零。

(3) PSW=00H，表明当前工作寄存器为第 0 组工作寄存器。

(4) SP 值为 07H，表明堆栈底部在 07H。一般需重新设置 SP 值。

(5) P0～P3 口值为 FFH。P0～P3 口用作输入口时，必须先写入 1。单片机在复位后，已使 P0～P3 口每一端线为 1，为这些端线用作输入口做好了准备。

(6) IP=×××00000B 表明各个中断源处于低优先级。

(7) IE=0××00000B 表明各个中断均处于关断状态。

2.1.4　中央处理器 CPU

中央处理器是单片机的核心部件，由运算器和控制器两部分组成，完成运算和控制功能。MCS-51 的 CPU 能处理八位二进制数或代码。

1．运算器

运算器以算术逻辑单元(Arithmetic Logic Unit，ALU)为核心，包括累加器(Accumulator，ACC)、寄存器 B、程序状态寄存器(Program Status Word，PSW)、布尔处理机以及暂存器。它能实现数据的算术逻辑运算、位运算和数据传送等操作，并用程序状态寄存器 PSW 保存运算结果。

(1) 算术逻辑单元 ALU

算术逻辑单元 ALU 有两个输入端和两个输出端，其中一端接至累加器。不仅能完成八位二进制数的加、减、乘、除、加 1、减 1 及 BCD 加法的十进制调整等算术运算，还能对八位变量进行与、或、异或、循环移位、求补、清零等逻辑运算，并具有数据传输、程序转移等功能。参加运算的操作数在 ALU 中进行规定的操作运算，运算结束后，一方面将结果送至累加器，同时将操作结果的状态送程序状态寄存器 PSW。

(2)　累加器 ACC

累加器(ACC，简称累加器 A)是一个八位寄存器，用于存放操作数或运算结果。ALU 做算术和逻辑运算时，一个操作数存放于 A 中，运算结束后，运算结果也保存于 A 中。由于所有运算的数据都要通过累加器，它是 CPU 中使用最频繁的寄存器，故累加器在微处理器中占有非常重要的位置。

【例 2-2】列出常用累加器 ACC 的相关指令。

MOV A, R0	MOV A, @R1	MOV A, 30H
MOVX A, @DPTR	MOVC A, @A+DPTR	ADD A, 32H
ADD A, #32H	ANL A, #32H	RL A

(3)　寄存器 B

寄存器 B 是一个八位寄存器，是为 ALU 进行乘除运算而设置的，存放参与乘除运算的一个操作数，用于配合累加器 ACC 完成乘除运算。若不做乘除运算时，则可作为通用寄存器使用。

【例 2-3】列出常用寄存器 B 的相关指令。

MOV A, B	ADD A, B
MUL AB	DIV AB

(4)　程序状态寄存器 PSW

程序状态寄存器 PSW 也称为标志寄存器，是一个 8 位的寄存器，它保存指令执行结果的状态信息，以供程序查询和判别。其中有些位的状态是根据程序执行结果，由硬件自动设置的，而有些位的状态则是用户根据需要用软件设定。PSW 的各位定义如表 2-3 所示。

表 2-3　PSW 各标志位定义

位　序	PSW.7	PSW.6	PSW.5	PSW.4	PSW.3	PSW.2	PSW.1	PSW.0
位地址	D7H	D6H	D5H	D4H	D3H	D2H	D1H	D0H
位标志	CY	AC	F0	RS1	RS0	OV		P

①　进位标志位 CY(PSW.7)：在执行某些算术操作、逻辑操作类指令时，可被硬件或软件置位或清零。它表示运算结果是否有进位或借位。如果在最高位有进位(加法时)或有借位(减法时)，则 CY=1，否则 CY=0。

②　辅助进位(或称半进位)标志位 AC(PSW.6)：它表示两个 8 位数运算，低 4 位有无进(借)位的状况。当低 4 位相加(或相减)时，若 D3 位向 D4 位有进位(或借位)，则 AC=1，否则 AC=0。在 BCD 码运算的十进制调整中要用到该标志。

③　用户自定义标志位 F0(PSW.5)：用户可根据自己的需要对 F0 赋予一定的含义，通过软件置位或清零，并根据 F0 等于 1 或 0 来决定程序的执行方式，或反映系统某一种工作状态。

④　工作寄存器组选择位 RS1、RS0(PSW.4、PSW.3)：可用软件置位或清零，用于选定当前使用的 4 个工作寄存器组中的某一组。

⑤　溢出标志位 OV(PSW.2)：做加法或减法时，由硬件置位或清零，以指示运算结果是否溢出。OV=1 反映运算结果超出了累加器的数值范围(无符号数的范围为 0~255，以补码形式表示一个有符号数的范围为-128 ~ +127)。进行无符号数的加法或减法运算时，OV 的

值与进位位 CY 的值相同；进行有符号数的加法运算时，如最高位、次高位之一有进位，或做减法运算时，如最高位、次高位之一有借位，OV 被置位。

执行乘法指令 MUL AB 也会影响 OV 标志，积大于 255 时 OV =1，否则 OV =0。执行除法指令 DIV AB 也会影响 OV 标志，如 B 中所放除数为 0，OV=1，否则 OV=0。

⑥ PSW.1：保留位，未用。

⑦ 奇偶标志位 P(PSW.0)：在执行指令后，单片机根据累加器 A 中 1 的个数的奇偶自动给该标志置位或清零。若 A 中 1 的个数为奇数，则 P=1，否则 P=0。该标志对串行通信的数据传输非常有用，通过奇偶校验可检验传输的可靠性。

【例 2-4】(A)=85H，(R0)=0AFH，执行指令 ADD A,R0。

运算过程：

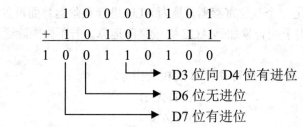

```
   1 0 0 0 0 1 0 1
 + 1 0 1 0 1 1 1 1
 1 0 0 1 1 0 1 0 0
```

→ D3 位向 D4 位有进位
→ D6 位无进位
→ D7 位有进位

结果：(A)=34H；CY=1，AC=1；OV=1；P=1。

(5) 布尔处理机

布尔处理机(即位处理)是 MCS-51 单片机 ALU 所具有的一种功能。单片机指令系统中的位处理指令集(17 条位操作指令)，存储器中的位地址空间，以及借用程序状态寄存器 PSW 中的进位标志 CY 作为位操作"累加器"，构成了 MCS-51 单片机内的布尔处理机。它可对直接寻址的位(bit)变量进行位处理，如置位、清零、取反、测试转移以及逻辑"与"、"或"等位操作，使用户在编程时可以利用指令完成原来只能用复杂的硬件逻辑所完成的功能，并可方便地设置标志位等。

2. 控制器

控制器包括定时和控制电路、指令寄存器、译码器以及信息传送控制等部件。它先以主振频率为基准发出 CPU 的时序，对指令进行译码，然后发出各种控制信号，完成一系列定时控制的微操作，用来协调单片机内部各功能部件之间的数据传送、数据运算等操作，并对外发出地址锁存 ALE、外部程序存储器选通 $\overline{PSEN}$，以及通过 P3.6 和 P3.7 发出数据存储器读 RD、写 WR 等控制信号，并且接收处理外接的复位和外部程序存储器访问控制 $\overline{EA}$ 信号。

(1) 程序计数器 PC(Program Counter)

程序计数器 PC 是一个 16 位寄存器，用于存放下一条将要执行的指令地址，因此也称为地址指针。程序中的指令是按照顺序存放在程序存储器中的某个连续区域，每条指令都有自己的地址，CPU 根据 PC 中的指令地址从程序存储器中取出将要执行的指令。PC 具有自动加 1 功能，从而指向下一条将要执行的指令地址；执行转移指令时，PC 会根据该指令要求，修改下一次读 ROM 新的地址；执行调用子程序或发生中断时，CPU 会自动将当前 PC 值压入堆栈，将子程序入口地址或中断入口地址装入 PC；子程序返回或中断返回时，

恢复原有被压入堆栈的 PC 值，继续执行原顺序程序指令。

单片机复位时，PC=0000H，CPU 从程序存储器 0000H 处开始执行程序。

(2)　数据指针 DPTR(Data Pointer)

数据指针 DPTR 是一个 16 位的专用寄存器，作为访问外部存储器(片外 RAM 和 ROM)的地址指针。其高位字节寄存器用 DPH 表示，低位字节寄存器用 DPL 表示，因此数据指针 DPTR 既可作为一个 16 位寄存器来处理，也可作为两个独立的 8 位寄存器 DPH 和 DPL 来处理。当对 64 KB 外部数据存储器空间寻址时，作为间址寄存器用。在访问程序存储器时，用作基址寄存器。

(3)　堆栈指针 SP(Stack Pointer)

堆栈指针 SP 是一个 8 位的专用寄存器，用来暂存数据和地址，它是按"先进后出"的原则存取数据的。堆栈共有两种操作：进栈和出栈。

系统复位后，SP 的内容为 07H，从而复位后堆栈实际上是从 08H 单元开始的。但 08H~1FH 单元分别属于工作寄存器 1~3 区，如程序要用到这些区，最好把 SP 值改为 1FH 或更大的值。一般在内部 RAM 的 30H~7FH 单元中开辟堆栈。SP 的内容一经确定，堆栈的位置也就跟着确定下来，由于 SP 可初始化为不同值，因此堆栈位置是浮动的。进栈操作见例 2-5，先将堆栈指针 SP 的内容(0FH)加 1，指向堆栈顶的一个空单元，此时 SP=10H；然后将指令指定的直接寻址单元 30H 中的数据(2BH)送到该空单元中。

【例 2-5】进栈操作：PUSH　30H ;(30H)=2BH，如图 2-7 所示。

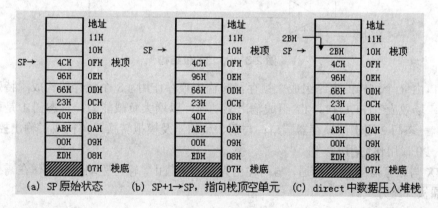

图 2-7　进栈操作

(4)　指令寄存器 IR

指令寄存器 IR 用来存放当前正在执行的指令代码。

(5)　指令译码器 ID

指令译码器 ID 用来对指令代码进行分析、译码，根据指令译码的结果，输出相应的控制信号。

2.1.5　8051 单片机 I/O 结构

MCS-51 共有 4 组 8 位 I/O 口，分别记作 P0、P1、P2、P3。每个口都包含一个锁存器，一个输出驱动器和输入缓冲器，都有 8 条 I/O 口线，具有字节寻址和位寻址功能。

在无片外扩展时,这四个 I/O 口都可以作为通用 I/O 口使用。在访问片外扩展存储器时,低 8 位地址和数据由 P0 口分时传送,高 8 位地址由 P2 口传送。

MCS-51 单片机的四个 I/O 口都是八位双向口,这些端口在结构和特性上是基本相同的,但又各具特点,以下分别介绍。

1. P0 口

P0 口是一个三态双向口,可作为地址/数据分时复用口,也可作为通用 I/O 接口。其中某 1 位的结构原理如图 2-8 所示。

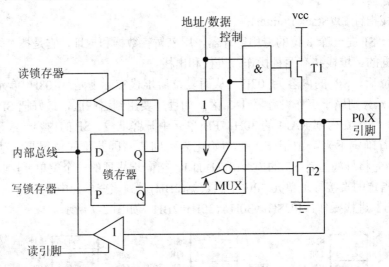

图 2-8　P0 口的位结构

P0 口由 8 个这样的电路组成。锁存器起输出锁存作用,8 个锁存器构成了特殊功能寄存器 P0;场效应管(FET)T1、T2 组成输出驱动器,以增大负载能力;三态门 1 是引脚输入缓冲器;三态门 2 用于读锁存器端口;与门、反相器及模拟转换开关构成了输出控制电路。

(1) P0 口用作通用 I/O 口

MUX 与锁存器的 Q 端接通,与门输出为 0,T1 截止,输出驱动级就工作在需外接上拉电阻的漏极开路方式。

① P0 口用作输出口

CPU 在执行输出指令时,内部数据总线的数据在"写锁存器"信号的作用下,由 D 端进入锁存器,取反后出现在 Q 端,再经过 T2 反向,则 P0.X 引脚上的数据就是内部总线的数据。由于 T2 为漏极开路输出,故此时必须外接上拉电阻。

② P0 口用作输入口

数据可以读自端口的锁存器,也可以读自端口的引脚,这要看输入操作执行的是"读锁存器"指令还是"读引脚"指令。

方式 1:读引脚。CPU 在执行 MOV 类输入指令时(如 MOV A, P0),内部产生的操作信号是"读引脚"。P0.X 引脚上的数据经过缓冲器 1 读入到内部总线。注意,在读引脚时,必须先向电路中的锁存器写入 1,使 T2 截止,P0.X 引脚处于悬浮状态,可作为高阻抗输入。

方式 2:读锁存器。CPU 在执行"读-改-写"类输入指令时(如 ANL P0, A),内部产生的操作信号是"读锁存器"，锁存器中的数据经过缓冲器 2 送到内部总线，然后与 A 的内容进行逻辑"与"，结果送回 P0 的端口锁存器并出现在引脚。除了 MOV 类指令外，其他的读口操作指令都属于这种情况。

(2)　P0 口用作地址/数据总线

MUX 将地址/数据线与 T2 接通，同时与门输出有效。若地址/数据线为 1，则 T1 导通，T2 截止，P0 口输出为 1；反之 T1 截止，T2 导通，P0 口输出为 0。当数据从 P0 口输入时，读引脚使三态缓冲器 1 打开，端口上的数据经缓冲器 1 送到内部总线。

(3)　P0 口小结

①　P0 口既可作为地址/数据总线使用，也可作为通用 I/O 口使用。当 P0 口作为地址/数据总线使用时，就不能再作为通用 I/O 口使用了。

②　P0 口作为输出口使用时，输出级属漏极开路，必须外接上拉电阻才有高电平输出。

③　P0 口作为输入口读引脚时，应先向锁存器写 1，使 T2 截止，不影响输入电平。

2. P1 口

P1 口是一个有内部上拉电阻的准双向口，位结构如图 2-9 所示。

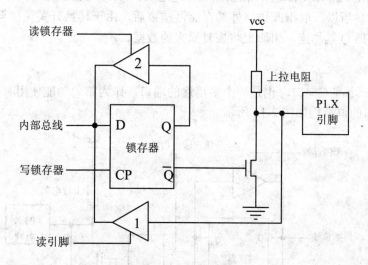

图 2-9　P1 口的位结构

P1 口的每一位口线能独立用作输入线或输出线。作为输出时，如将 0 写入锁存器，场效应管导通，输出线为低电平，即输出为 0。在作为输入时，必须先将 1 写入口锁存器，使场效应管截止。该口线由内部上拉电阻提拉成高电平，同时也能被外部输入源拉成低电平，即当外部输入 1 时该口线为高电平，而输入 0 时，该口线为低电平。P1 口作为输入时，可被任何 TTL 电路和 MOS 电路驱动，由于具有内部上拉电阻，也可以直接被集电极开路和漏极开路电路驱动，不必外加上拉电阻。P1 口可驱动 4 个 LSTTL 门电路。

3. P2 口

当作为准双向通用 I/O 口使用时，控制信号使转换开关接向左侧，锁存器 Q 端经反相器接场效应管，其工作原理与 P1 相同，也具有输入、输出、端口操作三种工作方式，负载能力也与 P1 相同。P2 口的位置结构如图 2-10 所示。

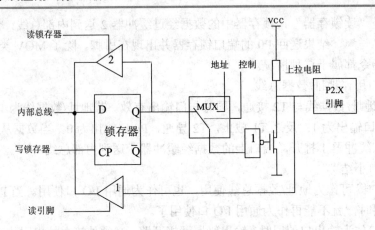

图 2-10　P2 口的位结构

当作为外部扩展存储器的高 8 位地址总线使用时，控制信号使转换开关接向右侧，由程序计数器 PC 来的高 8 位地址，或数据指针 DPTR 来的高 8 位地址 DPH 经反相器和场效应管原样呈现在 P2 口的引脚上，输出高 8 位地址 A8~A15。在上述情况下，P2 口锁存器的内容不受影响，所以，取指或访问外部存储器结束后，由于转换开关又接至左侧，使输出驱动器与锁存器 Q 端相连，引脚上将恢复原来的数据。

4．P3 口

P3 口是一个准双向口，也是一个多用途的端口，作为第一功能使用时，其功能与 P1 口相同。P3 口的位结构如图 2-11 所示。

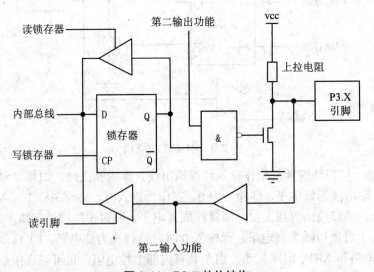

图 2-11　P3 口的位结构

高职高专计算机实用规划教材——案例驱动与项目实践

当作第二功能使用时，每一位功能定义如表 2-4 所示。P3 口的第二功能实际上就是系统具有控制功能的控制线。此时相应的口线锁存器必须为"1"状态，与非门的输出由第二功能输出线的状态确定，从而 P3 口线的状态取决于第二功能输出线的电平。在 P3 口的引脚信号输入通道中有两个三态缓冲器，第二功能的输入信号取自第一个缓冲器的输出端，第二个缓冲器仍是第一功能的读引脚信号缓冲器。P3 口可驱动 4 个 LSTTL 门电路。

表 2-4　P3 口的第二功能

端口功能	第二功能	功能说明
P3.0	RXD	串行输入(数据接收)口
P3.1	TXD	串行输出(数据发送)口
P3.2	$\overline{INT0}$	外部中断 0 输入
P3.3	$\overline{INT1}$	外部中断 1 输入
P3.4	T0	定时/计数器 0 计数输入
P3.5	T1	定时/计数器 1 计数输入
P3.6	$\overline{WR}$	片外数据存储器写选通信号输出
P3.7	$\overline{RD}$	片外数据存储器读选通信号输入

【例 2-6】利用 P1 口外接的 8 只 LED 发光二极管模拟彩灯，完成跑马灯的设计。

解：P1 口是唯一的单功能口，仅用作通用 I/O 口。当单片机仅用作简单的输入输出且满足要求的情况下，P1 口使用较多。控制彩灯其实质就是给 P1 口高电平或者低电平，即 0 或者 1。本例使用的是共阳极的 LED 发光二极管，高电平暗，低电平亮。电路连接如图 2-12 所示。程序代码如下：

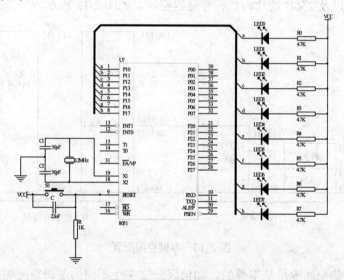

图 2-12　跑马灯电路设计

```
        ORG  0000H
        LJMP MAIN
        ORG  0100H
MAIN:   MOV  A, #0FEH        ; 赋初值
LD:     MOV  P1, A           ; P1.0 点亮
        LCALL DELAY          ; 延时
        RL   A               ; 循环右移
        SJMP LD
        ORG  0200H
DELY:   MOV  R1, #0FFH       ; 延时子程序
LOOP:   MOV  R2, #0FFH
        DJNZ R2, $
        DJNZ R1, L00P
        RET                  ; 子程序返回
        END
```

思考：

(1) 如何改变灯移动的方向？

(2) 如何改变亮灯的数量？

2.2 MCS-51 的存储器

计算机的存储器结构有两种：一种称为哈佛结构，即程序存储器和数据存储器分开，相互独立；另一种结构称为普林斯顿结构，即程序存储器和数据存储器是统一的，地址空间统一编址。

MCS-51 单片机的存储器配置方式与其他常用的微机系统不同，属哈佛结构。程序存储器为只读存储器(ROM)。数据存储器为随机存取存储器(RAM)。单片机的存储器编址方式采用与工作寄存器、I/O 口锁存器统一编址的方式。

从物理地址空间看，MCS-51 有 4 个存储器地址空间，即片内程序存储器和片外程序存储器以及片内数据存储器和片外数据存储器。但是从应用设计的角度，可分为 3 个逻辑空间：片内外统一寻址的 64KB 程序存储器空间，地址范围为 0000H~FFFFH，64KB 的片外数据存储器空间以及 256B 的片内数据存储器空间，如图 2-13 所示。

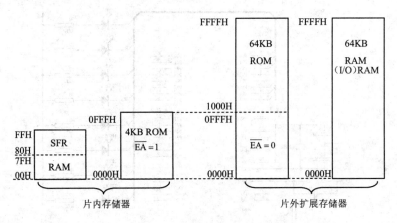

图 2-13　存储空间配置

上述 3 个存储空间地址是重叠的，如何区分这 3 个不同的逻辑空间呢？8051 的指令系统设计了不同的数据传送指令符号：CPU 访问片内、片外 ROM 时，指令用 MOVC；访问片外 RAM 时，指令用 MOVX；访问片内 RAM 时，指令用 MOV。

2.2.1　程序存储器 ROM

程序存储器用来存放程序和表格常数。程序存储器以程序计数器 PC 作为地址指针，通过 16 位地址总线，可寻址的地址空间为 64KB。片内、片外统一编址。片内有 4KB 的 ROM 存储单元，地址为 0000H~0FFFH。片外最多可扩至 64KB 的 ROM，地址为 1000H~FFFFH。

当 $\overline{EA}$ 引脚接高电平时，CPU 将首先访问片内 ROM，当指令地址超过 0FFFH 时，自动

转向片外 ROM 取指令。

当 $\overline{EA}$ 引脚接低电平时，CPU 只访问片外 ROM。片外 ROM 的地址从 0000H 开始编址。对于 8031，由于其片内无 ROM，所以使用时必须使 $\overline{EA}$ 接低电平，以便能够从片外扩展的 EPROM 中取指令。

读片外 ROM 时，CPU 从 PC(程序计数器)中取出当前 ROM 的 16 位地址，分别由 P0 口(低 8 位)和 P2 口(高 8 位)同时输出，ALE 信号有效时由地址锁存器锁存低 8 位地址信号，地址锁存器输出的低 8 位地址信号和 P2 口输出的高 8 位地址信号同时加到片外 ROM 16 位地址输入端，当 PSEN 信号有效时，片外 ROM 将相应地址存储单元中的数据送至数据总线(P0 口)，CPU 读入后存入指定单元。

在程序存储器中，如表 2-5 所示的 6 个单元具有特殊含义。使用时一般在这 6 个单元中存放一条无条件转移指令，以便直接转去执行指定的程序。

表 2-5　6 个具有特殊含义的单元

地　址	说　明
0000H	单片机复位后的程序入口地址
0003H	外部中断 0 的中断服务程序入口地址
000BH	定时器 0 的中断服务程序入口地址
0013H	外部中断 1 的中断服务程序入口地址
001BH	定时器 1 的中断服务程序入口地址
0023H	串行口的中断服务程序入口地址

2.2.2　数据存储器 RAM

数据存储器 RAM 主要用来存放运算的中间结果和数据等。MCS-51 单片机的数据存储器无论在物理上或逻辑上都分为两个地址空间，一个为片内数据存储器，地址范围为 00H~FFH，访问片内数据存储器用 MOV 指令；另一个为片外数据存储器，地址范围为 0000H~FFFFH，访问片外数据存储器用 MOVX 指令。

读片外 RAM 时，片外 RAM 16 位地址分别由 P0 口(低 8 位)和 P2 口(高 8 位)同时输出，ALE 信号有效时由地址锁存器锁存低 8 位地址信号，地址锁存器输出的低 8 位地址信号和 P2 口输出的高 8 位地址信号同时加到外 RAM 16 位地址输入端,当 RD 信号有效时,外 RAM 将相应地址存储单元中的数据送至数据总线(P0 口)，CPU 读入后存入指定单元。

写外 RAM 的过程与读外 RAM 的过程相同。只是控制信号不同，信号换成 WR 信号。WR 信号有效时,外 RAM 将数据总线(P0 口分时传送)上的数据写入相应的地址存储单元中。

2.2.3　MCS-51 片内数据存储器的配置

片内 RAM 地址空间共有 256B，又分为两个部分：低 128B(00H~7FH)为真正的 RAM 区，高 128B(80H~FFH)为特殊功能寄存器(SFR)区。

低 128B 是单片机的真正 RAM 存储器，按其用途划分为工作寄存器区(00H~1FH)、位寻址区(20H~2FH)和用户区(30H~7FH)这 3 个区域，其地址空间详细分布如表 2-6 所示。

表 2-6　片内 RAM 的地址空间

7FH 30H	用户区(堆栈、数据缓冲区)							
2FH	7F	7E	7D	7C	7B	7A	79	78
2EH	77	76	75	74	73	72	71	70
2DH	6F	6E	6D	6C	6B	6A	69	68
2CH	67	66	65	64	63	62	61	60
2BH	5F	5E	5D	5C	5B	5A	59	58
2AH	57	56	55	54	53	52	51	50
29H	4F	4E	4D	4C	4B	4A	49	48
28H	47	46	45	44	43	42	41	40
27H	3F	3E	3D	3C	3B	3A	39	38
26H	37	36	35	34	33	32	31	30
25H	2F	2E	2D	2C	2B	2A	29	28
24H	27	26	25	24	23	22	21	20
23H	1F	1E	1D	1C	1B	1A	19	18
22H	17	16	15	14	13	12	11	10
21H	0F	0E	0D	0C	0B	0A	9	8
20H	7	6	5	4	3	2	1	0
1FH 18H	第 3 组工作寄存器(R0~R7)							
17H 10H	第 2 组工作寄存器(R0~R7)							
0FH 08H	第 1 组工作寄存器(R0~R7)							
07H 00H	第 0 组工作寄存器(R0~R7)							

1. 工作寄存器区

00H~1FH 共 32 个单元，为工作寄存器区。工作寄存器也称通用寄存器，用于临时寄存 8 位信息。工作寄存器分成 4 组，每组都有 8 个寄存器，用 R0~R7 来表示。程序中每次只用 1 组，其他各组可以作为一般的数据缓冲区使用。使用哪一组寄存器工作由程序状态字 PSW 中的 PSW.3(RS0)和 PSW.4(RS1)两位来选择，其对应关系如表 2-7 所示。通过软件设置 RS0 和 RS1 两位的状态，就可任意选一组工作寄存器工作，系统复位后，默认选中第 0 组寄存器为当前工作寄存器。

MCS-51 单片机指令系统有专用于工作寄存器操作的指令，读写速度比一般内部 RAM 要快，指令字节比一般直接寻址指令要短，还具有间址功能，能给编程和应用带来方便，有利于提高单片机的运算速度。因此在单片机的应用编程中应充分利用这些寄存器，以简

高职高专计算机实用规划教材——案例驱动与项目实践

化程序设计，提高程序运行速度。

表 2-7　工作寄存器地址表

RS1	RS0	寄存器组	R0	R1	R2	R3	R4	R5	R6	R7
0	0	第 0 组	00H	01H	02H	03H	04H	05H	06H	07H
0	1	第 1 组	08H	09H	0AH	0BH	0CH	0DH	0EH	0FH
1	0	第 2 组	10H	11H	12H	13H	14H	15H	16H	17H
1	1	第 3 组	18H	19H	1AH	1BH	1CH	1DH	1EH	1FH

【例 2-7】工作寄存器工作在 1 区，则 R2 所对应的内部数据存储器的地址是 0AH。

2. 位寻址区

20H~2FH 单元是位寻址区。这 16 个单元(共计 16×8=128 位)的每一位都赋予了一个位地址，位地址范围为 00H~7FH，如表 2-8 所示。

表 2-8　位寻址区分布

字节地址	位 地 址							
	D7	D6	D5	D4	D3	D2	D1	D0
2FH	7F	7E	7D	7C	7B	7A	79	78
2EH	77	76	75	74	73	72	71	70
2DH	6F	6E	6D	6C	6B	6A	69	68
2CH	67	66	65	64	63	62	61	60
2BH	5F	5E	5D	5C	5B	5A	59	58
2AH	57	56	55	54	53	52	51	50
29H	4F	4E	4D	4C	4B	4A	49	48
28H	47	46	45	44	43	42	41	40
27H	3F	3E	3D	3C	3B3	3A	39	38
26H	37	36	35	34	33	32	31	30
25H	2F	2E	2D	2C	2B	2A	29	28
24H	27	26	25	24	23	22	21	20
23H	1F	1E	1D	1C	1B	1A	19	18
22H	17	16	15	14	13	12	11	10
21H	0F	0E	0D	0C	0B	0A	09	08
20H	07	06	05	04	03	02	01	00

可以对单元中每一位进行位操作，因此把该区称为位寻址区。通常可以把各种程序状态标志、位控制变量存于位寻址区内。51 系列单片机具有布尔处理机功能，这个位寻址区还可以用来构成布尔处理机的存储空间。

位地址与字节地址编址相同，容易混淆。区分方法是：位操作指令中的地址是位地址；字节操作指令中的地址是字节地址。

3．用户区

内部 RAM 中，30H~7FH 共 80 个单元为用户区，也称为数据缓冲区，用于存放各种用户数据和中间结果，起到数据缓冲的作用。对用户 RAM 区的使用没有任何规定或限制，但在一般应用中，常把堆栈开辟在此区中。

由于工作寄存器区、位寻址区、用户区统一编址，使用同样的指令访问，这三个区的单元既有自己独特的功能，又可统一调度使用。因此，前两个区未使用的单元也可作为用户 RAM 单元使用，使容量较小的片内 RAM 得以充分利用。

2.2.4　单片机特殊功能寄存器

高 128B(80H~FFH)为特殊功能寄存器(Special Function Registers，SFR)区，又称为专用寄存器，专用于控制、管理片内算术逻辑部件、并行 I/O 口、串行 I/O 口、定时器/计数器、中断系统等功能模块的工作。21 个 SFR 不连续地分散在内部 RAM 高 128 单元中，尽管还余有许多空闲地址，但用户并不能使用。在 51 子系列单片机中，各专用寄存器(程序计数器 PC 例外)与片内 RAM 统一编址，且作为直接寻址字节，可直接寻址。唯有程序计数器 PC 在物理上是独立的，不占据 RAM 单元，因此是不可寻址的寄存器。8051 有 18 个专用寄存器，其中 3 个为双字节寄存器，共占用 21 个字节。按地址排列的各特殊功能寄存器符号、名称和地址如表 2-9 所示。

表 2-9　21 个 SFR 符号、名称和地址

标识符	名　　称	地　　址
* ACC	累加器	E0H
* B	B 寄存器	F0H
* PSW	程序状态寄存器	D0H
SP	堆栈指针	81H
DPTR	数据指针(包括 DPH 和 DPL)	83H 和 82H
* P0	P0 口	80H
* P1	P1 口	90H
* P2	P2 口	A0H
* P3	P3 口	B0H
* IP	中断优先级控制	B8H
* IE	中断允许寄存器	A8H
TMOD	定时/计数器方式控制	89H
TCON	定时/计数器控制	88H
TH0	定时/计数器 0(高位字节)	8CH
TL0	定时/计数器 0(低位字节)	8AH
TH1	定时/计数器 1(高位字节)	8DH
TL1	定时/计数器 1(低位字节)	8BH
*SCON	串行口控制寄存器	98H
SBUF	串行数据缓冲器寄存器	99H
PCON	电源控制寄存器	87H

部分 SFR 已在前面介绍过, 剩下的 IP、IE、TMOD、TCON、TH0、TL0、TH1、TL1、SCON、SBUF 和 PCON 寄存器分别包含中断系统、定时/计数器、串行口和供电方式的控制和状态位, 这些寄存器将在以后有关章节中叙述。

2.2.5 特殊功能寄存器的位寻址

21 个 SFR 中有 11 个专用寄存器(表 2-9 中带*的)可以位寻址, 它们字节地址的低半字节都为 0H 或 8H(即可位寻址的特殊功能寄存器字节地址具有能被 8 整除的特征), 共有可寻址位 11×8−5(未定义)=83 位, 如表 2-10 所示。

表 2-10 可位寻址的 SFR 地址分布表

SFR	位地址/位定义								字节地址
B	F7	F6	F5	F4	F3	F2	F1	F0	F0H
ACC	E7	E6	E5	E4	E3	E2	E1	E0	E0H
PSW	D7	D6	D5	D4	D3	D2	D1	D0	D0H
	CY	AC	F0	RS1	RS0	OV		P	
IP	BF	BE	BD	BC	BB	BA	B9	B8	B8H
	-	-	-	PS	PT1	PX1	PT0	PX0	
P3	B7	B6	B5	B4	B3	B2	B1	B0	B0H
	P3.7	P3.6	P3.5	P3.4	P3.3	P3.2	P3.1	P3.0	
IE	AF	AE	AD	AC	AB	AA	A9	A8	A8H
	EA	-	-	ES	ET1	EX1	ET0	EX0	
P2	A7	A6	A5	A4	A3	A2	A1	A0	A0H
	P2.7	P2.6	P2.5	P2.4	P2.3	P2.2	P2.1	P2.0	
SCON	9F	9E	9D	9C	9B	9A	99	98	98H
	SM0	SM1	SM2	REN	TB8	RB8	TI	RI	
P1	97	96	95	94	93	92	91	90	90H
	P1.7	P1.6	P1.5	P1.4	P1.3	P1.2	P1.1	P1.0	
TCON	8F	8E	8D	8C	8B	8A	89	88	88H
	TF1	TR1	TF0	TR0	IE1	IT1	IE0	IT0	
P0	87	86	85	84	83	82	81	80	80H
	P0.7	P0.6	P0.5	P0.4	P0.3	P0.2	P0.1	P0.0	

2.3 实 践 训 练

2.3.1 任务 1 数据存储器的读写

读写下列指令:

```
ORG 0000H
MOV A, #60H
MOV R0, #01H
MOV R1, #02H
MOV PSW, #10H
MOV R0, #03H
```

```
MOV R1, #04H
MOV 20H, #0FFH
CLR 07H
CLR 05H
MOV DPTR, #1234H
MOV P1, #55H
SJMP $
END
```

1．任务目标

(1) 熟悉 Keil 软件的使用。

(2) 掌握用软件检查每条指令执行的结果。

(3) 掌握单片机片内 RAM 的地址分配和读写方法。

(4) 掌握单片机片内各寄存器的读写方法。

2．知识点分析

(1) MOV、CLR 指令的使用

MOV 指令的基本格式为：

MOV <目的操作数>，<源操作数>

结果是把数据从源地址传送到目的地址，源地址内容不变。

CLR 指令的基本格式为：

CLR 操作数

结果是把操作数内容清零。

(2) Keil 软件的使用

打开 Keil 软件，完成下列工作：新建工程 → 编辑程序 → 编译连接仿真 → 查看程序执行结果 → 修改程序。

3．实施过程(软件使用部分省略)

(1) 编辑程序，如图 2-14 所示。

图 2-14　编译程序的界面

(2) 编译连接，如图 2-15 所示。

(3) 查看程序执行结果，如图 2-16、2-17 所示。

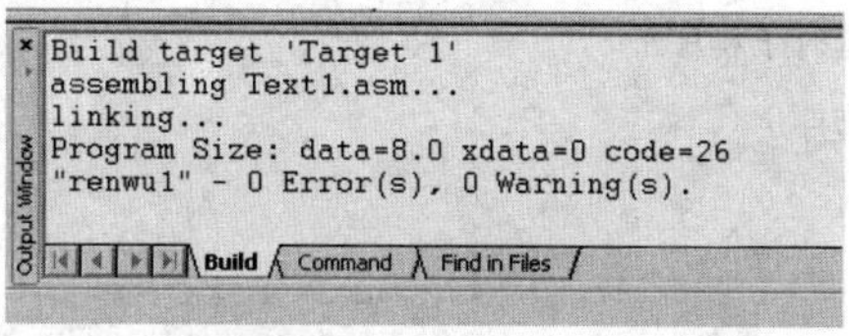

图 2-15　编译通过

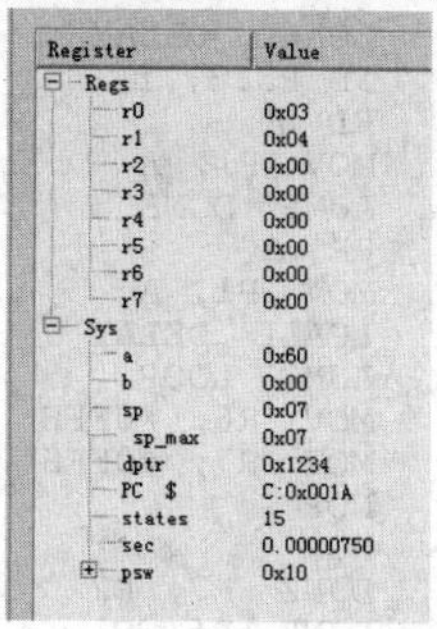

图 2-16　执行程序后各寄存器的状态

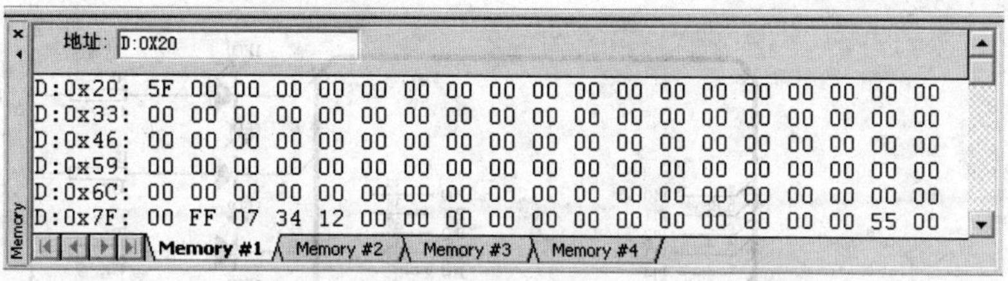

图 2-17　执行程序后 RAM 20H 单元的状态

2.3.2　任务 2　彩灯控制

P1 口接 8 只发光二极管(共阳)，若 P3.3 口输入为 1，P1 口输出亮点(灯)左移；P3.3 口输入为 0，P1 口输出亮点(灯)右移。

1．任务目标

(1)　熟悉 Keil 软件的使用。

(2)　掌握如何用软件检查每条指令执行的结果。

(3)　掌握 P1 口、P3 口的使用。

(4)　掌握单片机片内各寄存器的读写方法。

(5)　掌握分支程序、循环程序、子程序的设计方法和技巧。

(6)　熟悉最小系统和硬件设计。

(7)　掌握 I/O 口读写知识。

2．实施过程

(1)　硬件设计如图 2-18 所示。

相比于例 2-6，本任务只是在 P3.3 口增加了一个单刀双掷开关，使得 P3.3 要么为高电平，要么为低电平，所以只需要增加判断 P3.3 是 0 还是 1 即可。

(2)　流程图设计如图 2-19 所示。

(3)　程序设计如下：

```
        ORG   0000H
        LJMP  START
        ORG   1000H
START:  MOV   A, #0FEH
        MOV   P1, A              ; 点亮一盏灯
```

```
                LCALL   DELAY
LOOP:   JB P3.3, LEFT              ; P3.3 为 1，转移到 LEFT
        RL A
        MOV P1, A                  ; 右移
        AJMP   DONE
LEFT:   RR A
        MOV P1, A                  ; 左移
DONE:   LCALL   DELAY              ; 调用延时子程序
        AJMP   LOOP
DELAY:  MOV R6, #0FFH              ; 延时程序
D1:     MOV R7, #0FFH
D2:     NOP
        NOP
        DJNZ   R7, D2
        DJNZ   R6, D1
        RET
        END
```

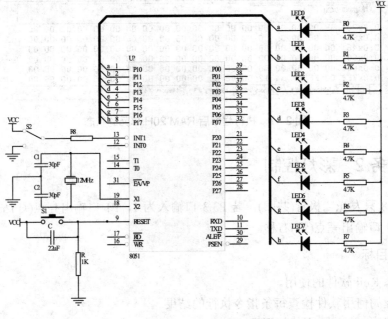

图 2-18　彩灯硬件设计

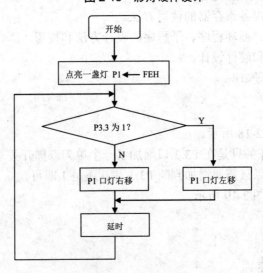

图 2-19　彩灯流程

(4) 思考与修改。

① RL 为循环左移指令，为何实现的是右移？RR 为循环右移指令，为何实现的是左移？延时时间为多少？如何修改？

② 如何改为暗点流动？

③ 如何改变发光二极管闪亮时间长短？

④ 如何改变发光二极管的闪亮形式？

习题与思考题

(1) 阐明 MCS-51 系列单片机的组成。

(2) MCS-51 系列单片机引脚如何分类？说明各引脚的作用。

(3) 在下列情况下 $\overline{EA}$ 引脚应接何种电平？

① 只有片内 ROM　　② 只有片外 ROM

③ 有片内、片外 ROM　④ 有片内 ROM 但不用，而用片外 ROM

(4) 简述程序状态字 PSW 中各位的含义。

(5) 何谓振荡周期、时钟周期、机器周期和指令周期？针对 MCS-51 系列单片机，如采用 6MHz 晶振，它们的周期各是什么值？

(6) MCS-51 单片机的寻址范围是多少？8051 单片机可以配置的存储器的最多容量是多少？

(7) 8051 单片机的内部 RAM 可以分为几个不同的区域？各区的地址范围及其特点是什么？

(8) MCS-51 怎样实现上电复位与按键复位？请综述各专用寄存器复位后的状态。

(9) 为了使 10H~17H 作为工作寄存器使用，应该采用什么办法来实现？写出相关的指令。CPU 复位后，R0~R7 的单元地址是多少？

(10) 特殊功能寄存器中哪些寄存器可以位寻址？它们的字节地址是什么？

第 3 章　MCS-51 汇编语言

教学提示：

本章重点难点在于理解单片机 MCS-51 指令系统的寻址方式，以及数据传送类指令、算术运算类指令、逻辑操作类指令、位操作类指令和控制转移类指令操作的含义及具体的使用，掌握单片机 MCS-51 汇编语言程序的三种基本结构形式、常用汇编语言程序设计。

教学目标：

掌握指令系统的寻址方式。

掌握汇编语言指令的格式。

掌握汇编语言指令的功能及应用。

掌握伪指令的格式及应用。

掌握汇编语言程序的基本结构。

掌握程序设计的步骤和方法。

学会具体程序的应用。

3.1　指 令 系 统

单片机指令包含两个基本部分：操作码和操作数。操作码是用来指定指令功能的，而操作数则是指令操作的对象。

比如做加法运算，"ADD A, R0" 就表示将寄存器 A 与 R0 中的数据相加，然后将结果存放到 A 寄存器中。在这里，ADD 即为操作码，A 和 R0 即为操作数。

指令有定长和不定长之分，定长指令其操作码的位数为一定值，不定长指令其操作码为变动的，一般使用频率最高的采用最短的操作码。单片机一般采用的是不定长指令格式。

MCS-51 汇编语言指令根据指令的长短，又将指令分为单字节指令、双字节指令、三字节指令三种格式。单字节指令即在程序存储器中需要一个字节的单元来存储；双字节指令即在程序存储器中需要两个字节的单元来存储；三字节指令即在程序存储器中需要三个字节的单元来存储。

1. 单字节指令

单字节指令格式由 8 位二进制编码表示。有两种形式。

(1) 8 位全表示操作码。例如，空操作指令 NOP，其机器码为：

0	0	0	0	0	0	0	0

(2) 8 位编码中包含操作码和寄存器编码。

例如：

```
MOV   A, Rn
```

这条指令的功能是把寄存器 Rn(n=0，1，2，3，4，5，6，7)中的内容送到累加器 A 中去。其机器码为：

1　1　1　0　1	←Rn→

假设 n=0，则寄存器编码为 Rn=000(参见指令表)，则指令 "MOV A, R0" 的机器码为 E8H，其中操作码 11101 表示执行把寄存器中的数据传送到 A 中去的操作。000 为 R0 寄存器编码。

2. 双字节指令

在双字节指令格式中，指令的编码由两个字节组成，该指令存放在存储器时需占用两个存储器单元。例如：

```
MOV A, #DATA
```

这条指令的功能是将立即数 DATA 送到累加器 A 中去。假设立即数 DATA=85H，则其机器码为：

第一字节	0　1　1　1　0　1　0　0	操作码
第二字节	1　0　0　0　0　1　0　1	操作数(立即数 85H)

3. 三字节指令

三字节指令格式中，第一个字节为操作码，其后两个字节为操作数。
例如：

```
MOV direct, #DATA
```

这条指令是把立即数 DATA 送到地址为 direct 的单元中去。假设 direct=78H，DATA=80H，则 "MOV 78H, #80H" 指令的机器码为：

第一字节	0　1　1　1　0　1　0　1	操作码
第二字节	0　1　1　1　1　0　0　0	第一操作数(目的地址)
第三字节	1　0　0　0　0　0　0　0	第二操作数(立即数)

3.1.1　指令格式

用二进制编码表示的机器语言指令由于不便于阅读理解和记忆，因此在微机控制系统中采用汇编语言(用助记符和专门的语言规则表示指令的功能和特征)指令来编写程序。

一条汇编语言指令中最多包含 4 个区段，如下所示：

[标号:]　操作码助记符　[目的操作数]　[,源操作数]　[;注释]

例如，把立即数 F0H 送累加器的指令为：

```
START:  MOV A, #0F1H   ; 立即数 F1H→A
```

(1) 标号区段是由用户定义的符号组成的，最好用英文大写字母开始。标号区段可缺省。若一条指令中有标号区段，标号代表该指令第一个字节所存放的存储器单元的地址，故标号又称为符号地址，在汇编时，把该地址赋值给标号。

(2) 操作码区段是指令要操作的功能，由助记符表示。

(3) 操作数：根据指令的不同功能，操作数可以有三个、两个、一个或没有操作数。上例中，操作数区段包含两个操作数，即 A 和#0F1H，它们之间由逗号分隔开。其中第二个操作数为立即数 F1H，它是用十六进制数表示的以字母开头的数据，为区别于操作数区段出现的字符，故以字母开始的十六进制数据前面都要加0，把立即数 F1H 写成 0F1H(这里 H 表示此数为十六进制数，若用二进制，则用 B 表示，十进制用 D 或省略)，操作数表示参加操作的数的本身，或操作数所在的地址。

(4) 注释区段可缺省，对程序功能无任何影响，只用来对指令或程序段做简要的说明，便于他人阅读，在调试程序时也会带来很多方便。

值得注意的是，汇编语言程序不能被计算机直接识别并执行，必须经过一个中间环节把它翻译成机器语言程序，这个中间过程叫作汇编。汇编有两种方式：机器汇编和手工汇编。机器汇编是用专门的汇编程序，在计算机上进行翻译；手工汇编是由编程员把汇编语言指令通过查指令表逐条翻译成机器语言指令。早期，因为当时没有机器汇编工具，工程师们主要通过查表，把助记符翻译成机器语言，工作非常烦琐。现在主要使用机器汇编，在电脑上完成，非常容易，但有时也用到查指令表来汇编，即手工汇编。

3.1.2 寻址方式

所谓的寻址，就是指寻找操作数的地址。由于大多数指令都需要操作数，因此在使用操作数的过程中，就存在一个寻找存储单元的问题。

在带有操作数的指令中，数据可能就在指令中，也有可能在寄存器或存储器中，甚至在 I/O 口中。对这些设备内的数据要正确进行操作，就要在指令中指出其地址，寻找操作数地址的方法称为寻址方式。寻址方式的多少及寻址功能强弱是反映指令系统性能优劣的重要指标。

MCS-51 指令系统的寻址方式有下列几种。

直接寻址。

立即数寻址。

寄存器寻址。

寄存器间接寻址。

变址寻址。

位寻址。

相对寻址。

在下面的内容里，将逐一介绍各种寻址方式。

1. 直接寻址

在指令中含有操作数的直接地址，该地址指出了参与操作的数据所在的字节地址或位地址。

直接寻址方式中，操作数存储的空间有如下 3 种。

(1) 内部数据存储器的低 128 个字节单元(00H~7FH)。例如：

```
MOV A, 80H        ; (80H) → A
```

指令的功能是把内部 RAM 80H 单元中的内容送入累加器 A。

(2) 位地址空间。例如：

```
MOV C, 00H        ; 直接位 00H 内容 → 进位位
```

(3) 功能寄存器。

特殊功能寄存器只能用直接寻址方式进行访问。例如：

```
MOV IE, #76H      ; 立即数 76H → 中断允许寄存器 IE
```

IE 为特殊功能寄存器，其字节地址为 A8H。一般在访问 SFR 时，可在指令中直接使用该寄存器的名字来代替地址。

2. 立即数寻址

立即数寻址方式是操作数包含在指令字节中，指令操作码后面字节的内容就是操作数本身，汇编指令中，在一个数的前面冠以符号#作前缀，就表示该数为立即数。

例如：

```
机器码          助 记 符           注释
74 5F          MOV A, #5FH        ; 5FH → A
```

该指令的功能是将立即数 5FH 送入累加器 A，这条指令为双字节指令，操作数本身 5FH 跟在操作码 74H 后面，以指令形式存放在程序存储器内。

在 MCS-51 指令系统中还有三字节的指令，例如：

```
机器码          助 记 符           注释
90 56 78       MOV DPTR, #5678H   ; 56H→DPH, 78H→DPL
```

这条指令存放在程序存储器中占三个存储单元。

应注意，在 MCS-51 汇编语言指令中，#data 表示 8 位立即数，#data16 表示 16 位立即数，立即数前面必须有符号#，上述两例写成一般格式为：

```
MOV A, #data
MOV DPTR, #data16
```

3. 寄存器寻址

由指令指出某一个寄存器中的内容作为操作数，这种寻址方式称为寄存器寻址。寄存器寻址按所选定的工作寄存器 R0~R7 进行操作，指令机器码低 3 位的 8 种组合 000、001、...、110、111 分别指明所用的工作寄存器 R0、R1、...、R6、R7。

例如：

```
MOV A, Rn         ; (n=0~7)
```

这 8 条指令对应的机器码分别为 E8H ~ EFH。

又如：

```
INC R0            ; (R0)+1 → R0
```

该指令的功能是对寄存器 R0 进行操作，使其内容加 1，假设寄存器 R0 中原来存放的是 50H，则执行该条指令后，寄存器 R0 中的内容变为 51H。

4. 寄存间接寻址

由指令指出某一个寄存器的内容作为操作数的地址，这种寻址方式称为寄存器间接寻址。这里要注意，在寄存器间接寻址方式中，存放在寄存器中的内容不是操作数，而是操作数所在的存储器单元地址，寄存器起地址指针的作用，寄存器间接寻址用符号@表示。

寄存器间接寻址只能使用寄存器 R0 或 R1 作为地址指针来寻址内部 RAM(00H~FFH) 中的数据。

寄存器间接寻址也适用于访问外部 RAM，此时可使用 R0、R1 或 DPTR 作为地址指针。例如：

```
MOV A, @R0      ; ((R0)) → A
```

该指令的功能是把 R0 所指出的内部 RAM 单元中的内容送累加器 A。若 R0 内容为 60H，而内部 RAM 60H 单元中的内容是 3BH，则指令"MOV A, @R0"的功能是将 3BH 这个数送到累加器 A，如图 3-1 所示。

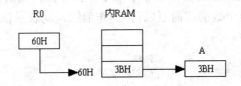

图 3-1　MOV A, @R0 指令示意

5. 变址寻址

这种寻址方式用于访问程序存储器中的数据表格，它把基址寄存器(DPTR 或 PC)和变址寄存器 A 的内容作为无符号数相加，形成 16 位的地址，访问程序存储器中的数据表格。操作时是以某个寄存器的内容为基础，然后在这个基础上再加上地址偏移量，形成真正的操作数地址，需要特别指出的是，用来作为基础的寄存器可以是 PC 或 DPTR，地址偏移量存储在累加器 A 中。例如：

```
MOVC  A, @A+DPTR    ; ((DPTR)+(A)) → A
MOVC  A, @A+PC      ; ((PC)+(A)) → A
```

累加器 A 中为无符号数，指令功能是 A 的内容和 DPTR 或当前 PC 的内容相加，得到程序存储器的有效地址，把该存储器单元中的内容送到 A。

6. 位寻址

位寻址方式是指将要访问的数据是一个单独的位，位地址表示一个可做位寻址的单元，它或者在内部 RAM 中(字节 20H ~ 2FH)，或者是一个硬件的位。在一个操作数中表示一个位地址有如下两种方法。

(1) 用一个 DATA 类型地址规定一个含有该位的字节，并用位选择符号"."，尾随一个位的识别符(0~7)单独指出该字节中特定的位。例如，PSW.5、23H.0 及 ACC.6 是位选择符的有效用法。能够用一个汇编时的表达式去表达该字节地址或该位识别符，汇编程序会

高职高专计算机实用规划教材——案例驱动与项目实践

把它翻译成正确的绝对值或可重新定位值。注意，仅在片内地址空间的某些字节可进行位寻址。

(2) 明确规定位地址。此时该表达式表示该位空间中(它必须有一个 BIT 段类型)的位地址。注意位地址 0~127 映射到片内 RAM 的字节 20H~2FH，而位地址 128~226 映射至硬件寄存器空间可进行位寻址的单元。

下面介绍几个例子，来说明表示几种规定位的方法：

```
SETB  TR0         ; 对预先定义的位地址 TR0 置位 (定时器上的运行标志)
SETB  88H.5       ; 对 88H 单元的位 5 置位
SETB  ALARM       ; 对用户定义的位 ALARM 置位
SETB  8EH         ; 对位地址 8EH 置位 (定时器 1 的运行标志)
```

7. 相对寻址

相对寻址主要是针对跳转指令而言的。对于跳转指令，跳转去的目标指令的地址是通过正在执行的指令地址来确定的，一般是采用正在执行的指令地址加上偏移量的方式。

这类寻址方式是以当前 PC 的内容作为基地址，加上指令中给定的偏移量所得结果作为转移地址，它只适用于双字节转移指令。偏移量是带符号数，在-128 ~ +127 范围内，用补码表示。例如：

```
JC  rel          ; C=1 跳转
```

第一字节为操作码，第二字节就是相对于程序计数器 PC 当前地址的偏移量 rel。若转移指令操作码存放在 1000H 单元，偏移量存放在 1001H 单元，指令执行后 PC 已为 1002H。若偏移量 rel 为 06H，则转移到的目标地址为 1008H，即当 C=1 时，将去执行 1008H 单元中的指令。

3.1.3　指令类型

MCS-51 指令系统有 42 种助记符，代表了 33 种操作功能，指令功能助记符与操作数各种可能的寻址方式相结合，共构成 111 种指令。这 111 种指令中，这些指令有不同的分类方式。

如果按字节分类，单字节指令有 49 条，双字节指令有 45 条，三字节指令有 17 条。

若从指令执行的时间看，单机器周期(12 个振荡器周期)指令有 64 条，双机器周期指令有 45 条，四个机器周期指令有两条(乘、除)。在 12MHz 晶振的条件下，分别为 1、2 和 4μs。由此可见，MCS-51 指令系统具有存储空间效率高和执行速度快的特点。

1. 指令分类

按指令的功能，MCS-51 指令系统可分为下列几类：

数据传送类。

算术运算类。

逻辑操作类。

位操作类。

控制转移类。

下面根据指令的功能特性分类介绍。在分类介绍之前，为了能更清楚地理解各条指令的含义，先对描述指令的一些符号做简单的说明。

(1) Rn：表示当前工作寄存器区中的工作寄存器，n 取 0~7，表示 R0~R7。

(2) @Ri：通过寄存器 R1 或 R0 间接寻址的 8 位内部数据 RAM 单元(0~255)，i=0、1。

(3) direct：8 位内部数据存储单元地址。它可以是一个内部数据 RAM 单元(0~127)或特殊功能寄存器地址或地址符号。

(4) #data：指令中的 8 位立即数。

(5) #data16：指令中的 16 位立即数。

(6) addr16：16 位目标地址。用于 LCALL 和 LJMP 指令，可指向 64KB 程序存储器地址空间的任何地方。

(7) addr11：11 位目标地址。用于 ACALL 和 AJMP 指令，转至当前 PC 所在的同一个 2KB 程序存储器地址空间内。

(8) DPTR：数据指针，用作 16 位的地址寄存器。

(9) (X)：X 中的内容。

(10) ((X))：表示以 X 单元的内容为地址的存储器单元内容，即(X)作为地址，该地址单元的内容用((X))表示。

(11) A：累加器。

(12) B：特殊功能寄存器，专用于乘(MUL)和除(DIV)指令中。

(13) C：进位标志或进位位。

(14) bit：内部数据 RAM 或部分特殊功能寄存器里的可寻址位的位地址。

(15) $\overline{\text{bit}}$：表示对该位操作数取反。

(16) rel：补码形式的 8 位偏移量。用于相对转移和所有条件转移指令中。偏移量相对于当前 PC 计算，在-128 ~ +127 范围内取值。

2. 数据传送类指令

数据传送类指令一般的操作是把源操作数传送到指令所指定的目标地址，指令执行后，源操作数不变，目的操作数被源操作数所代替。数据传送是一种最基本的操作，数据传送类指令是编程时使用最频繁的指令，其性能对整个程序的执行效率起很大的作用。

在 MCS-51 指令系统中，数据传送类指令非常灵活，它可以把数据方便地传送到数据存储器和 I/O 口中。

数据传送类指令用到的助记符有 MOV、MOVX、MOVC、XCHD、PUSH、POP。数据传送类指令见附录 4 "汇编指令表"。

数据传送类指令源操作数和目的操作数的寻址方式及传送路径如图 3-2 所示。

数据传送类指令比较简单，由图 3-2 和附录 4 很容易理解各种指令的功能，故不做详细叙述，下面进行一些必要的说明。最好在理解每一条指令的方法时用软件仿真一下，就知道每条指令的意义了。

(1) 以直接地址为目的操作数和源操作数的传送指令：

```
MOV direct1, direct2          ; (direct2) → direct1
```

这是一条三字节指令，指令的第一字节为操作码，第二字节为源操作数的地址，第三

字节为目的操作数的地址。源操作数和目的操作数的地址都以直接地址形式表示，它们可以是内部 RAM 存储器或特殊功能寄存器。指令的功能很强，能实现内部 RAM 之间、特殊功能寄存器之间或特殊功能寄存器与内部 RAM 之间的直接数据传送。

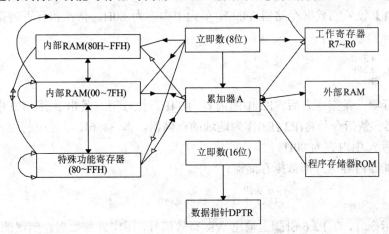

图 3-2　MCS-51 传送指令

例如：

```
MOV 0E0H, 78H
```

其中目的操作数地址 E0H 为累加器 ACC 的字节地址，源操作数地址 78H 为内部 RAM 单元的地址，指令的功能是把内部 RAM 78H 单元中的数据传送到累加器 ACC 中。指令的机器码为 85H, 78H, E0H。

(2) 累加器与外部数据存储器之间的数据传送指令。

该类指令有下面两组：

① 由 DPTR 内容指示外部数据存储器地址

(a) 外部数据存储器内容送累加器：

```
助记符                    功能
MOVX  A, @DPTR           A ← ((DPTR))
```

执行这条指令时，P3.7 引脚上输出 $\overline{\text{RD}}$ 有效信号，用作外部数据存储器的读选通信号。DPTR 所包含的 16 位地址信息由 P0 口(低 8 位)和 P2 口(高 8 位)输出，选中单元的数据由 P0 口输入到累加器，P0 口作为分时复用的总线。

(b) 累加器内容送外部数据存储器：

```
助记符                    功能
MOVX  @DPTR, A           (DPTR) ← A
```

执行该指令时，P3.6 引脚上输出 $\overline{\text{WR}}$ 有效信号，用作外部数据存储器的写选通信号。DPTR 所包含的 16 位地址处由 P0 口(低 8 位)和 P2 口(高 8 位)输出，累加器的内容由 P0 口输出，P0 口作为分时复用总线。

② 由 Ri 内容指示外部数据存储器地址

(a) 外部数据存储器内容送累加器：

```
助记符                    功能
MOVX  A, @Ri            A ← ((P2)(Ri)), i=0, 1
```

执行该指令时，在 P3.7 引脚上输出 $\overline{RD}$ 有效信号，用作外部数据存储器的读选通信号。Ri 所包含的低 8 位地址由 P0 口输出，而高 8 位地址由 P2 口输出。选中单元的数据由 P0 口输入到累加器。

【例 3-1】设外部数据存储器 3456H 单元中内容为 80H，依次执行下列指令后，求 A 中的内容：

```
MOV   P2, #34H
MOV   R0, #56H
MOVX  A, @R0
```

解：执行第一条指令之后，P2 中的内容为 34H，执行第二条指令后，R0 中的内容变为 56H，执行第三条指令是将(P2)(Ri)作为地址的存储器，即 3456H 单元中的内容送入累加器 A 中，故最后 A 中内容为 80H。

(b) 累加器内容送外部数据存储器：

```
助记符                          功能
MOVX @Ri, A                     (P2)(Ri) ← (A)，i=0, 1
```

执行该指令时，在 P3.6 引脚上输出 $\overline{WR}$ 有效信号，用作外部数据存储器的写选通信号。P0 口上分时输出由 Ri 指定的低 8 位地址及输入外部数据存储器单元的内容。高 8 位地址由 P2 口输出。

上述指令在运用时需要注意以下 3 点：

地址寄存器只能使用 DPTR 和 Ri，且使用 Ri 时只能访问外部 RAM 的 256 字节。

与外部 RAM 之间传送数据只能通过累加器 A 来实现。

与外部 RAM 之间传送数据时使用 MOVX 指令。

(3) 程序存储器内容送累加器。

这类指令包含下列两条，常用于查表。

① 第一条：

```
助记符                          功能
MOVC A, @A+PC                   PC ← (PC)+1, A ← ((A)+(PC))
```

这条指令以 PC 作为基址寄存器，A 的内容作为无符号数和 PC 的内容(下一条指令第一字节地址)相加后得到一个 16 位的地址，把该地址指出的程序存储器单元的内容送到累加器 A。

【例 3-2】已知(A)=20H，简述执行如下指令将起到什么作用：

```
地址        指令
1000H:    MOVC A, @A+PC
```

解：执行该条指令后，PC 的内容加 1，即为 1001H，并且将累加器 A 的内容作为无符号数和 PC 的内容相加后得到一个 16 位的地址 1021H，故该条指令的作用就是将程序存储器中 1021H 单元的内容送入 A。

这条指令的优点是不改变特殊功能寄存器及 PC 的状态，根据 A 的内容就可以取出表格中的常数。缺点是表格只能存放在该条查表指令后面 256 个单元内，因此表格大小受到限制，而且表格只能被该段程序所使用。

② 第二条：

```
助记符                          功能
MOVC A, @A+DPTR                 A ← ((A)+(DPTR))
```

这条指令以 DPTR 作为基址寄存器，A 的内容作为无符号数和 DPTR 的内容相加得到一个 16 位的地址，把该地址指出的程序存储器单元的内容送到累加器 A。

【例 3-3】已知(DPTR)=6200H，(A)=80H，简述执行如下指令将起到什么作用：

```
MOVC  A, @A+DPTR
```

解：执行该条指令后，将 DPTR 的内容 6200H 以及 A 的内容 80H 相加，得到一个 16 位的地址 6280H，故该条指令的作用就是将程序存储器中 6280H 单元的内容送入累加器 A。

这条指令的执行结果只与指针 DPTR 及累加器 A 的内容有关，与该指令存放的地址无关。因此表格大小和位置可在 64KB 程序存储器中任意安排，一个表格可被各程序块公用。

(4) 堆栈操作指令。

在 MCS-51 内部 RAM 中可以设定一个后进先出的区域(LIFO)，称为堆栈。在特殊功能寄存器中有一个堆栈指针 SP，它指出栈顶的位置。在指令系统中有下列两条用于数据传送的堆栈操作指令。

① 进栈指令：

助记符	功能
PUSH direct	SP←(SP)+1, (SP)←(direct)

这条指令的功能是首先将堆栈指针 SP 的内容加 1，然后把直接地址指出的单元内容传送到堆栈指针 SP 所指的内部 RAM 单元中。

【例 3-4】已知(SP)=50H，(ACC)=33H，(B)=80H，分析执行下列命令后相应的堆栈单元以及 SP 中内容的变化：

```
PUSH  ACC
PUSH  B
```

解：执行第一条指令后，SP 中内容加 1，变为 51H，将 A 中的内容 33H 送入堆栈单元 51H 中；执行第二条指令后，SP 中内容再加 1，变为 52H，将 B 中的内容 80H 送入堆栈单元 52H 中，故最后结果为(SP)=52H，(51H)=33H，(52H)=80H。

② 出栈指令：

助记符	功能
POP direct	direct←((SP)), SP←(SP)-1

这条指令的功能是堆栈指针 SP 所指的内部 RAM 单元内容送入直接地址指出的字节单元中，栈指针 SP 的内容减 1。

【例 3-5】已知(SP)=52H，(52H)=70H，(51H)=30H，分析执行下列命令后 DPTR 和 SP 中的内容：

```
POP  DPH
POP  DPL
```

解：执行第一条指令后，找到 SP 中内容为地址的存储单元 52H，将 52H 中的内容 70H 送入 DPH，之后 SP 中内容减 1，变为 51H；执行第二条指令后，找到 SP 中内容为地址的存储单元 51H，将 51H 中的内容 30H 送入 DPL，之后 SP 中内容减 1，变为 50H，故最后结果为(DPTR)=7030H，(SP)=50H。

执行 POP direct 指令不影响标志，但当直接地址为 PSW 时，可以使一些标志改变。这也是通过指令强行修改标志的一种方法。

例如，假设已把 PSW 的内容压入栈顶，用下列指令修改 PSW 的内容，使 FO、RS1、RS0 均为 1，最后用出栈指令把内容送回程序状态字 PSW，实现对 PSW 内容的修改：

```
MOV  R0, SP      ; 取栈指针
MOV  A, @R0      ; 栈顶内容到 A
ORL  A, #38H     ; 修改栈顶内容
MOV  @R0, A      ; 回栈顶
POP  PSW         ; 修改 PSW
```

(5) 字节交换指令。

这组指令的功能是将累加器 A 的内容和源操作数内容相互交换。源操作数有寄存器寻址、直接寻址和寄存器间接寻址等寻址方式。具体如下：

```
助记符                      功能
XCH  A, Rn                 (A)←→(Rn), n=0~7
XCH  A, @Ri                (A)←→((Ri)), i=0, 1
XCH  A, direct             (A)←→(direct)
```

【例 3-6】已知(A)=70H，(R7)=07H，执行如下指令，分析相应存储单元内容的变化：

```
XCH  A, R7
```

解：执行该条指令相当于把 A 中的内容与 R7 中的内容互换了一下，即最后结果为 (A)=07H，(R7)=70H。

(6) 半字节交换指令：

```
助记符                      功能
XCHD A, @Ri                (A₃~₀)←→((Ri)₃~₀), i=0, 1
```

这条指令将 A 的低 4 位与 R0 或 R1 指出的 RAM 单元低 4 位相互交换，各自的高 4 位不变。

3. 算术运算类指令

在 MCS-51 指令系统中具有单字节的加、减、乘、除法指令(详见附录 4"汇编指令表")，这类指令的运算功能比较强。

由附录 4 可以知道，算术运算类指令按照具体的功能，可分为 8 组。

(1) 加法指令：

```
ADD  A, Rn              ; (n=0~7)
ADD  A, direct
ADD  A, @Ri             ; (i=0, 1)
ADD  A, #data
```

这组加法指令的功能是把所指出的字节变量加到累加器 A 上，其结果放在累加器中。相加过程中，如果 D7 有进位(C_7=1)，则进位标志 CY 置 1，否则清 0，如果 D3 有进位，则辅助进位标志 AC 置 1，否则清 0；如果 D6 有进位而 D7 无进位，或者 D7 有进位而 D6 无进位，则溢出标志 OV 置 1，否则清 0。源操作数有寄存器寻址、直接寻址、寄存器间接寻址和立即寻址等寻址方式。

算术运算类指令在执行的过程中有可能会影响到进位标志(CY)、辅助进位标志(AC)以及溢出标志位(OV)。但是加 1 和减 1 指令不影响这些标志。对标志位有影响的所有指令列于表 3-1 中，其中包括一些非算术运算的指令在内。

注意，对于特殊功能寄存器(专用寄存器)字节地址 D0H 或位地址 D0H~D7H 进行操作也会影响标志。

表 3-1 影响标志的指令

指 令	CY	标志 OV	AC
ADD	√	√	√
ADDC	√	√	√
SUBB	√	√	√
MUL	0	√	
DIV	0	√	
DA	√		
RRC	√		
RLC	√		
SETB C	1		
CLR C	0		
CPL C	√		
ANL C, bit	√		
ANL C, /bit	√		
OR C, bit	√		
OR C, /bit	√		
MOV C, bit	√		
CJNE	√		

注：√表示指令执行时对标志有影响(置位或复位)。

【例 3-7】已知(A)=85H，(R0)=20H，(20H)=0AFH，执行指令：

```
ADD   A, @R0
```

求累加器 A 以及各标志位中的内容。

解：运算过程如下。

$$
\begin{array}{r}
10000101 \\
+\ \ 10101111 \\
\hline
00110100
\end{array}
$$

列出加法运算式，相加结果为 34H；第 7 位有进位，则进位标志 CY 置 1；第 3 位有进位，辅助进位标志 AC 置 1；第 7 位有进位而第 6 位无进位，溢出标志 OV 置 1，所以最终结果为(A)=34H，CY =1，AC=1，OV=1。

对于加法，溢出只能发生在两个加数符号相同的情况。在进行带符号数的加法运算时，溢出标志 OV 是一个重要的编程标志，利用它可以判断两个带符号数的和是否溢出(即和大于+127 或小于-128)，当溢出时结果无意义。

(2) 带进位加法指令：

```
ADDC  A, Rn            ; (n=0~7)
ADDC  A, direct
ADDC  A, @Ri           ; (i=0, 1)
ADDC  A, #data
```

这组带进位加法指令的功能是把所指出的字节变量、进位标志与累加器 A 的内容相加，结果留在累加器中。对进位标志与溢出标志的影响与 ADD 指令相同。

【例 3-8】 已知(A)=85H, (20H)=0FFH, CY=1, 执行指令：

```
ADDC  A, 20H
```

求累加器 A 以及各标志位中的内容。

解： 运算过程如下。

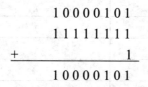

列出加法运算式，注意应加上进位标志 CY 的内容，相加结果为 85H；第 7 位有进位，则进位标志 CY 置 1；第 3 位有进位，辅助进位标志 AC 置 1；第 7 位有进位且第 6 位也有进位，溢出标志 OV 置 0，所以最终结果为(A)=85H, CY =1, AC=1, OV=0。

(3) 带进位减法指令：

```
SUBB  A, Rn              ; (n=0~7)
SUBB  A, direct
SUBB  A, @Ri             ; (i=0, 1)
SUBB  A, #data
```

这组带进位减法指令的功能是从累加器中减去指定的变量和进位标志，结果在累加器中。进行减法过程中如果第 7 位需借位，则 CY 置位，否则 CY 清 0；如果第 3 位需借位，则 AC 置位，否则 AC 清 0；如果第 6 位需借位而第 7 位不需借位，或者第 7 位需借位而第 6 位不需借位，则溢出标志 OV 置位，否则溢出标志清 0。在带符号数运算时，只有当符号不相同的两数相减时才会发生溢出。

(4) 加 1 指令：

```
INC  A
INC  Rn                  ; (n=0~7)
INC  direct
INC  @Ri                 ; (i=0, 1)
INC  DPTR
```

这组增量指令的功能是把所指出的变量加 1，若原来数据为 FFH，执行后为 00H，不影响任何标志。操作数有寄存器寻址、直接寻址和寄存器间接寻址方式。注意：当用本指令修改输出口 Pi(即指令中的 direct 为端口 P0~P3，地址分别为 80H、90H、A0H、B0H)时，其功能是修改输出口的内容。指令执行过程中，首先读入端口的内容，然后在 CPU 中加 1，继而输出到端口。这里读入端口的内容来自端口的锁存器而不是端口的引脚。

【例 3-9】 已知(A)=FEH, (R3)=01H, (30H)=A0H, (R0)=40H, (40H)=00H, 求执行下列指令后，各相应存储单元中内容的变化：

```
INC  A
INC  R3
INC  30H
INC  @R0
```

解：
执行第 1 条指令后，A←(A)+1，所以得到(A)=FFH。
执行第 2 条指令后，R3←(R3)+1，所以得到(R3)=02H。

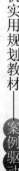

执行第 3 条指令后，30H←(30H)+1，所以得到(30H)=0A1H。

执行第 4 条指令后，(R0)←((R0))+1，所以得到(40H)=01H。

这 4 条指令均不改变 PSW 的状态。

(5) 十进制调整指令：

```
DA   A
```

这条指令对累加器参与的 BCD 码加法运算所获得的 8 位结果(在累加器中)进行十进制调整,使累加器中的内容调整为二位 BCD 码数。该指令执行的过程如图 3-3 所示。

【例 3-10】已知(A)=66H，(R5)=57H，执行下列指令：

```
ADD  A, R5
DA   A
```

求累加器 A 和 CY 标志位中的内容。

解：因为在加法指令后运用了十进制调整指令,所以最简单的解题思路是将 A 和 R5 中的内容看作是十进制数 66 和 57 进行相加,得到和 123,最高位有了进位,所以 CY=1,而(A)=23H。

(6) 减 1 指令：

```
DEC  A
DEC  Rn              ; (n=0~7)
DEC  direct
DEC  @Ri             ; (i=0, 1)
```

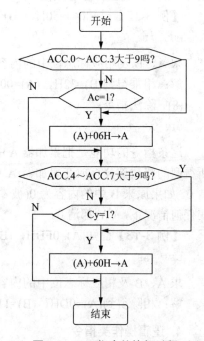

图 3-3　DA 指令的执行过程

这组指令的功能是将指定的变量减 1。若原来为 00H,减 1 后下溢为 0FFH,不影响标志位。

当指令中的直接地址 direct 为 P0~P3 端口(即 80H、90H、A0H、B0H)时,指令可用来修改一个输出口的内容,也是一条具有读-改-写功能的指令。指令执行时,首先读入端口的原始数据,在 CPU 中执行减 1 操作,然后再送到端口。注意:此时读入的数据来自端口的锁存器而不是从引脚读入。

【例 3-11】(A)=0EH，(R7)=29H，(30H)=11H，(R1)=40H，(40H)=00H，求执行下列指令后，各相应存储单元中内容的变化：

```
DEC  A                ; A←(A)-1
DEC  R7               ; R7←(R7)-1
DEC  30H              ; 30H←(30H)-1
DEC  @R1              ; (R1)←((R1))-1
```

解：

执行第 1 条指令后，A←(A)-1，所以得到(A)=0DH。

执行第 2 条指令后，R7←(R7)-1，所以得到(R7)=28H。

执行第 3 条指令后，30H←(30H)-1，所以得到(30H)=10H。

执行第 4 条指令后，(R1)←((R1))-1，所以得到(40H)=0FFH。

这 4 条指令均不改变 PSW 的状态。

（7）乘法指令：

```
MUL  AB
```

这条指令的功能是把累加器 A 和寄存器 B 中的无符号 8 位整数相乘，其 16 位积的低位字节在累加器 A 中，高位字节在 B 中。如果积大于 255(0FFH)，则溢出标志 OV 置位，否则 OV 清 0。进位标志总是清 0。

【例 3-12】已知(A)=50H，(B)=0A0H，执行乘法指令：

```
MUL  AB
```

求 A、B 及相应标志位中的内容。

解：相乘得到(B)=32H，(A)=00H(即积为 3200H)，CY=0，OV=1。

（8）除法指令：

```
DIV  AB
```

这条指令的功能是把累加器 A 中的 8 位无符号整数除以寄存器 B 中的 8 位无符号整数，所得商的整数部分存放在累加器 A 中，余数在寄存器 B 中。进位标志 CY 和溢出标志 OV 清 0。如果原来 B 中的内容为 0(被零除)，则结果 A 和 B 中内容不定，且溢出标志 OV 置位，在任何情况下，CY 都清 0。

【例 3-13】已知(A)=0FBH，(B)=12H，执行除法指令：

```
DIV  AB
```

求 A、B 及相应标志位中的内容。

解：相除得到(A)=0DH，(B)=11H，CY=0，OV=0。

4. 逻辑操作类指令

（1）单逻辑操作指令

① 累加器清零：

```
CLR  A
```

这条指令的功能是将累加器 A 清 0，不影响 CY、AC、OV 等标志。

② 累加器内容按位取反：

```
CPL  A
```

这条指令的功能是将累加器 A 的每一位逻辑取反，原来为 1 的位变 0，原来为 0 的位变为 1，不影响 CY、AC、OV 标志。

【例 3-14】已知(A)=11101110B，执行指令：

```
CPL  A
```

求 A 中内容。

解：将累加器 A 的每一位逻辑取反，可得(A)=00010001B。

③ 左循环移位指令。

(a) 累加器的内容循环左移：

```
RL  A
```

这条指令的功能是把累加器 ACC 的内容向左循环移 1 位，第 7 位循环移入第 0 位，如

图 3-4 所示，不影响标志位。

(b)　累加器带进位左循环移位指令：

```
RLC  A
```

这条指令的功能是将累加器 ACC 的内容和进位标志一起向左循环移 1 位，ACC 的第 7 位移入进位标志 CY，CY 移入 ACC 的第 0 位，如图 3-5 所示，不影响其他标志。

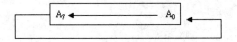

图 3-4　累加器内容循环左移指令　　　　图 3-5　累加器带进位左循环移位指令

④　右循环移位指令。

(a)　累加器内容循环右移指令：

```
RR   A
```

这条指令的功能是将累加器 ACC 的内容向右循环移 1 位，ACC 的 0 循环移入 ACC 的第 7 位，如图 3-6 所示，不影响标志位。

(b)　累加器带进位右循环移位指令：

```
RRC  A
```

这条指令的功能是将累加器 ACC 的内容和进位标志 CY 一起向右面循环移 1 位，ACC 的第 0 位移入 CY，CY 移入 ACC 的第 7 位，如图 3-7 所示。

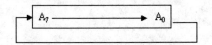

图 3-6　累加器内容循环右移指令　　　　图 3-7　累加器带进位右循环移位指令

⑤　累加器半字节交换指令：

```
SWAP  A
```

这条指令的功能是将累加器 ACC 的高半字节(ACC.7 ～ ACC.4)和低半字节(ACC.3 ～ ACC.0)互换。

【例 3-15】已知(A)=65H，执行指令“SWAP　A”后，求 A 中内容。

解： 将累加器 A 的高 4 位与低 4 位互换，可得(A)=56H。

(2)　逻辑与指令：

```
ANL  A,  Rn              ; (n=0~7)
ANL  A,  direct
ANL  A,  @Ri             ; (i=0, 1)
ANL  A,  #data
ANL  direct, A
ANL  direct, #data
```

这组指令的功能是在指出的变量之间以位为基础的逻辑与操作，结果存放在目的变量中。操作数有寄存器寻址、直接寻址、寄存器间接寻址和立即寻址等寻址方式。当这条指令用于修改一个输出口时，作为原始口数据的值将从输出口数据锁存器(P0~P3)读入，而不是读引脚状态。

例如：

```
ANL  A, R1          ; A←(A)∧(R1)
ANL  A, 70H         ; A←(A)∧(70H)
ANL  A, @R0         ; A←(A)∧((R0))
ANL  A, #07H        ; A←(A)∧07H
ANL  70H, A         ; 70H←(70H)∧(A)
ANL  P1 #0F0H       ; P1←(P1)∧F0H
```

【例3-16】设(A)=17H，(R0)=0EDH，执行指令"ANL A, R0"后，求A中的内容。

解： 运算过程如下。

$$
\begin{array}{r}
00010111 \\
\wedge\quad 11111100 \\
\hline
00010100
\end{array}
$$

将A和R0中对应的每一位做逻辑与运算，可得最后结果(A)=14H。

(3) 逻辑或指令：

```
ORL  A, Rn          ; (n=0~7)
ORL  A, direct
ORL  A, @Ri         ; (i=0, 1)
ORL  A, #data
ORL  direct, A
ORL  direct, #data
```

这组指令的功能是在所指出的变量之间执行以位为基础的逻辑或操作，结果存到目的变量中去。

操作数有寄存器寻址、直接寻址、寄存器间接寻址和立即寻址方式。与ANL类似，用于修改输出口数据时，原始数据值为口锁存器的内容。

例如：

```
ORL  A, R7          ; A←(A)∨(R7)
ORL  A, 70H         ; A←(A)∨(70H)
ORL  A, @R1         ; A←(A)∨(R1))
ORL  A, #03H        ; A←(A)∨03H
ORL  70H, #7FH      ; 70H←(70H)∨7FH
ORL  78H, A         ; 78H←(78H)∨(A)
```

【例3-17】设(P1)=25H，(A)=73H，执行指令"ORL P1, A"后，求P1中的内容。

解： 运算过程如下。

$$
\begin{array}{r}
00100101 \\
\vee\quad 01110011 \\
\hline
01110111
\end{array}
$$

将P1和A中对应的每一位做逻辑或运算，可得最后结果(P1)=77H。

(4) 逻辑异或指令：

```
XRL  A,  Rn         ; (n=0~7)
XRL  A, direct
XRL  A, @Ri         ; i=0, 1
XRL  A, #data
XRL  direct, A
XRL  direct, #data
```

这组指令的功能是在所指出的变量之间执行以位为基础的逻辑异或操作，结果存放到目的变量中去。

操作数有寄存器寻址、直接寻址、寄存器间接寻址和立即寻址等寻址方式。对输出口Pi(i=0，1，2，3)，与ANL指令一样，是对口锁存器内容读出修改。

例如：

```
XRL A, R4              ; A←(A) ⊕ (R4)
XRL A, 50H             ; A←(A) ⊕ (50H)
XRL A, @R0             ; A←(A) ⊕ ((R0))
XRL A, #00H            ; A←(A) ⊕ 00H
XRL 30H, A             ; 30H←(30H) ⊕ (A)
XRL 40H, #0FH          ; 40H←(40H) ⊕ 0FH
```

【例 3-18】设(A)=80H，(R3)=63H，执行指令"XRL　A, R3"后，求 A 中的内容。

解：运算过程如下。

$$
\begin{array}{r}
1\,0\,0\,0\,0\,0\,0\,0 \\
\oplus \quad 0\,1\,1\,0\,0\,0\,1\,1 \\
\hline
1\,1\,1\,0\,0\,0\,1\,1
\end{array}
$$

将 A 和 R3 中对应的每一位做逻辑异或运算，可得最后结果(A)=0E3H。

关于逻辑操作类指令，详见附录 4"汇编指令表"。

5. 位操作类指令

所谓位处理，就是以位(bit)为单位进行的运算和操作。位变量也称为布尔变量或开关变量。位操作指令是位处理器的软件资源，它是 MCS-51 指令系统的一个子集，用以进行位的传送、置位、清 0、取反、位状态判跳、位逻辑运算、位输入和输出等位操作。

(1) 数据位传送指令：

```
MOV C, bit
MOV bit, C
```

这组指令的功能是把由源操作数指出的布尔变量送到目的操作数指定的位中去。其中一个操作数必须为进位标志，另一个可以是任何直接寻址位，指令不影响其他寄存器和标志。例如：

```
MOV C, 06H            ; C_Y←(20H.6)
MOV P1.0, C           ; P1.0←(C_Y)
```

(2) 位变量修改指令：

```
CLR C
CLR bit
CPL C
CPL bit
SETB C
SETB bit
```

这组指令将操作数指出的位清 0、取反、置 1，不影响其他标志。例如：

```
CLR C                ; C_Y←0
CLR 27H              ; 24H.7←0
CPL 08H              ; 21H.0 ← (21H.0)
SETB P1.2            ; P1.2←1
```

(3) 位变量逻辑与指令：

```
ANL C, bit
ANL C, /bit
```

这组指令功能是，如果源操作数的布尔值是逻辑 0，则进位标志清 0，否则进位标志保持不变。操作数前斜线"/"表示取寻址位的逻辑非值，但不影响本身值，也不影响别的标志。源操作数只有直接位寻址方式。

【例 3-19】设 P1 为输入口，P3.0 作为输出线，执行下列命令：

```
MOV  C, P1.0          ; CY←(P1.0)
ANL  C, P1.1          ; CY←(CY)∧(P1.1)
ANL  C, /P1.2         ; CY←(CY)∧(P1.2)
MOV  P3.0, C          ; P3.0←(CY)
```

解：$P_{3.0} = (P1.0) \wedge (P1.1) \wedge (\overline{P1.2})$。

（4）位变量逻辑或指令：

```
ORL  C, bit
ORL  C, /bit
```

这组指令的功能是，如果源操作数的布尔值为 1，则置位进位标志，否则进位标志 CY 保持原来状态。同样，斜线"/"表示逻辑非。

【例 3-20】P1 口为输出口，执行下列指令：

```
MOV  C, 00H          ; CY←(20H.0)
ORL  C, 01H          ; CY←(CY)∨(20H.1)
ORL  C, 02H          ; CY←(CY)∨(20H.2)
ORL  C, 03H          ; CY←(CY)∨(20H.3)
ORL  C, 04H          ; CY←(CY)∨(20H.4)
ORL  C, 05H          ; CY←(CY)∨(20H.5)
ORL  C, 06H          ; CY←(CY)∨(20H.6)
ORL  C, 07H          ; CY←(CY)∨(20H.7)
MOV  P1.0, C         ; P1.0←(CY)
```

解：P1.0=1，即内部 RAM 的 20 单元中只要有一位为 1，P1.0 输出就为 1。

（5）位变量条件转移指令：

```
助记符                 转移条件
JC   rel              CY=1
JNC  rel              CY=0
JB   bit, rel         (bit)=1
JNB  bit, rel         (bit)=0
JBC  bit, rel         (bit)=1
```

这一组指令的功能如下。

JC：如果进位标志 CY 为 1，则执行转移。即跳到标号 rel 处执行，为 0 就执行下一条指令。

JNC：如果进位标志 CY 为 0，则执行转移。即跳到标号 rel 处执行，为 1 就执行下一条指令。

JB：如果直接寻址位的值为 1，则执行转移。即跳到标号 rel 处执行，为 0 就执行下一条指令。

JNB：如果直接寻址位的值为 0，则执行转移。即跳到标号 rel 处执行，为 1 就执行下一条指令。

JBC：如果直接寻址位的值为 1，则执行转移，即跳到标号 rel 处执行，然后将直接寻址的位清 0，为 0 就执行下一条指令。

位操作类指令详见附录 4 "汇编指令表"。

6. 控制转移类指令

（1）无条件转移指令。

① 绝对转移指令：

```
AJMP  addr11
```

这是 2KB 范围内的无条件跳转指令，把程序的执行转移到指定的地址。该指令在运行时先将 PC+2，然后通过把指令中的 $a_{10} \sim a_0 \rightarrow (PC_{10 \sim 0})$，得到跳转目的地址(即 $PC_{15}PC_{14}PC_{13}$ $PC_{12}PC_{11}a_{10}a_9a_8a_7a_6a_5a_4a_3a_2a_1a_0$)送入 PC。目标地址必须与 AJMP 后面一条指令的第一个字节在同一个 2KB 区域的存储器区内。如果把单片机 64KB 寻址区分成 32 页(每页 2KB)，则 $PC_{15} \sim PC_{11}$(00000B~11111B)称为页面地址(即 0~31 页)，$a_{10} \sim a_0$ 称为页内地址。但应注意 AJMP 指令的目标转移地址不是与 AJMP 指令地址在同一个 2KB 区域，而是应与 AJMP 指令取出后的 PC 地址(即 PC+2)在同一个 2KB 区域。例如，若 AJMP 指令地址为 2FFEH，则 PC+2= 3000H，故目标转移地址必在 3000H~37FFH 这个 2KB 区域内。

② 相对转移(短跳转)指令：

```
SJMP   rel
```

这是无条件跳转指令，执行时在 PC 加 2 后，把指令中补码形式的偏移量值加到 PC 上，并计算出转向目标地址。因此，转向的目标地址可以在这条指令前 128 字节到后 127 字节之间。

该指令使用时很简单，程序执行到该指令时，就跳转到标号 rel 处执行。例如：

```
KD:   SJMP   rel
```

如果 KD 标号值为 0100H(即 SJMP 这条指令的机器码存放于 0100H 和 0101H 这两个单元中)；如需要跳转到的目标地址为 0113H，则指令的第二个字节(相对偏移量)应为：

$$rel = 0113H - 0102H = 11H$$

③ 长跳转指令：

```
LJMP   addr16
```

执行这条指令时，把指令的第二和第三字节分别装入 PC 的高位和低位字节中，无条件地转向指定地址。转移的目标地址可以在 64KB 程序存储器地址空间的任何地方，不影响任何标志。例如：

```
LJMP   8100H
```

不管这条跳转指令存放在什么地方，执行时将程序转移到 8100H。这与 AJMP、SJMP 指令是有差别的。

④ 散转指令：

```
JMP   @A+DPTR
```

这条指令的功能是把累加器中 8 位无符号数与数据指针 DPTR 中的 16 位数相加，将结果作为下条指令地址送入 PC，不改变累加器和数据指针内容，也不影响标志。利用这条指令能实现程序的散转。

【例 3-21】如果累加器 A 中存放待处理命令编号(0~7)，程序存储器中存放着标号为 FRTB 的转移表首址，则执行下面的程序，将根据 A 中的命令编号，转向相应的命令处理程序：

```
MAIN:    MOV   R1, A          ; (A)*3→A
         RL    A
         ADD   A, R1
         MOV   DPTR, #FRTB     ; 转移表首址→DPTR
         JMP   @A+DPTR         ; 据 A 值跳转到不同入口
FRTB:    LJMP  FR0             ; 转向命令 0 处理入口
         LJMP  FR1             ; 转向命令 1 处理入口
```

```
        LJMP  FR2         ; 转向命令 2 处理入口
        LJMP  FR3         ; 转向命令 3 处理入口
        LJMP  FR4         ; 转向命令 4 处理入口
        LJMP  FR5         ; 转向命令 5 处理入口
        LJMP  FR6         ; 转向命令 6 处理入口
        LJMP  FR7         ; 转向命令 7 处理入口
```

（2）条件转移指令。

条件转移指令是依某种特定条件转移的指令。条件满足时转移(相当于一条相对转移指令)，条件不满足时则顺序执行下面的指令。目的地址在下一条指令的起始地址为中心的256个字节范围中(-128～+127)。当条件满足时，先把PC加到指向下一条指令的第一个字节地址，再把有符号的相对偏移量加到PC上，计算出转向地址。

具体指令如下：

```
助记符                转移条件
JZ    rel            (A)=0
JNZ   rel            (A)≠0
```

上述两条指令的功能分别说明如下。

JZ rel：如果累加器ACC的内容为0，则执行转移，跳到标号rel处执行，不为0就执
行下一条指令。

JNZ rel：如果累加器ACC的内容不为0，则执行转移，跳到标号rel处执行，为0就执
行下一条指令。

（3）比较不相等转移指令：

```
CJNE  A, direct, rel
CJNE  A, #data, rel
CJNE  Rn,  #data, rel
CJNE  @R1, #data, rel
```

这组指令的功能是比较前面两个操作数的大小。如果它们的值不相等，则转移。在PC加到下一条指令的起始地址后，通过把指令最后一个字节的有符号的相对偏移量加到PC上，并计算出转向地址。如果第一个操作数(无符号整数)小于第二个操作数，则进位标志CY置1，否则CY清0。不影响任何一个操作数的内容。

操作数有寄存器寻址、直接寻址，寄存器间接寻址和立即寻址等方式。

指令使用起来很简单，就是将两个操作数比较，不等就跳到标号rel处执行，相等就执行下一条指令。

（4）减1不为0转移指令：

```
DJNZ Rn, rel
DJNZ direct, rel
```

这组指令把源操作数减1，结果回送到源操作数中去，如果结果不为0，则转移，跳到标号rel处执行，等于0就执行下一条指令。

源操作数有寄存器寻址和直接寻址方式。该指令通常用于实现循环计数。

【例3-22】延时程序。代码如下：

```
START:   SETB P1.1        ; P1.1←1
DL:      MOV 30H, #03H    ; 30H←03H(置初值)
DL0:     MOV 31H, #0F0H   ; 31H←F0H(置初值)
DL1:     DJNZ 31H, DL1    ; 31H←(31H)-1, 如(31H)不为零, 则再转
                          ; DL1执行;如(31H)为零, 则执行后面的指令
         DJNZ 30H, DL0    ; 30H←(30H)-1, 如(30H)不为零, 则转
                          ; DL0执行; 如(30H)为零, 则执行后面的指令
         CPL P1.1         ; P1.1 求反
```

这段程序的功能是通过延时，在 P1.1 输出一个方波，可以通过改变 30H 和 31H 的初值，来改变延时时间，实现改变方波的频率。

(5) 调用指令。

在程序设计中，常常把具有一定功能的公用程序段编制成子程序。当主程序转至子程序时用调用指令，而在子程序的最后安排一条返回指令，使执行完子程序后再返回到主程序。为保证正确返回，每次调用子程序时自动将下条指令地址保存到堆栈，返回时按先进后出原则再把地址弹出到 PC 中。调用及返回指令见附录 4 "汇编指令表"。

① 绝对调用指令：

```
ACALL addr11
```

这条指令无条件地调用入口地址指定的子程序。指令执行时 PC 加 2，获得下条指令的地址，并把这 16 位地址压入堆栈，栈指针加 2。然后把指令中的 $a_{10} \sim a_0$ 值送入 PC 中的 $P_{10} \sim P_0$ 位，PC 的 $P_{15} \sim P_{11}$ 不变，获得子程序的起始地址必须与 ACALL 后面一条指令的第一个字节在同一个 2KB 区域的存储器区内。指令的操作码与被调用子程序的起始地址页号有关。

在实际使用时，addr11 可用标号代替，上述过程多由汇编程序去自动完成。

应该注意的是，该指令只能调用当前指令 2KB 范围内的子程序，这一点从调用过程也可发现。

【例 3-23】设(SP)=70H，标号地址 LF 为 0120H，子程序 LE 的入口地址为 0200H，执行指令：

```
LF: ACALL LE
```

解：执行该指令后(SP)=72H，堆栈区内(71H)=22H，(72H)=01H，(PC)=0200H。

② 长调用指令：

```
LCALL addr16
```

这条指令执行时，把 PC 内容加 3，获得下一条指令首地址，并把它压入堆栈(先低字节后高字节)，然后把指令的第二、第三字节($a_{15} \sim a_8$, $a_7 \sim a_0$)装入 PC 中，转去执行该地址开始的子程序。这条调用指令可以调用存放在存储器中 64KB 范围内任何地方的子程序。指令执行后不影响任何标志。

在使用该指令时，addr16 一般采用标号形式，上述过程多由汇编程序去自动完成。

【例 3-24】设(SP)=50H，标号地址 START 为 0258H，标号 LET 为 6757H，执行指令：

```
START: LCALL LET
```

解：执行该指令后(SP)=52H，(51H)=61H，(52H)=02H，(PC)=6757H。

(6) 返回指令。

① 子程序返回指令：

```
RET
```

子程序返回指令是把栈顶相邻两个单元的内容弹出，送到 PC，SP 的内容减 2，程序返回到 PC 值所指的指令处执行。RET 指令通常安排在子程序的末尾，使程序能从子程序返回到主程序。

【例 3-25】设(SP)=62H，(62H)=32H，(61H)=67H，执行指令：

```
RET
```

解：执行该指令后(SP)=60H，(PC)=3267H，CPU 从 3267H 开始执行程序。

② 中断返回指令：

```
RETI
```

这条指令的功能与 RET 指令类似。通常安排在中断服务程序的最后，它的应用在中断一节中讨论。

(7) 空操作指令：

```
NOP
```

空操作也是 CPU 控制指令，它没有使程序转移的功能，一般用于软件延时。因仅此一条，故不单独分类。

控制转移类指令详见附录 4 "汇编指令表"。

3.1.4　伪指令

上一节介绍的 MCS-51 指令系统中，每一条指令都是用意义明确的助记符来表示的。这是因为现代计算机一般都配备汇编语言，每一条语句就是一条指令，命令 CPU 执行一定的操作，完成规定的功能。但是用汇编语言编写的源程序，计算机不能直接执行。因为计算机只认识机器指令(二进制编码)。因此必须把汇编语言源程序通过汇编程序翻译成机器语言程序(称为目标程序)，计算机才能执行，这个翻译过程称为汇编。汇编程序对用汇编语言写的源程序进行汇编时，还要提供一些汇编用的控制指令，例如要指定程序或数据存放的起始地址；要给一些连续存放的数据确定单元等。但是，这些指令在汇编时并不产生目标代码，不影响程序的执行，所以称为伪指令。常用的有下列几种伪指令。

1. ORG(Origin——起点)

ORG 伪指令总是出现在每段源程序或数据块的开始。它指明此语句后面的程序或数据块的起始地址。其一般格式为：

```
ORG  nn      ；(绝对地址或标号)
```

在汇编时，由 nn 确定此语句后面第一条指令(或第一个数据)的地址。该段源程序(或数据块)就连续存放在以后的地址内，直到遇到另一个 "ORG　nn" 语句为止。例如：

```
ORG    8000H
MOV    R0, #50H
MOV    A, R4
ADD    A, @R0
MOV    R3, A
```

ORG 伪指令说明其后面源程序的目标代码在存储器中存放的起始地址是 8000H，即：

存储器地址	目标程序
8000H	78　50
8002H	EC
8003H	26
8004H	FB

2. DB(Define Byte——定义字节)

一般格式:

[标号:]　DB　字节常数或字符或表达式

其中, 标号区段可有可无, 字节常数或字符是指一个字节数据, 或用逗号分开的字节串, 或用引号括起来的 ASCII 码字符串(一个 ASCII 字符相当于一个字节)。此伪指令的功能是把字节常数或字节串存入内存连续单元中。例如:

```
        ORG  9000H
DATA1:  DB  73H, 01H, 90H
DATA2:  DB  02H
```

伪指令"ORG　9000H"指定了标号 DATA1 的地址为 9000H, 伪指令 DB 指定了数据 73H、01H、90H 顺序地存放在从 9000H 开始的单元中, DATA2 也是一个标号, 它的地址与前一条伪指令 DB 连续, 为 9003H, 因此数据 02H 存放在 9003H 单元中, 即:

存储器地址(H)	内容(H)
9000	73
9001	01
9002	90
9003	02

3. DW(Define Word——定义一个字)

一般格式:

[标号:]　DW　字或字串

DW 伪指令的功能与 DB 相似, 其区别在于, DB 是定义一个字节, 而 DW 是定义一个字(规定为两个字节, 即 16 位二进制数), 故 DW 主要用来定义地址。存放时, 一个字需两个单元。

4. EQU(Equate——等值)

一般格式:

标号 EQU　操作数

EQU 伪指令的功能是将操作数赋值于标号, 使两边的两个量等值。

例如:

AREA EQU　1000H

即给标号 AREA 赋值为 1000H。

又如:

STK　EQU　AREA

即相当于 STK=AREA, 若 AREA 已赋值为 1000H, 则 STK 也为 1000H。

使用 EQU 伪指令给一个标号赋值后, 这个标号在整个源程序中的值是固定的。也就是说, 在一个源程序中, 任何一个标号只能赋值一次。

5. END(汇编结束)

一般格式：

[标号：]　　END　　[地址或标号]

其中标号以及操作数字段的地址或标号不是必要的。

END 伪指令是一个结束标志，用来指示汇编语言源程序段在此结束。因此，在一个源程序中只允许出现一个 END 语句，并且它必须放在整个程序(包括伪指令)的最后面，是源程序模块的最后一个语句。如果 END 语句出现在中间，则汇编程序将不汇编 END 后面的语句。

【例 3-26】 分析下列程序：

```
PRG0         EQU    8450H
PRG1         EQU    80H
PRG2         EQU    B0H
             ORG    8400H
             MOV    A, R2
             MOV    DPTR, #TBJ3
             MOVC   A, @A+DPTR
             JMP    @A+DPTR
TBJ3:        DW     PRG0
             DB     PRG1
             DB     PRG2
             END
```

解： 上述程序中，伪指令规定，程序存放在 8400H 开始的单元中，字节数据放在标号地址 TBJ3 开始的单元中，与程序区紧连着，标号 PRG0 赋值为 8450H，PRG1 赋值为 80H，PRG2 赋值为 B0H。

3.2　汇编语言程序设计

本节重难点在于单片机 MCS-51 汇编语言程序的三种基本结构形式、常用汇编语言程序设计。

3.2.1　三种基本程序结构

程序设计是为了解决某一个问题，将指令有序地组合在一起。程序有简有繁，有些复杂程序往往是由简单的基本程序所构成的。这里将通过一些基本程序，介绍部分常用程序设计方法。

程序设计的过程大致可以分为以下几个步骤。

(1) 编制说明要解决问题的程序框图。

(2) 确定数据结构、算法、工作单元、变量设定。

(3) 根据所用计算机的指令系统，按照已编制的程序框图，用汇编语言编制出源程序。

(4) 将编制出的程序在计算机上调试，直至实现预定的功能。

程序编写是一个较复杂艰难的过程，要有较强的抽象思维和逻辑思维能力，学习编程一般先看程序，分析程序。程序看懂了，再编一些短的，容易的程序，特别是一些专用语句的编程方法要记下，慢慢逐步编长一点的程序，编多了，熟能生巧。编好的程序要用软件仿真或硬件仿真检验其正确性。以下程序为了学习的方便都可全软件仿真，每一个程序可在仿真软件中检验它的正确性。

1. 顺序程序

顺序程序是指按顺序依次执行的程序，也称为简单程序或直线程序。计算机是按指令在存储器中存放的先后次序来顺序执行程序的。除非用特殊指令让它跳转，不然它会在 PC 控制下执行。顺序程序结构虽然比较简单，但也能完成一定的功能任务，是构成复杂程序的基础。

【例 3-27】 已知 16 位二进制负数存放在 R1、R0 中，试求其补码，并将结果存在 R3、R2 中。

解： 二进制负数的求补方法可归结为"求反加 1"，符号位不变。利用 CPL 指令实现求反；加 1 时，则应低 8 位先加 1，高 8 位再加上低位的进位。注意这里不能用 INC 指令，因为 INC 指令不影响标志位。

程序如下：

```
CONT:   MOV     A, R0        ;读低 8 位
        CPL     A            ;取反
        ADD     A, #1        ;加 1
        MOV     R2, A        ;存低 8 位
        MOV     A, R1        ;读高 8 位
        CPL     A            ;取反
        ADDC    A, #80H      ;加进位及符号位
        MOV     R3, A        ;存高 8 位
        RET                  ;返回
```

【例 3-28】 将两个半字节数合并成一个一字节数。

解： 设内部 RAM 40H、41H 单元中分别存放着 8 位二进制数。

要求取出两个单元中的低半字节、合并成一个字节后，存入 42H 单元。

流程如图 3-8 所示。

程序如下：

```
        ORG     0000H
START:  MOV     R1, #40H
        MOV     A, @R1
        ANL     A, #0FH      ; 取第一个半字节
        SWAP    A
        INC     R1
        XCH     A, @R1       ; 取第二字节
        ANL     A, #0FH      ; 取第二个半字节
        ORL     A, @R1       ; 拼字
        INC     R1
        MOV     @R1, A       ; 存放结果
        SJMP    $
        END
```

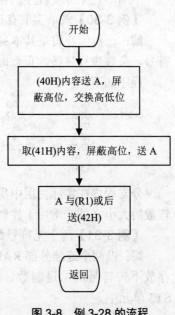

图 3-8　例 3-28 的流程

上面程序先要在 RAM 的 40H、41H 单元中输入两个数(输入法见第 1 章软件仿真部分)例如输入 08H 和 06H，再看 86H 是否送入 42H 单元。

此例相反的过程是将字节拆开分成两个半字节。例如将 40H 单元中的内容拆开后分别送 41H、42H 单元中。

【例3-29】 拆字程序。代码如下：

```
        ORG     0000H
START:  MOV     R1, #40H
        MOV     A, @R1
        MOV     B, A            ; 暂存B中
        ANL     A, #0FH         ; 取第一个半字节
        INC     R1
        MOV     @R1, A          ; 存放第一个半字节
        MOV     B, A
        SWAP    A
        ANL     A, #0FH         ; 取第二个半字节
        INC     R1
        MOV     @R1, A          ; 存放第二个半字节
        SJMP    $
        END
```

2. 分支程序

分支程序比顺序程序的结构复杂得多，其主要特点是程序的流向有两个或两个以上的出口，根据指定的条件进行选择确定。编程的关键是如何确定供判断或选择的条件以及选择合理的分支指令。

通常根据分支程序中出口的个数，分为单分支结构程序(两个出口)和多分支结构程序(三个或三个以上出口)。

在处理实际事务中，只用简单程序设计的方法是不够的。因为大部分程序总包含有判断、比较等情况。根据判断、比较的结果，转向不同的分支。

下面举几个分支程序的例子。

【例3-30】 求单字节有符号二进制数的补码。

解： 正数的补码是其本身，负数的补码是其反码加1。因此，程序首先判断被转换数的符号，负数进行转换，正数即为补码。设二进制数放在累加器A中，其补码放回到A中。

程序如下：

```
        ORG     0000H
CMPT:   JNB     ACC.7, NCH  ;(A)>0, 不需转换
        CPL     A
        ADD     A, #1
        SETB    ACC.7           ; 保存符号
NCH:    SJMP    $
        END
```

分支程序在实际使用中用处很大，除了用于比较数的大小之外，常用于控制子程序的转移。

【例3-31】 两个无符号数比较大小。

解： 设两个连续外部RAM单元ST1和ST2中存放不带符号的二进制数，找出其中的大数存入ST3单元中。

流程如图3-9所示。

程序如下：

```
        ORG     8000H
ST1     EQU     8040H
START1: CLR     C               ; 进位位清零
        MOV     DPTR, #ST1      ; 设数据指针
        MOVX    A, @DPTR        ; 取第一数
        MOV     R2, A           ; 暂存R2
        INC     DPTR
```

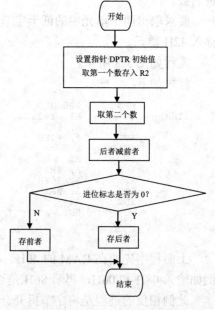

图3-9　例3-31的流程

```
            MOVX    A, @DTPR        ; 取第二个数
            SUBB    A, R2           ; 两数比较
            JNC     BIG1
            XCH     A, R2           ; 第一数大
BIG0:       INC     DPTR
            MOVX    @DPTR, A        ; 存大数
            SJMP    $
BIG1:       MOVX    A, @DPTR        ; 第二数大
            SJMP    BIG0
            END
```

上面的程序中，用减法指令 SUBB 来比较两数的大小。由于这是一条带借位的减法指令，在执行该指令前，先把进位位清零。用减法指令通过借位(CY)的状态判两数的大小，是两个无符号数比较大小时常用的方法。设有两数 X、Y，当 X≥Y 时，X-Y 结果无借位(CY)产生，反之借位为 1，表示 X<Y。用减法指令比较大小，会破坏累加器中的内容，故作减法前先保存累加器中的内容。执行 INC 指令后，形成了分支。执行 SJMP 指令后，实现程序的转移。

3. 循环程序

在程序设计中，只有简单程序和分支程序是不够的。因为简单程序中，每条指令只执行一次，而分支程序则根据条件的不同，会跳过一些指令，执行另一些指令。它们的特点是，每一条指令至多执行一次。在处理实际事务时，有时会遇到多次重复处理的问题，用循环程序的方法来解决就比较合适。循环程序中的某些指令可以反复执行多次。采用循环程序，使程序缩短，节省存储单元。重复次数越多，循环程序的优越性就越明显。但是程序的执行时间并不节省。由于要有循环准备、结束判断等指令，速度要比简单程序稍慢些。

循环程序一般由 4 部分组成。

(1) 置循环初值，即确立循环开始时的状态。

(2) 循环体(工作部分)，要求重复执行的部分。

(3) 循环修改，循环程序必须在一定条件下结束，否则就要变成死循环。

(4) 循环控制部分，根据循环结束条件，判断是否结束循环。

循环程序的结构一般有两种形式：

先进入处理部分，再控制循环。即至少执行一次循环体。如图 3-10(a)所示。

先控制循环，后进入处理部分。即先根据判断结果，控制循环的执行与否，有时可以不进入循环体就退出循环程序。如图 3-10(b)所示。

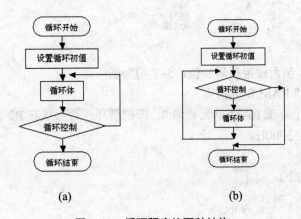

(a)　　　　　　　　　　(b)

图 3-10　循环程序的两种结构

循环结构的程序，不论是先处理后判断，还是先判断后处理，其关键是控制循环的次数。根据需要解决问题的实际情况，对循环次数的控制有多种，循环次数已知的，用计数器来控制循环，循环次数未知的，可以按条件控制循环，也可以用逻辑尺控制循环。

循环程序又分单循环和多重循环。下面举例说明循环程序的使用。

单循环程序

循环次数已知的循环程序。

【例 3-32】多个单字节数据求和。

已知有 10 个单字节数据，依次存放在内部 RAM 50H 单元开始的连续单元中。要求把计算结果存入 R2、R3 中(高位存 R2，低位存 R3)。

解：程序如下。

```
        ORG     8000H
SAD:    MOV     R0, #50H        ; 设数据指针
        MOV     R5, #0AH        ; 计数值 0AH→R5
SAD1:   MOV     R2, #0          ; 和的高 8 位清零
        MOV     R3, #0          ; 和的低 8 位清零
LOOP:   MOV     A, R3           ; 取加数
        ADD     A, @R0
        MOV     R3, A           ; 存和的低 8 位
        JNC     LOP1
        INC     R2              ; 有进位，和的高 8 位+1
LOP1:   INC     R0              ; 指向下一数据地址
        DJNZ    R5, LOOP
        SJMP    $
        END
```

上述程序中，用 R0 作为间址寄存器，每做一次加法，R0 加 1，数据指针指向下一数据地址，R5 为循环次数计数器，控制循环的次数。

在程序设计时，有时需要将存储器中的部分地址作为工作单元，存放程序执行的中间值和结果，此时常需要对这些工作单元清零。以下分别通过两个例题来介绍两种内部 RAM 单元和外部 RAM 单元清零的方法。

【例 3-33】内部 RAM 单元清零。要求将 60H 为起点的 9 个单元清零。

解：程序如下。

```
        ORG     0000H
CLEAR:  CLR     A               ; A清 0
        MOV     R0, #60H        ; 确定清 0 单元起始地址
        MOV     R6, #09         ; 确定要清除的单元个数
LOOP:   MOV     @R0, A          ; 清单元
        INC     R0              ; 指向下一个单元
        DJNZ    R6, LOOP        ; 控制循环
        SJMP    $
        END
```

此程序的前 2~4 句为设定循环初值，5~7 句为循环体。

【例 3-34】外部 RAM 单元清零。

要求：设有 40 个外部 RAM 单元要清 0，即把循环次数存放在 R2 寄存器中，其首址存放在 DPTR 中，设为 3000H。

解：

方法一。程序如下：

```
        ORG     0000H
        MOV     DPTR, #3000H
CLEAR:  CLR     A
        MOV     R2, #28H         ; 置计数值
```

```
LOOP:     MOVX      @DPTR, A
          INC       DPTR              ; 修改地址指针
          DJNZ      R2, LOOP          ; 控制循环
          END
```

本例中，循环次数是已知，用 R2 作为循环次数计数器。用 DJNZ 指令修改计数器值，并控制循环的结束与否。

方法二。此程序也可写成通用子程序形式：

```
CLEAR:    CLR       A
LOOP:     MOVX      @DPTR, A
          INC       DPTR              ; 修改地址指针
          DJNZ      R2, LOOP          ; 控制循环
          RET
```

使用时，只要给定入口参数及被清零单元个数，调用此子程序就行：

```
          ORG       0000H
          MOV       DPTR, #3000H
          MOV       R2, #40
          ACALL     CLEAR
          SJMP      $
CLEAR:    CLR       A
LOOP:     MOVX      @DPTR, A
          INC       DPTR              ; 修改地址指针
          DJNZ      R2, LOOP          ; 控制循环
          RET
          END
```

入口参数由实际需要而定，若要清 5000H 为起点的 100 个单元，只要改动前面两句就行，因此采用方法二可增加程序的可移植性。

3.2.2　子程序和参数传递方法

在实际程序中，常常会多次进行一些相同的计算和操作。如数制转换、函数式计算等。如果每次都从头开始编制一段程序，不仅麻烦，而且浪费存储空间。因此对一些常用的程序段，以子程序的形式，事先存放在存储器的某一区域，当主程序运行后，需要用子程序时，只要执行调用子程序的指令，使程序转至子程序即可。子程序处理完毕，返回主程序，继续进行以后的操作。

调用子程序有几个优点：

可避免对相同程序段的重复编制。

可简化程序的逻辑结构，同时也便于子程序调试。

可节省存储器空间。

在 MCS-51 指令系统中，提供了两条调用子程序指令 ACALL 及 LCALL，和一条返回主程序的指令 RET。

子程序的调用，一般包含两个部分，保护现场和恢复现场。由于主程序每次调用子程序的工作是事先安排的，根据实际情况，有时可以省去保护现场的工作。

调用子程序时，主程序应先把有关的参数(入口参数)存放在约定的位置，子程序在执行时，可以从约定的位置取得参数，当子程序执行完，将得到的结果(出口参数)存入约定的位置，返回主程序后，主程序可以从这些约定的位置上取到需要的结果，这就是参数的传递。

下面结合 MCS-51 单片机的特点，介绍几种传递方法。

1. 通过工作寄存器或累加器传递参数

此方法是把入口参数或出口参数放工作寄存器或累加器中。使用这种方法程序最简单，运算速度也最高。它的缺点是工作寄存器数量有限，不能传递太多的数据；主程序必须先把数据送到工作寄存器；参数个数固定，不能由主程序任意改定。

【例3-35】编写把20H单元内两个BCD数变换成相应ASCII码放在21H(高位BCD数的ASCII码)和22H(低位BCD数的ASCII码)单元的程序。

解：根据ASCII字符表，0~9的BCD数和它们的ASCII码之间仅相差30H。因此，仅需把20H单元中两个BCD数拆开，分别与30H相加就行了。

可以编出程序如下：

```
        ORG    0000H
ASC1:   MOV    R0, #22H
        MOV    @R0, #00H
        MOV    A, 20H
        XCHD   A, @R0
        ORL    22H, #30H
        SWAP   A
        ORL    A, #30H
        MOV    21H, A
        SJMP   $
        END
```

2. 用指针寄存器来传递参数

由于数据一般存放在存储器中，而不是工作寄存器中，故可用指针来指示数据的位置，这样可以大大节省传递数据的工作量，并可实现可变长度运算。一般如参数在内部RAM中，可用R0或R1作为指针。可变长度运算时，可用一个寄存器来指出数据长度，也可在数据中指出其长度(如使用结束标记符)。

3. 用堆栈来传递参数

堆栈可以用于传递参数。调用时，主程序可用PUSH指令把参数压入堆栈中。之后子程序可按堆栈指针访问堆栈中的参数，同时可把结果参数送回堆栈中。返回主程序后，可用POP指令得到这些结果参数。这种方法的优点是简单，能传递大量参数，不必为特定的参数分配存储单元。使用这种方法时，由于参数在堆栈中，故大大简化了中断响应时的现场保护。

实际使用时，不同的调用程序可使用不同的技术来决定或处理这些参数。下面以几个简单的例子来说明用堆栈来传递参数的方法。

【例3-36】一位十六进制数转换为ASCII码子程序。

解：程序如下。

```
HASC:   MOV    R0, SP
        DEC    R0
        DEC    R0          ; R0 为参数指针
        XCH    A, @R0      ; 保护 ACC，取出参数
        ANL    A, #0FH
        ADD    A, #2       ; 加偏移量
        MOVC   A, @A+PC
        XCH    A, @R0      ; 查表结果放回堆栈中
        RET
        DB     '0123456789'  ; 十六进制数的 ASCII 字符表
        DB     'ABCDEF'
        END
```

子程序 HASC 把堆栈中的一位十六进制数变成 ASCII 码。它先从堆栈中读出程序存放的数据，然后用它的低 4 位去访问一个局部的 16 项的 ASCII 码表，把得到的 ASCII 码放回堆栈中，然后返回。它不改变累加器的值。可以按不同的情况调用这个程序。

【例 3-37】把内部 RAM 中 50H、51H 的双字节十六进制数转换为 4 位 ASCII 码，存放于(R1)指向的 4 个内部 RAM 内部单元。

解： 我们编写程序时可以将例 3-36 当作子程序调用，子程序名为 HASC。

```
HA24:   MOV     A, 50H
        SWAP    A
        PUSH    ACC
        ACALL   HASC
        POP     ACC
        MOV     @R1, A
        INC     R1
        PUSH    50H
        ACALL   HASC
        POP     ACC
        MOV     @R1, A
        INC     R1
        MOV     A, 51H
        SWAP    A
        PUSH    ACC
        ACALL   HASC
        POP     ACC
        MOV     @R1, A
        INC     R1
        PUSH    51H
        ACALL   HASC
        POP     ACC
        MOV     @R1, A
        END
```

HASC 子程序只完成了一位十六进制数到 ASCII 码的转换，对于一个字节中两个十六进制数，需由主程序把它分成两个一位十六进制数，然后两次调用 HASC，才能完成转换。对于需多次使用该功能的程序的场合，需占用很多程序空间。下面介绍把一个字节的两位十六进制数变成两位 ASCII 码的子程序。该程序仍采用堆栈来传递参数，但现在传到子程序的参数为一个字节，传回到主程序的参数为两个字节，这样堆栈的大小在调用前后是不一样的。在子程序中，必须对堆栈内的返回地址和栈指针进行修改。

【例 3-38】一个字节的两位十六进制数为转换为两个 ASCII 码子程序。

解： 参考程序如下。

```
        ORG     0000H
HTA2:   MOV     R0, SP
        DEC     R0
        DEC     R0
        PUSH    ACC             ; 保护累加器内容
        MOV     A, @R0          ; 取出参数
        ANL     A, #0FH
        ADD     A, #14          ; 加偏移量
        MOVC    A, @A+PC
        XCH     A, @R0          ; 低位 HEX 的 ASCII 码放入堆栈中
        SWAP    A
        ANL     A, #0FH
        ADD     A, #7           ; 加偏移量
        MOVC    A, @A+PC
        INC     R0
        XCH     A, @R0          ; 高位 HEX 的 ASCII 码放入堆栈中
        INC     R0
        XCH     A, @R0          ; 高位返回地址放入堆栈，并恢复累加器内容
        RET
        DB      '0123456789'
        DB      'ABCDEF'
        END
```

【例 3-39】将内部 RAM 中 50H、51H 中的内容以 4 位十六进制数的 ASCII 形式串行发送出去，可调用 HTA2 程序。

解： 参考程序如下。

```
        ORG     0000H
SCOT4:  PUSH    50H
        ACALL   HTA2
        POP     ACC
        ACALL   COUT
        POP     ACC
        ACALL   COUT
        PUSH    51H
        ACALL   HTA2
        POP     ACC
        ACALL   COUT
        POP     ACC
        ACALL   COUT
COUT:   JNB     TI, COUT        ; 字符发送子程序
        CLR     TI
        MOV     SBUF, A
        RET
        END
```

上例程序中，修改返回地址由"XCH   A, @R0"指令来完成。修改栈指针的操作，这里并不需要，因为在子程序中，有"PUSH   ACC"(保护累加器内容)，已经使栈指针加 1。如果在子程序出口处，堆栈指针与实际的堆栈内容不相符合，这时应修改堆栈指针。因为一般在用堆栈指针传递参数的子程序中，均用数据指针 R0 或 R1 来修改堆栈内容(包括返回地址)，并且一般在最后修改返回地址，故可在返回前，加入一条"MOV SP, R0"或"MOV SP, R1"指令，即可完成堆栈指针的修改。这种方法适用于各种情况，包括调用参数多于结果参数和调用参数少于结果参数等各种场合。

4. 程序段参数传递

以上这些参数传递方法，多数是在调用子程序前，把值装入适当的寄存器传递参数。如果有许多常数参数，这种技术不太有效，因为每个参数需要一个寄存器传递，并且在每次调用子程序时需分别用指令把它们装入寄存器中。

如果需要大量参数，并且这些参数均为常数时，程序段参数传递方法(有时也称为直接参数传递)是传递常数的有效方法。调用时，常数作为程序代码的一部分，紧跟在调用子程序后面。子程序根据堆栈内的返回地址，决定从何处找到这些常数，然后在需要时，从程序存储器中读出这些参数。

【例 3-40】字符串发送子程序。

解： 在实际应用中，经常需要发送各种字符串。这些字符串通常放在 EPROM(程序存储器)中。按通常方法，需要先把这些字符装入 RAM 中，然后用传递指针的方法来实现参数传递。为了简便，也可把字符串放在 EPROM 独立区域中，然后用传递字符串首地址的方法来传递参数。以后子程序可按该地址用 MOVC 指令从 EPROM 中读出并发送该字符串。但是最简单的方法是采用程序段参数传递方法。本例中，字符串全以 0 结束。

代码如下：

```
        ORG     0000H
SOUT:   POP     DPH             ; 栈中指针
        POP     DPL
SOT1:   CLR     A
        MOVC    A, @A+DPTR
        INC     DPTR
        JZ      SEND
```

```
        JNB     TI, $              ; $为本条指令地址
        CLR     TI
        MOV     SBUF, A
        SJMP    SOT1
SEND:   JMP     @A+DPTR
        END
```

下面以发送字符串'MCS-51 CONTROLLER'为例，说明该子程序的使用方法：

```
ACALL   SOUT
DB      'MCS-51 CONTROLLER'
DB      0AH, 0DH, 0
```

后面紧接其他程序。

上面这种子程序有如下几个特点。

(1) 它不以一般的返回指令结尾，而是采用基址寄存器加变址寄存器间接转移指令来返回到参数表后的第一条指令。一开始的 POP 指令已调整了堆栈指针的内容。

(2) 它可适用于 ACALL 或 LCALL，因为这两种调用指令均把下一条指令或数据字节的地址压入堆栈中。调用程序可位于 MCS-51 全部地址空间的任何地方，因为 MOVC 指令能访问所有 64KB。

(3) 传递到子程序的参数可按最方便的次序列表，而不必按使用的次序排列。子程序在每一条 MOVC 指令前为累加器装入适当的参数，这样基本上可"随机访问"参数表。

(4) 子程序只使用累加器 A 和数据指针 DPTR，应用程序可以在调用前，把这些寄存器压入堆栈中，保护它们的内容。

前面介绍了 4 种基本的参数传递方法，实际上，可以按需要合并使用两种或几种参数传递方法，以达到减少程序长度、加快运行速度、节省工作单元等目标。

3.2.3　查表程序设计

查表程序是一种常用程序，它广泛使用于 LED 显示器控制、打印机打印以及数据补偿、计算、转换等功能程序中，具有程序简单、执行速度快等优点。

查表就是根据变量 x 在表格中查找 y，使 y=f(x)。

x 有各种结构，例如：有时 x 可取小于 n(n 为定值)的自然数子集；有时，x 取值范围较大，并且不会取到该范围中的所有值，即对某些 x，f(x)无定义，例如 x 为不定长的字符串或 x 为某些 ASCII 字符。

y 也有各种结构，如有时 y 可取定字长的数，但不是所有该字长的数都有对应的 x；有时 y 可取小于 m(m 为定值)的自然数子集。

对于表格本身，也有许多不同的结构。按存放顺序分，有有序与无序表；按存放地点分，有的表格存放在存储器中(用 MOVC 指令访问)，有的表存放在数据存储器中(用 MOVX 指令访问)。表格的存放内容也各有不同，有的只存放 y 值，有的既有 x 值又有 y 值。下面介绍几种常用查表方法及程序。

1. 用 MOVC A, @A+PC 查表指令编程

【例 3-41】用查表方法编写彩灯控制程序，编程使彩灯先顺次点亮，再逆次点亮，然后连闪三下，反复循环。

解：程序如下。

```
START:      MOV     R0, #00H
LOOP:       CLR     A
            MOV     A, R0
            ADD     A, #0CH
            MOVC    A, @A+PC
            CJNE    A, #03H, LOOP1
            JMP     START
LOOP1:      MOV     P1, A
            ACALL   DEL
            INC     R0
            JMP     LOOP
TAB:        DB      01H, 02H, 04H, 08H, 10H, 20H, 40H, 80H
            DB      80H, 40H, 20H, 10H, 08H, 04H, 02H, 01H
            DB      00H, 0FFH, 00H, 0FFH, 00H, 0FFH, 03H
DEL:        MOV     R7, #0FFH
DEL1:       MOV     R6, #0FFH
DEL2:       DJNZ    R6, DEL2
            DJNZ    R7, DEL1
            RET
            END
```

2. 用 MOVC A, @A+DPTR 查表指令编程

【例 3-42】用查表方法编写彩灯控制程序，编程使彩灯先顺次点亮，再逆次点亮，然后连闪三下，反复循环。

解：程序如下。

```
START:      MOV     DPTR, #TABLE
LOOP:       CLR     A
            MOVC    A, @A+DPTR
            CJNE    A, #03H, LOOP1
            JMP     START
LOOP1:      MOV     P1, A
            ACALL   DEL
            INC     DPTR
            JMP     LOOP
TAB:        DB      01H, 02H, 04H, 08H, 10H, 20H, 40H, 80H
            DB      80H, 40H, 20H, 10H, 08H, 04H, 02H, 01H
            DB      00H, 0FFH, 00H, 0FFH, 00H, 0FFH, 03H
DEL:        MOV     R7, #0FFH
DEL1:       MOV     R6, #0FFH
DEL2:       DJNZ    R6, DEL2
            DJNZ    R7, DEL1
            RET
            END
```

3.2.4 散转程序设计

散转程序是分支程序的一种。它由输入条件或运算结果来确定转入各自的处理程序。有多种方法能实现散转程序，但通常用逐次比较法，即把所有各个情况逐一进行比较，若有符合的，便转向对应的处理程序。

由于每一个情况都有判断和转移，如对 n 个情况，需要 n 个判断和转移，因此它的缺点是程序比较长。

MCS-51 指令系统中有一条跳转指令是 JMP @A+DPTR，用它可以很容易地实现散转功能。该指令是把累加器 A 的 8 位无符号数(作为地址的低 8 位)与 16 位数据指针的内容相加，其和送入程序计数器，作为转移指令的地址。执行 JMP @A+DPTR 指令后，累加器和 16 位数据指针的内容均不受影响。

下面介绍几种实现散转程序的方法。

1. 用转移指令表实现散转

在许多场合中,要根据某一单元的值 0, 1, 2, …, n 分别转向处理程序 0,处理程序 1,……处理程序 n。这时可以用转移指令 AJMP(或 LJMP)组成一个转移表。

【例 3-43】根据 R6 的内容,转向各个处理程序。

R6=0,转 LOP0。

R6=1,转 LOP1。

R6=2,转 LOP2。

把转移标志送累加器 A,转移表首地址送 DPTR,利用 JMP @A+DPTR 实现转移。

标号为 LOP0 的程序为由 P1 口控制的彩灯两端向中间点亮,标号为 LOP1 的程序为由 P1 口控制的彩灯左移顺次点亮,标号为 LOP2 的程序为由 P1 口控制的彩灯右移顺次点亮。

解:分析题意可编写出如下程序。

```
START:    MOV      DPTR, #TAB1
          MOV      A, R6
          ADD      A, R6
          JNC      PAD
          INC      DPH
PAD:      JMP      @A+DPTR
TAB1:     AJMP     LOP0
          AJMP     LOP1
          AJMP     LOP2
LOP1:     MOV      A, #0FEH
LP1:      MOV      P1, A
          ACALL    DEL
          RL       A
          AJMP     LP1
          RET
LOP2:     MOV      A, #7FH
LP2:      MOV      P1, A
          ACALL    DEL
          RR       A
          AJMP     LP2
          RET
LOP0:     MOV      R0, #00H
LOOP:     CLR      A
          MOV      A, R0
          ADD      A, #0CH
          MOVC     A, @A+PC
          CJNE     A, #03H, LOOP1
          JMP      START
LOOP1:    MOV      P1, A
          ACALL    DEL
          INC      R0
          JMP      LOOP
TAB:      DB       81H, 42H, 24H, 18H, 03H
DEL:      MOV      R4, #0FFH
DEL1:     MOV      R3, #0FFH
DEL2:     DJNZ     R3, DEL2
          DJNZ     R4, DEL1
          RET
          END
```

本例仅适用于散转表首地址 TAB1 和处理程序入口地址 LOP0,LOP1,…,LOPn 在同一个 2KB 范围的存储区的情况。当一个 2KB 范围的存储区内放不下所有的处理程序时,把一些较长的处理程序放在其他存储区域,只要在该处理程序的入口地址内用 LJMP 指令即可。方法有两种。

(1) 例如处理程序 LOP0、LOP3 比较长,要把两个程序转至其他区域,分别把它们的入口地址用符号 LLOP0,LLOP3 表示,以实现程序的转移。

```
LOP0:    LJMP  LLOP0
```

```
LOP3:    LJMP  LLOP3
```

(2) 可以直接用 LJMP 指令组成转移表。由于 LJMP 是 3 字节的指令，在组成指令转移表时，当执行 JMP @A+DPTR 指令时，可能出现 DPTR 低 8 位向高 8 位的进位，用加法指令对 DPTR 直接修改来实现。

程序如下：

```
PJ2:     MOV   DPTR, #TAB2
         CLR   C
         MOV   R5, #0
         MOV   A, R6
         RLC   A            ; R6*2
         JNC   AD1
         INC   R5           ; 有进位，高 8 位加 1
AD1:     ADD   A, R6        ; R6*3
         JNC   AD2
         INC   R5           ; 有进位，高 8 位加 1
AD2:     MOV   A, R5
         ADD   A, DPH       ; DPTR 高 8 位调整
         MOV   A, R6
         JMP   @A+DPTR      ; 得散转地址
TAB2:    LJMB  LOP0
         LJMP  LOP1
         ...
         LJMP  LOPn
         END
```

用 AJMP 组成的散转表为二字节一项，而用 LJMP 组成的散转表则为三字节一项，根据 R6 中的内容或乘 2，或乘 3，得每一处理程序的入口地址表指针。

2. 用转移地址表实现散转

当转向范围比较大时，可直接使用转向地址表方法，即把每个处理程序的入口地址直接置于地址表内。用查表指令，找到对应的转向地址，把它装入 DPTR 中。将累加器清零后用 JMP @A+DPTR 直接转向各个处理程序的入口。

【例 3-44】根据 R3 的内容转向对应处理程序。处理程序的入口分别是 LOP0~LOP2。

解：参考程序如下。

```
         ORG   0000H
PJ3:     MOV   DPTR, #TAB3
         MOV   A, R3
         ADD   A, R3        ; R3*2
         JNC   CAD
         INC   DPH          ; 有进位 DPTR 高位加 1
CAD:     MOV   R2, A        ; 暂存 R2
         MOVC  A, @A+DPTR
         XCH   A, R2        ; 处理程序入口地址高 8 位暂存 R2
         INC   A
         MOVC  A, @A+DPTR
         MOV   DPL, A       ; 处理程序入口地址低 8 位暂存 DPL
         MOV   DPH, R2
         CLR   A
         JMP   @A+DPTR
TAB3:    DW    LOP0
         DW    LOP1
         DW    LOP2
         END
```

本例可实现 64KB 范围内的转移，但散转数 n 应小于 256。如大于 256 时，应采用双字节数加法运算修改 DPTR。

以上程序中标号 LOP0、LOP1、LOP2 所指的程序与例 3.43 相同，读者可自己完成以上程序。还有用 RET 指令实现散转的，此方法用得很少，这里就不叙述了。

3.3　实　践　训　练

3.3.1　任务 1　指令的熟悉及使用

1．任务目标

(1)　熟悉指令格式。

(2)　掌握汇编指令的使用方法。

(3)　熟练掌握应用 Keil 软件调试汇编语言程序的方法。

2．知识点分析

(1)　指令的寻址方式。

(2)　数据在片内外的传送。

(3)　堆栈指令的应用。

(4)　算术运算指令。

3．实施过程

(1)　将 R0~R7、A、PSW、B 和 SP 都送入十六进制数 FFH，并观察结果，试采用不同的寻址方式完成数据传送。

(2)　学习片外 RAM 的传送指令和交换指令，输入下列程序：

```
;文件名：SW031.ASM
        ORG     0000H
        LJMP    START
        ORG     2000H
START:  MOV     A, #0F5H
        MOV     DPTR, #2000H
        MOVX    @DPTR, A
        MOV     R0, #32H
        MOV     32H, #47H
        XCH     A, R0
        MOVX    @DPTR, A
        XCHD    A, @R0
        SWAP    A
        SJMP    $
        END
```

①　运行程序前观察 DPTR、A、R0、片内 RAM 32H 单元和外部 RAM 2000H 单元的值，然后单步运行上述程序，观察上述寄存器和存储器单元内容的变化。

②　分析程序运行的结果，说明该程序的功能。

(3)　学习堆栈指令，输入下列程序：

```
;文件名：SW032.ASM
        ORG     0000H
        LJMP    START
        ORG     2100H
START:  MOV     A, #0F5H
        MOV     PSW, #0CCH
        PUSH    ACC             ; 此处不可写作"PUSH  A"
        PUSH    PSW
        MOV     A, #66H
        MOV     PSW, #76H       ; 此处改作"MOV  PSW, #77H"，观察结果并分析原因
        POP     PSW
```

```
        POP     ACC
        SJMP    $
        END
```

① 运行程序前观察 A、PSW、SP、07、08 和 09 单元的值，然后单步运行上述程序，观察上述寄存器和存储器单元内容的变化。

② 分析程序运行的结果，说明该程序的功能。

(4) 学习加法指令的功能。

① 设 30H 和 32H 开头分别存放两个 16 位无符号二进制数(低 8 位在前，高 8 位在后)，输入下列程序，完成两个数相加，结果存在 34H 开始的单元中。

```
;文件名: SW033.ASM
        ORG     0000H
        LJMP    START
        ORG     2200H
START:  _____
        _____
        _____          ; 把加数和被加数送入相应的内部 RAM 单元
        MOV     A, 30H
        ADD     A, 32H
        MOV     34H, A
        MOV     A, 31H
        ADDC    A, 33H            ; 分析此处为什么用 ADDC 指令，而非 ADD 指令
        MOV     35H, A
        SJMP    $
        END
```

② 阅读上述程序，分析程序的执行过程。将被加数1122H和3344H分别送入内部RAM相应的单元中。

③ 运行程序，观察 34H 和 35H 的结果以及寄存器 PSW 的内容。

④ 将加数和被加数分别改为 8899H 和 AABBH，送入相应的存储单元，然后再观察两数的和以及寄存器 PSW 的内容。

⑤ 将上述结果与自己分析所得的结果相比较。

4．思考

(1) 实验第 2 步如果传输数据为十进制数，该如何修改指令？操作并观察结果。

(2) 如果是 BCD 码做加法，加法指令实验程序将怎样改写？

3.3.2　任务2　指令的分析及应用

1．任务目标

(1) 掌握指令格式及表示方法。

(2) 了解人工汇编与机器汇编的方法。

(3) 了解寻址方式的概念。

(4) 掌握常用指令的功能及应用。

2．知识点分析

(1) 助记符表示和机器码表示方法。

(2) 数据传送指令。

(3) 逻辑运算指令。

3．实施过程

(1) 将表 3-2 中的指令翻译成机器码。

(2) 将机器码分别输入到单片机开发系统中，或机器汇编后分别下载到单片机开发系统中，单步运行，观察并记录实验板上 8 个发光二极管的亮灭状态及相关单元的数据，填入表 3-2 中。

表 3-2　实验表格

题　号	助记符指令		机器码指令	检查数据	发光二极管状态
①	MOV	P1, #55H		P1=(　　　　)	
②	MOV	20H, #0F0H		(20H)=(　　　　)	
	MOV	P1, 20H		P1=(　　　　)	
③	MOV	A, #0F0H		A=(　　　　)	
	MOV	P1, A		P1=(　　　　)	
④	MOV	R4, #0FH		R4=(　　　　)	
	MOV	P1, R4		P1=(　　　　)	
⑤	MOV	20H, #0AAH		(20H)=(　　　　)	
	MOV	R0, #20H		R0=(　　　　)	
	MOV	P1, @R0		P1=(　　　　)	
⑥	MOV	A, #55H		A=(　　　　)	
	MOV	P1, A		P1=(　　　　)	
	AND	A, #0FH		A=(　　　　)	
	MOV	P1, A		P1=(　　　　)	
	OR	A, #0F0H		A=(　　　　)	
	MOV	P1, A		P1=(　　　　)	
⑦	CLR	A		A=(　　　　)	
	MOV	P1, A		P1=(　　　　)	
	CPL	A		A=(　　　　)	
	MOV	P1, A		P1=(　　　　)	
⑧	MOV	A, #01H		A=(　　　　)	
	MOV	P1, A		P1=(　　　　)	
	RL	A		A=(　　　　)	
	MOV	P1, A		P1=(　　　　)	
	RL	A		A=(　　　　)	
	MOV	P1, A		P1=(　　　　)	

4．思考总结

(1) 指令形式

从实训中可以看出，指令有两种形式：助记符指令和机器码指令(机器指令)。助记符指令只有翻译成机器码后，单片机才能直接执行。机器码指令分为以下三种。

① 单字节指令：机器码只有一个字节的指令称为单字节指令。例如，单字节指令"CLR A"的机器码是 E4H。

② 双字节指令：机器码包括两个字节的指令称为双字节指令。例如，双字节指令"MOV A, #55H"的机器码是 74H 55H。

③ 三字节指令：机器码包括三个字节的指令称为三字节指令。例如，三字节指令"MOV P1, #55H"的机器码是 75H 90H 55H。

在单片机指令系统中，大多数指令是单字节指令和双字节指令。

(2) 指令分析

①

MOV P1, #55H：将常数 55H 送入 P1 口，在助记符指令中，常数称为立即数。

立即数 55H：	0	1	0	1	0	1	0	1
对应 P1 口各位：	P1.7	P1.6	P1.5	P1.4	P1.3	P1.2	P1.1	P1.0
相应的 LED 状态：	亮	灭	亮	灭	亮	灭	亮	灭

P1 口的某一位输出 0(低电平)，经过反相后变为高电平，由外部电源 Vcc 驱动发光二极管处于点亮状态，否则二极管处于熄灭状态。

②

MOV 20H, #0F0H：将立即数 0F0H 送到内部 RAM 的 20H 单元中。

MOV P1, 20H：将 20H 单元的内容，即 0F0H 送到 P1 口。发光二极管的状态如下。

0F0H：	1	1	1	1	0	0	0	0
P1 口：	P1.7	P1.6	P1.5	P1.4	P1.3	P1.2	P1.1	P1.0
LED 状态：	灭	灭	灭	灭	亮	亮	亮	亮

③

MOV A, #0F0H：将立即数 0F0H 送到累加器 A 中。

MOV P1, A：将累加器 A 的内容，即 0F0H 送到 P1 口。发光二极管的状态同②。

④

MOV R4, #0FH：将立即数 0FH 送到寄存器 R4 中。

MOV P1, R4：将寄存器 R4 的内容，即 0FH 送到 P1 口。发光二极管的状态如下。

0FH：	0	0	0	0	1	1	1	1
P1 口：	P1.7	P1.6	P1.5	P1.4	P1.3	P1.2	P1.1	P1.0
LED 状态：	亮	亮	亮	亮	灭	灭	灭	灭

⑤

MOV 20H, #0AAH：将立即数 0AAH 送到内部 RAM 的 20H 单元中。

MOV R0, #20H：将立即数 20H 送到 R0 寄存器中。

MOV P1, @R0：将 R0 所指向的存储单元 20H 的内容，即 0AAH 送到 P1 口中，发光二极管的状态如下。

0AAH：	1	0	1	0	1	0	1	0
P1 口：	P1.7	P1.6	P1.5	P1.4	P1.3	P1.2	P1.1	P1.0
LED 状态：	灭	亮	灭	亮	灭	亮	灭	亮

⑥

MOV　A, #55H：将立即数 0F0H 送到累加器 A 中。

MOV　P1, A：将累加器 A 的内容，即 55H 送到 P1 口。发光二极管的状态同①。

AND　A, #0FH：累加器 A 的内容 55H 与立即数 0FH 进行逻辑"与"操作，结果为 05H，再送回累加器 A 中。

MOV　P1, A：将累加器 A 的内容，即 05H 送到 P1 口。发光二极管的状态如下。

05H：	0	0	0	0	0	1	0	1
P1 口：	P1.7	P1.6	P1.5	P1.4	P1.3	P1.2	P1.1	P1.0
LED 状态：	亮	亮	亮	亮	亮	灭	亮	灭

OR　A, #0F0H：累加器 A 的内容 05H 与立即数 0F0H 进行逻辑"或"操作，结果为 0F5H，再送回累加器 A 中。

MOV　P1, A：将累加器 A 的内容，即 0F5H 送到 P1 口。发光二极管的状态如下。

0F5H：	1	1	1	1	0	1	0	1
P1 口：	P1.7	P1.6	P1.5	P1.4	P1.3	P1.2	P1.1	P1.0
LED 状态：	灭	灭	灭	灭	亮	灭	亮	灭

⑦

CLR A：累加器清 0。

MOV　P1, A：将累加器 A 的内容，即 00H 送到 P1 口。发光二极管的状态是全亮。

CPL　A：将 A 的内容 00H 按位取反，结果为 0FFH。

MOV　P1, A：将累加器 A 的内容，即 0FFH 送到 P1 口。发光二极管的状态是全灭。

⑧

MOV　A, #01H：将立即数 01H 送到累加器 A 中。

MOV　P1, A：将累加器 A 的内容，即 01H 送到 P1 口。发光二极管的状态如下。

01H：	0	0	0	0	0	0	0	1
P1 口：	P1.7	P1.6	P1.5	P1.4	P1.3	P1.2	P1.1	P1.0
LED 状态：	亮	亮	亮	亮	亮	亮	亮	灭

RL　A：移位指令，将 A 的内容 01H 循环左移一位，结果为 02H。

MOV　P1, A：将累加器 A 的内容，即 02H 送到 P1 口。发光二极管的状态如下。

02H：	0	0	0	0	0	0	1	0
P1 口：	P1.7	P1.6	P1.5	P1.4	P1.3	P1.2	P1.1	P1.0
LED 状态：	亮	亮	亮	亮	亮	亮	灭	亮

RL　A：A 的内容 02H 左移一位，结果为 04H。

MOV　P1, A：将累加器 A 的内容，即 04H 送到 P1 口。发光二极管的状态如下。

02H：	0	0	0	0	0	1	0	0
P1 口：	P1.7	P1.6	P1.5	P1.4	P1.3	P1.2	P1.1	P1.0
LED 状态：	亮	亮	亮	亮	亮	灭	亮	亮

(3) 思考

指出表 3-2 中每一条指令的寻址方式。

注意：P1与寄存器R0~R7、累加器A不同，它是内部RAM单元90H的符号地址，只能作为内存单元直接寻址。

3.3.3 任务3 进行20个数的从小到大排序

1．任务目标

(1) 掌握汇编语言程序的基本结构。

(2) 掌握程序设计的步骤和方法。

(3) 学会按要求来设计程序。

2．知识点分析

(1) 冒泡法的含义。

(2) 数据排序的设计方法。

(3) 程序的拓展应用。

3．实施过程

(1) 编程要求

假定20个数连续存放在以20H为首地址的内部RAM单元中，编程将它们按由小到大的顺序排列。

(2) 知识准备

本训练旨在学会使用冒泡法对数据进行排序。

何为冒泡法？

就是依次将将相邻两个单元的内容做比较，即第一个数与第二个数比较，第二个数与第三个数比较……，如果符合从小到大的顺序，则不改变它们在内存中的位置，否则交换它们之间的位置。

如此反复比较，直至数列排序完成为止。

由于在比较过程中，将小数(或大数)向上冒，因此这种算法称为"冒泡"排序法，它是通过一轮一轮的比较，第一轮经过6次两两比较后，得到一个最大数。第二轮经过5次两两比较后，得到次大数。……每轮比较后得到本轮最大数(或最小数)，该数就不再参加下一轮的两两比较，故进入下一轮时，两两比较次数减1。为了加快数据排序速度，程序中设置一个标志位，只要在比较过程中两数之间没有发生过交换，就表示数列已按大小顺序排列了。可以结束比较。

设数列首地址在R0寄存器中，R2为比较次数计数器，TR0为冒泡过程中是否有数据互换的状态标志，TR0=0表明无互换发生，TR0=1表明有互换发生。

(3) 流程图

根据要求设计流程图。参考流程如图3-11所示。

(4) 编写程序

根据流程图编写程序。参考程序如下：

```
START:    MOV R0, #20H        ; 数据存储区首单元地址
          MOV R2, #13H        ; 各次冒泡比较次数
          CLR TR0             ; 互换标志清 0
LOOP:     MOV A, @R0          ; 取前数
          MOV 2BH, A          ; 存前数
          INC R0
          MOV 2AH, @R0        ; 取后数
          CLR C
          SUBB A, @R0         ; 前数减后数
          JC NEXT             ; 前数小于后数，不互换
          MOV @R0, 2BH
          DEC R0
          MOV @R0, 2AH        ; 两个数交换位置
          INC R0              ; 准备下一次比较
          SETB TR0            ; 置互换标志
NEXT:     DJNZ R2, LOOP       ; 返回，进行下一次比较
          JB TR0, START       ; 返回，进行下一轮冒泡
HERE:     SJMP $              ; 排序结束
```

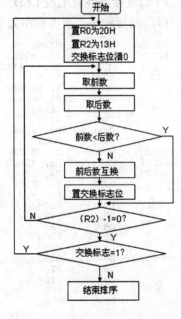

图 3-11　冒泡法排序程序流程

思考：如果训练任务改为 50 个连续数从大到小排列，存放首地址为 60H，应该如何编写程序呢？

3.3.4　任务 4　数码管显示程序设计

1. 任务目标

(1) 了解汇编语言程序结构。

(2) 掌握程序设计的步骤和方法。

(3) 学会按要求来设计程序。

2. 知识点分析

(1) 数码管显示原理。

(2) 数码显示的程序设计。

(3) 程序的拓展应用。

3. 实施过程

(1) 编程要求：将 0~9 这十个数循环送 P1 口七段 LED 上显示。

(2) 知识准备：掌握单片机汇编语言程序设计的结构化设计方法，如分支结构、循环结构、子程序结构、查表程序结构等。

(3) 连接电路：硬件电路如图 3-12 所示。

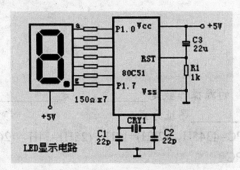

图 3-12　七段 LED 显示电路原理图

P1 口外接高亮度七段 LED 显示器，用于字符显示。

（4）编写程序：参考程序如下。

```
START:  ORG    0100H           ; 程序起始地址
MAIN:   MOV    R0, #00H        ; 从"0"开始显示
        MOV    DPTR, #TABLE    ; 表格地址送数据指针
DISP:   MOV    A, R0           ; 送显示
        MOVC   A, @A+ADPTR     ; 指向表格地址
        MOV    P1, A           ; 数据送 LED
        ACALL  DELAY           ; 延时
        INC    R0              ; 指向下一个字符
        CJNE   R0, #0AH, DISP  ; 未显示完，继续
        AJMP   MAIN            ; 下一个循环
DELAY:  MOV    R1, #0FFH       ; 延时子程序，延时时间赋值
LOOP0:  MOV    R2, #0FFH
LOOP1:  DJNZ   R2, LOOP1
        DJNZ   R1, LOOP0
        RET                    ; 子程序返回
TABLE:  DB     0C0H            ; 字型码表
        DB     0F9H
        DB     0A4H
        DB     0B0H
        DB     99H
        DB     92H
        DB     82H
        DB     0F8H
        DB     80H
        DB     90H
        END                    ; 程序结束
```

思考：如要在数码管上显示十六进制中的 0~F 这 16 个数字，应如何编程？

习题与思考题

（1）指出下列指令中划线的操作数的寻址方式：

```
MOV    R0, #60H
MOV    A, 30H
MOV    A, @R0
MOVC   A, @A+DPTR
CJNE   A, #00H, ONE
CPL    C
MOV    C, 30H
```

（2）对下面一段程序加上机器码，并说明程序运行后寄存器 A、R0 和内部 RAM 50H、51H、52H 单元中的内容为何值。

```
MOV    50H, #50H
MOV    A, 50H
MOV    R0, A
MOV    A, #30H
MOV    @R0, A
MOV    A, #50H
MOV    51H, A
MOV    52H, #00H
```

（3）指令"POP B"的源操作数是_____，是_____寻址方式，目的操作数是_____，是_____寻址方式。

（4）已知 SP=25H，PC=4345H，(24H)=12H，(25H)=34H，(26H)=56H，当执行 RET 指令后，SP=_____，PC=_____。

（5）试编写一段程序，将内部数据存储器 30H、31H 单元内容传送到外部数据存储器 1000H、1001H 单元中去。

(6) 已知指令"AJMP addr11"的机器码为41H和FFH，指令所在的地址为0810H，求该转移指令的目的地址。

(7) 求指令"H: SJMP H"中的地址偏移量。

(8) 传送类指令中有MOV、MOVX、MOVC助记符形式，它们区别是什么？8051单片机指令MOV、MOVX、MOVC的源操作数的最大地址分别为多少？

(9) 借助于指令表，将下列指令代码进行手工反汇编：

FF C0 E0 E5 F0 F0

(10) 判断以下指令的正误。

① MOV 28H, @R2

② DEC DPTR

③ INC DPTR

④ CLR R0

⑤ CPL R5

⑥ MOV R0, R1

⑦ PUSH DPTR

⑧ MOV F0, C

⑨ MOV F0, ACC.3

⑩ RLC R0

(11) 已知内部RAM的BLOCK单元开始有一无符号数据块，块长在LEN单元。编出求数据块中各数累加和并存入SUM单元的程序。

(12) 把内部RAM中起始地址为DATA的数据串传送到外部RAM以BUFFER为首地址的区域，直到发现"$"字符的ASCII码为止。同时规定数据串的最大长度为32个字节。

(13) 设内部RAM的20H和21H单元中有两个带符号数，将其中的大数存放在于22H单元中，编出程序。

(14) 编程将内部数据存储器20H～24H单元压缩的BCD码转换成ASCII码存放在于25H开始的单元。

(15) 内部存储单元40H中有一个ASCII字符，试编一程序给该数的最高位加上奇校验。

(16) 编写一段程序，将存放自DATA单元开始的一个4字节数(高位在高地址)，取补后送回原单元。

(17) 写一段程序，把内部数据存储器30H～4FH中的内容传送到外部数据存储器2000H开始的单元中。

(18) 对于无符号数X、Y，按照以下要求来编制程序。

$$Y = \begin{cases} 2X & (X \geqslant 15) \\ X^2 & (10 \leqslant X < 15) \\ X & (X < 10) \end{cases}$$

(19) 编写一无符号数乘法程序，功能为：

R2R3×R7=R4R5R6
R2R3×R6R7=R3R4R5R6

(20) 试分别编写延时20ms和1s的程序。设fosc=6MHz。

(21) 查表程序求 0~9 之间整数的立方。

(22) 试编写程序，计算 Σi，i=1~100。

(23) 将片内 RAM 45H~48H 单元的内容右移 4 位，移出部分送入 49H 单元。用循环法和子程序法编程。

第4章　单片机中断系统及定时/计数器

教学提示：

本章主要介绍 MCS-51 单片机中断源的种类、产生中断的方式、中断的控制及外部中断源的扩展方法，介绍 MCS-51 单片机内部的两个 16 位可编程的定时/计数器，即定时器 T0 和定时器 T1，分析它们的基本结构和工作原理、控制字 TOMD 的写法以及 4 种工作方式的选择。并通过大量的实践例题，把一些抽象的问题实践化，便于读者理解。

教学目标：

了解中断的基本概念和中断系统的结构。

熟练掌握如何编写中断服务程序。

熟悉中断嵌套及程序储存器中的 5 个有关的中断入口地址。

了解定时/计数器的基本概念。

了解定时/计数器的基本结构和工作原理。

掌握定时/计数器的 4 种工作方式的特点他和应用。

4.1　中　断　系　统

4.1.1　中断的有关概念

对于什么是中断，我们将从一个生活中的例子引入。比如，你正在家中看书，突然电话铃响了，你急忙在书中做记号，然后放下书本，去接电话，与来电话的人交谈，然后放下电话，回来继续看你的书。这就是生活中的"中断"现象。

这里，"某人看书"就好比执行主程序；而"电话铃响"好比中断请求，产生中断信号；"暂停看书"好比中断响应，要求暂停主程序的执行；"在书中做记号"好比保护断点，要求当前 PC 入栈；"接电话交谈"好比中断处理，要求执行中断服务程序；"回来继续看书"好比中断返回，要求返回到主程序。

这个例子实际上包含了单片机处理中断的 4 个步骤：中断请求、中断响应、中断处理和中断返回，如图 4-1 所示。

仔细研究一下生活中的中断，对于我们学习单片机的中断很有好处。下面继续看几个相关的概念。

1．中断源

生活中很多事件可以引起中断：有人按门铃了、电话铃响了、闹钟响了、烧的水开了，等等，诸如此类的事件。我们把可以引起中断的源头称为中断源。单片机中也有一些可以引起中断的事件，8051 中一共有 5 个中断源：两个外部中断，两个计数/定时器中断，一个串行口中断。

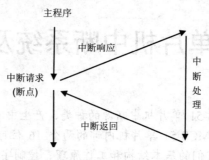

图 4-1　中断响应的过程

2．中断的嵌套与优先级处理

设想一下，你正在看书，电话铃响了，同时又有人按了门铃，你该先做那样呢？如果你是正在等一个很重要的电话，一般不会去理会门铃的；而反之，若正在等一个重要的客人，则可能就不会去理会电话了。如果不是这两者(既不等电话，也不是等人上门)，你可能会按通常的习惯去处理。总之这里存在一个优先级的问题。

单片机中也是如此，也有优先级的问题。优先级的问题不仅仅发生在两个中断同时产生的情况，也发生在一个中断已产生，又有一个中断产生的情况。比如你正接电话，有人按门铃的情况；或你正开门与人交谈，又有电话响了的情况。考虑一下你会怎么办吧。

3．中断的响应过程

对于看书的例子，当有事件产生，进入中断之前，我们必须先记住现在看书到第几页了，或拿一个书签放在当前页的位置，然后去处理不同的事情(因为处理完了，还要回来继续看书)：电话铃响我们要到放电话的地方去，门铃响我们要到门那边去，也说是针对不同的中断，我们要在不同的地点处理，而这个地点通常还是固定的。

计算机中也是采用这种方法，针对 5 个中断源，每个中断产生后都到一个固定的地方去找处理这个中断的程序。当然，在去之前，首先要保存下面将执行的指令的地址，以便处理完中断后回到原来的地方继续往下执行程序。

具体地说，中断响应可以分为以下几个步骤。

(1) 保护断点。即保存下一个将要执行的指令的地址，就是把这个地址送入堆栈。

(2) 寻找中断入口。根据 5 个不同的中断源所产生的中断，查找 5 个不同的入口地址。以上工作是由计算机自动完成的，与编程者无关。在这 5 个入口地址处存放有中断处理程序。

(3) 执行中断处理程序。

(4) 中断返回。执行完中断处理程序后，就从中断处返回到主程序，继续执行。

4．中断的特点

(1) 分时操作

中断可以解决快速的 CPU 与慢速的外设之间的矛盾，使 CPU 和外设同时工作。CPU在启动外设工作后继续执行主程序，同时外设也在工作，每当外设做完一件事就发出中断申请，请求 CPU 中断它正在执行的程序，转去执行中断服务程序(一般情况是处理输入输出

数据)，中断处理完之后，CPU 恢复执行主程序，外设也继续工作。这样，CPU 可启动多个外设同时工作，大大地提高了 CPU 的效率。

(2)　实时处理

在实时控制中，现场的各种参数、信息均随时间和现场而变化。这些外界变量可根据要求随时向 CPU 发出中断申请，请求 CPU 及时处理，如中断条件满足，CPU 马上就会响应，进行相应的处理，从而实现实时处理。

(3)　故障处理

针对难以预料的情况或故障，如掉电、存储出错、运算溢出等，可通过中断系统由故障源向 CPU 发出中断请求，再由 CPU 转到相应的故障处理程序进行处理。

5. 中断系统的结构与控制

(1)　中断系统的结构

如图 4-2 所示是 MCS-51 的中断系统结构，它由与中断有关的特殊功能寄存器、中断入口、硬件查询逻辑电路等组成。它包括 5 个中断请求源，这 5 个中断源有两个中断优先级，可实现两级嵌套。在应用的时候要注意，这 5 个中断源有对应的 5 个固定的中断入口地址(矢量地址)。这 5 个中断源分成 3 类，即外部中断、定时中断和串行口中断。

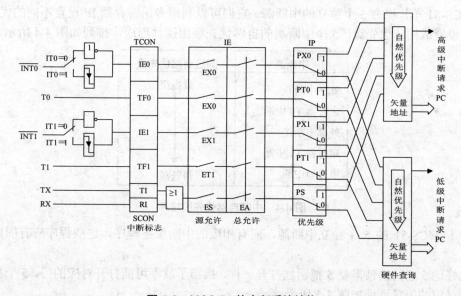

图 4-2　MCS-51 的中断系统结构

(2)　中断系统控制

①　中断请求源

MCS-51 提供 5 个中断请求源，其中两个为外部中断请求源，即 $\overline{INT0}$ (P3.2)、$\overline{INT1}$ (P3.3)，两个片内定时/计数器 T0 和 T1 的溢出中断请求源 TF0(TCON.5)、TF1(TCON.7)，一个串行口发送与接收中断请求源 TI(SCON.1)或 RI(SCON.0)。这些中断请求源分别由 TCON 与 SCON 的相应位锁存。这时我们不能不提一下定时/计数器控制寄存器 TCON，TCON 是定时/计数器 0 和 1(T0、T1)的控制寄存器，它同时也用来锁存 T0、T1 的溢出中断请求源和外部中断请求源，如图 4-3 所示。

D7	D6	D5	D4	D3	D2	D1	D0
TF1	TR1	TF0	TR0	IE1	IT1	IE0	IT0

←————— 用于外部中断 —————→

图 4.3　TCON 寄存器

对相关各位的用途说明如下：

IT0：外部中断 0 触发方式控制位。IT0=0 时，$\overline{INT0}$ (P3.2)为低电平触发方式；IT0=1 时，$\overline{INT0}$ (P3.2)为负跳变触发方式。

IE0：外部中断 0 标志位。IE0=1 时，表示外部中断 0 向 CPU 请求中断。

IT1：外部中断 1 触发方式控制位，功能同 IT0。

IE1：外部中断 1 标志位，功能同 IE0。

TF0：T0 中断溢出标志位。T0 溢出硬件置 1，响应中断后硬件清 0(在查询方式下软件清 0)。

TF1：T1 中断溢出标志位，功能同 TF0。

TR0：T0 的起停控制位。

TR1：T1 的起停控制位。

②　中断源的自然优先级与中断服务程序入口地址

MCS-51 单片机有 5 个独立的中断源，它们可以利用专用寄存器 IP 设置不同的优先级。若都被设置成同一优先级，5 个中断源的自然优先级由硬件形成，排列如图 4-4 所示。

中断源	同级自然优先级
外部中断 0	最高级
定时器 T0 中断	
外部中断 1	↓
定时器 T1 中断	
串行口中断	最低级

图 4-4　中断自然优先级排序

对于 MCS-51 的 5 个独立中断源，应有相应的中断服务程序，这些程序应有固定的存放位置。

这好比 5 扇门的锁需要 5 把钥匙打开一样，搞错了就不可能打开对应的门。5 个独立中断源所对应的矢量地址如图 4-5 所示。

中断源	中断入口向量
外部中断 0	0003H
定时器 T0 中断	000BH
外部中断 1	0013H
定时器 T1 中断	001BH
串行口中断	0023H

图 4-5　中断源的入口地址

③　中断控制寄存器

(a)　中断允许寄存器

在 8051 单片机中断系统中，中断的允许或禁止是由 8 位中断允许寄存器 IE 来控制的。中断允许寄存器 IE(SFR 地址 0A8H)各位的定义和功能如图 4-6 所示。

EA	X	X	ES	ET1	EX1	ET0	EX0

图 4-6　中断允许寄存器 IE

对相关各位的用途说明如下。

EA：总允许位(一级控制)。EA=0 时，禁止一切中断；EA=1 时，中断开放。

ES：串行口中断允许位(二级控制)。ES=1 时，允许 RI、TI 引发中断，否则禁止串口中断。

ET1、ET0：定时器 T1、T0 允许位，如果 ET1=1 或 ET0=1，则允许 TF1 或 TF0 引发中断，否则，禁止相应的定时器中断。

EX1、EX0：外部中断 1/外部中断 0，允许位 EX1=1 或 EX0=1 时，允许相应的外部中断，否则，禁止相应的外部中断。

如果我们要设置允许外部中断 1，定时器 1 中断允许，其他不允许，则可以用命令：

```
MOV IE, #10001100B
```

当然，也可以用位操作指令来实现：

```
SETB EA
SETB ET1
SETB EX1
```

(b)　中断的优先级控制寄存器

前面已经叙述过 MCS-51 中 5 个独立中断源的自然优先级，即使它们被编程设定为同一优先级，这 5 个中断源仍然会遵循一定的排序规则，实现中断嵌套。而中断优先级寄存器 IP 可以按编程者要求改变中断的优先级，中断优先级寄存器 IP(SFR 地址 0B8H)各位的定义和功能如图 4-7 所示。

X	X	X	PS	PT1	PX1	PT0	PX0

图 4-7　中断优先级寄存器 IP

对相关各位的用途说明如下。

PS：串行口中断优先级设定位。

PT1、PT0：定时器 T1、T0 中断优先级设定位。

PX1、PX0：外部中断 1、外部中断 0 的中断优先级设定位。

以上各位若被置 1，则相应的中断将被设置为高优先级中断；若被置 0，则相应的中断将被设置为低优先级中断。

设要求将 T0、外部中断 1 设为高优先级，其他为低优先级，求 IP 的值。IP 的首 3 位没用，可任意取值，设为 000，后面根据要求写就可以了，指令如下：

```
MOV IP, #00000110B
```

当然也可以使用位指令进行操作。读者可以自己写一下。

4.1.2 中断处理过程

1. 中断系统的功能

(1) 实现中断响应和中断返回

当 CPU 收到中断请求后，能根据具体情况决定是否响应中断，如果 CPU 没有更急、更重要的工作，则在执行完当前指令后响应这一中断请求。

CPU 中断响应过程如下：首先，将断点处的 PC 值(即下一条应执行指令的地址)推入堆栈保留下来，这称为保护断点，由硬件自动执行。然后，将有关的寄存器内容和标志位状态推入堆栈保留下来，这称为保护现场，由用户自己编程完成。保护断点和现场后即可执行中断服务程序，执行完毕，CPU 由中断服务程序返回主程序。中断返回过程如下：首先恢复原保留寄存器的内容和标志位的状态，这称为恢复现场，由用户编程完成。然后，再加返回指令 RETI，该指令的功能是恢复 PC 值，使 CPU 返回断点，这称为恢复断点。恢复现场和断点后，CPU 将继续执行原主程序，中断响应过程到此为止。

中断处理过程如图 4-8 所示。

(2) 实现优先权排队

通常，系统中有多个中断源，当有多个中断源同时发出中断请求时，要求计算机能确定哪个中断更紧迫，以便首先响应。为此，计算机给每个中断源规定了优先级别，称为优先权。这样，当多个中断源同时发出中断请求时，优先权高的中断能先被响应，只有优先权高的中断处理结束后才能响应优先权低的中断。计算机按中断源优先权高低逐次响应的过程称优先权排队，这个过程可通过硬件电路来实现，亦可通过软件查询来实现。

(3) 实现中断嵌套

当 CPU 响应某一中断时，若有优先权高的中断源发出中断请求，则 CPU 能中断正在进行的中断服务程序，并保留这个程序的断点(类似于子程序嵌套)，响应高级中断，高级中断处理结束以后，再继续进行被中断的中断服务程序，这个过程称为中断嵌套，如图 4-9 所示。

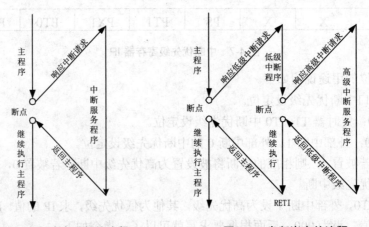

图 4-8　中断响应过程的流程　　　　图 4-9　中断嵌套的流程

如果发出新的中断请求的中断源的优先权级别与正在处理的中断源同级或更低，CPU

不会响应这个中断请求，直至正在处理的中断服务程序执行完以后，才能去处理新的中断请求。

2. 中断处理过程

中断处理过程可分为中断响应、中断处理和中断返回三个阶段。不同的计算机因其中断系统的硬件结构不同，因此，中断响应的方式也有所不同。这里，仅以 8051 单片机为例进行叙述。

(1) 中断响应

中断响应是 CPU 对中断源中断请求的响应，包括保护断点和将程序转向中断服务程序的入口地址(通常称矢量地址)。CPU 并非任何时刻都响应中断请求，而是在中断响应条件满足后才会响应。CPU 响应中断的条件包括：

有中断源发出中断请求。

中断总允许位 EA=1。

申请中断的中断源允许位置 1。

若满足以上基本条件，CPU 一般就会响应中断，但若有下列任何一种情况存在，则中断响应会受到阻断：

CPU 正在响应同级或高优先级的中断。

当前指令未执行完。

正在执行 RETI 中断返回指令或访问专用寄存器 IE 和 IP 的指令。

若存在上述任何一种情况，中断查询结果即被取消，CPU 不响应中断请求而在下一机器周期继续查询，否则，CPU 在下一机器周期响应中断。

CPU 在每个机器周期的 S5P2 期间查询每个中断源，并设置相应的标志位，在下一机器周期 S6 期间按优先级顺序查询每个中断标志，如查询到某个中断标志为 1，将在下一个机器周期 S1 期间按优先级进行中断处理。

(2) 中断响应过程

中断响应过程包括保护断点和将程序转向中断服务程序的入口地址。首先，中断系统通过硬件自动生成长调用指令(LACLL)，该指令将自动把断点地址压入堆栈保护(不保护累加器 A、状态寄存器 PSW 和其他寄存器的内容)，然后，将对应的中断入口地址装入程序计数器 PC(由硬件自动执行)，使程序转向该中断入口地址，执行中断服务程序。MCS-51 系列单片机各中断源的入口地址由硬件事先设定，前面已经提过，分配如下：

中断源	入口地址
外部中断 0	0003H
定时器 T0 中断	000BH
外部中断 1	0013H
定时器 T1 中断	001BH
串行口中断	0023H

使用时，通常在这些中断入口地址处存放一条无条件转移指令，使程序跳转到用户安排的中断服务程序的起始地址上去。比如要采用定时器 T1 中断，其中断入口地址为 001BH，中断服务程序名为 CONT，因此，指令形式为：

```
ORG     001BH            ; T1 中断入口
AJMP    CONT             ; 转向中断服务程序
```

（3）中断处理

中断处理就是执行中断服务程序。中断服务程序从中断入口地址开始执行，到返回指令 RETI 为止，一般包括两部分内容，一是保护现场，二是完成中断源请求的服务。

通常，主程序和中断服务程序都会用到累加器 A、状态寄存器 PSW 及其他一些寄存器，当 CPU 进入中断服务程序，用到上述寄存器时，会破坏原来存储在寄存器中的内容，一旦中断返回，将会导致主程序的混乱，因此，在进入中断服务程序后，一般要先保护现场，然后，执行中断处理程序，在中断返回之前再恢复现场。编写中断服务程序时还需注意以下几点。

① 各中断源的中断入口地址之间只相隔 8 个字节，容纳不下普通的中断服务程序，因此，在中断入口地址单元通常存放一条无条件转移指令，可将中断服务程序转至存储器的其他任何空间。

② 若要在执行当前中断程序时禁止其他更高优先级中断，需先用软件关闭 CPU 中断，或用软件禁止相应高优先级的中断，在中断返回前再开放中断。

③ 在保护和恢复现场时，为了不使现场数据遭到破坏或造成混乱，一般规定此时 CPU 不再响应新的中断请求。因此，在编写中断服务程序时，要注意在保护现场前关中断，在保护现场后若允许高优先级中断，则应开中断。同样，在恢复现场前也应先关中断，恢复之后再开中断。

（4）中断返回

中断返回是指中断服务完后，计算机返回原来断开的位置(即断点)，继续执行原来的程序。中断返回由中断返回指令 RETI 来实现。该指令的功能是把断点地址从堆栈中弹出，送回到程序计数器 PC，此外，还通知中断系统已完成中断处理，并同时清除优先级状态触发器。特别要注意不能用 RET 指令代替 RETI 指令。

中断处理过程如图 4-10 所示。

高职高专计算机实用规划教材——案例驱动与项目实践

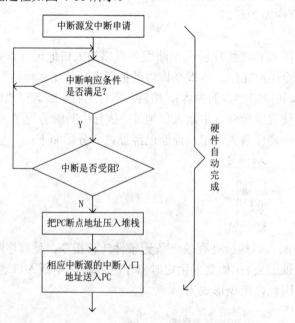

图 4-10　中断处理的流程

(5) 中断请求的撤除

CPU 响应中断请求后即进入中断服务程序，在中断返回前，应撤除该中断请求，否则，会重复引起中断而导致错误。

MCS-51 各中断源中断请求撤消的方法各不相同，分别说明如下。

① 定时器中断请求的撤除

对于定时器 0 或 1 溢出中断，CPU 在响应中断后即由硬件自动清除其中断标志位 TF0 或 TF1，无需采取其他措施。

② 串行口中断请求的撤除

对于串行口中断，CPU 在响应中断后，硬件不能自动清除中断请求标志位 TI、RI，必须在中断服务程序中用软件将其清除。

③ 外部中断请求的撤除

外部中断可分为边沿触发型和电平触发型。

对于边沿触发的外部中断 0 或 1，CPU 在响应中断后，由硬件自动清除其中断标志位 IE0 或 IE1，无需采取其他措施。

对于电平触发的外部中断，其中断请求撤除方法较复杂。因为对于电平触发外中断，CPU 在响应中断后，硬件不会自动清除其中断请求标志位 IE0 或 IE1，同时，也不能用软件将其清除，所以，在 CPU 响应中断后，应立即撤除 $\overline{INT0}$ 或 $\overline{INT1}$ 引脚上的低电平。否则，就会引起重复中断而导致错误。而 CPU 又不能控制 $\overline{INT0}$ 或 $\overline{INT1}$ 引脚的信号，因此，只有通过硬件再配合相应软件才能解决这个问题。如图 4-11 所示是可行方案之一。

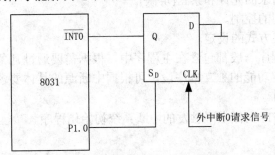

图 4-11　撤除外部中断请求的电路

由图 4-11 可知，外部中断请求信号不直接加在 $\overline{INT0}$ 或 $\overline{INT1}$ 引脚上，而是加在 D 触发器的 CLK 端。由于 D 端接地，当外部中断请求的正脉冲信号出现在 CLK 端时，Q 端输出为 0，$\overline{INT1}$ 或 INT1 为低，外部中断向单片机发出中断请求。利用 P1 口的 P1.0 作为应答线，当 CPU 响应中断后，可在中断服务程序中采用两条指令：

```
ANL   P1, #0FEH
ORL   P1, #01H
```

来撤除外部中断请求。第一条指令使 P1.0 为 0，因 P1.0 与 D 触发器的异步置 1 端 SD 相连，Q 端输出为 1，从而撤除中断请求。第二条指令使 P1.0 变为 1，$\overline{Q}$=1，Q 继续受 CLK 控制，即新的外部中断请求信号又能向单片机申请中断。第二条指令是必不可少的，否则，将无法再次形成新的外部中断。

(6) 中断响应时间

中断响应时间是指从中断请求标志位置位到 CPU 开始执行中断服务程序的第一条指令

所持续的时间。CPU 并非每时每刻对中断请求都予以响应，另外，对于不同的中断请求，其响应时间也是不同的。因此，中断响应时间形成的过程较为复杂。以外部中断为例，CPU 在每个机器周期的 S5P2 期间采样其输入引脚 $\overline{\text{INT0}}$ 或 $\overline{\text{INT1}}$ 端的电平，如果中断请求有效，则置位中断请求标志位 IE0 或 IE1，然后在下一个机器周期再对这些值进行查询，这就意味着中断请求信号的低电平至少应维持一个机器周期。这时，如果满足中断响应条件，则 CPU 响应中断请求，在下一个机器周期执行一条硬件长调用指令 LACLL，使程序转入中断矢量入口。该调用指令执行时间是两个机器周期，因此，外部中断响应时间至少需要 3 个机器周期，这是最短的中断响应时间。

如果中断请求不能满足前面所述的三个条件而被阻断，则中断响应时间将延长。例如一个同级或更高级的中断正在进行，则附加的等待时间取决于正在进行的中断服务程序的长度。如果正在执行的一条指令还没有进行到最后一个机器周期，则附加的等待时间为 1~3 个机器周期(因为一条指令的最长执行时间为 4 个机器周期)。如果正在执行的指令是 RETI 指令，则附加的等待时间在 5 个机器周期之内(最多用一个机器周期完成当前指令，再加上最多 4 个机器周期完成下一条指令)。若系统中只有一个中断源，则中断响应时间为 3~8 个机器周期。

3. 中断应用举例

中断控制实质上是对 4 个与中断有关的特殊功能寄存器 TCON、SCON、IE 和 IP 进行管理和控制，具体实施如下：

CPU 的开、关中断。

具体中断源中断请求的允许和禁止(屏蔽)。

各中断源优先级别的控制。

外部中断请求触发方式的设定。

中断管理和控制程序一般都包含在主程序中，根据需要通过几条指令来完成。中断服务程序是一种具有特定功能的独立程序段，可根据中断源的具体要求进行服务。下面通过实例来说明其具体应用。

【例 4-1】写出 $\overline{\text{INT1}}$ 为低电平触发的中断系统初始化程序。

解：

(1) 采用位操作指令：

```
SETB    EA
SETB    EX1    ; 开 INT1 中断
SETB    PX1    ; 令 INT1 为高优先级
CLR     IT1    ; 令 INT1 为电平触发
```

(2) 采用字节型指令：

```
MOV    IE, #84H     ; 开 INT1 中断
MOV    IP, #04H     ; 令 INT1 为高优先级
ANL    TCON, #0FBH  ; 令 INT1 为电平触发
```

【例 4-2】利用外部中断 0(P3.2)，使 P1.0 口接的 LED 作为中断响应，按钮 SB 接在 P3.2 脚上，硬件连接如图 4-12 所示。

解： 程序清单如下。

```
ORG     0000H
AJMP    MAIN
```

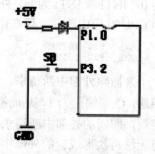

图 4-12　外部中断 0 简单应用

```
           ORG     0003H         ; 外部中断地址入口
           AJMP    INT_0         ; 转到真正的处理程序处
           ORG     0030H
MAIN:      MOV     SP, #5FH      ; 初始化堆栈
           MOV     P1, #0FFH     ; 灯全灭
           MOV     P3, #0FFH     ; P3 口置高电平
           SETB    IT0           ; 下降沿触发
           SETB    EA            ; 开总中断
           SETB    EX0           ; 开外部中断 0
           AJMP    $             ; 在本行等待
INT_0:     PUSH    ACC           ; 数据进栈
           PUSH    PSW
           CPL     P1.0          ; 取反
           POP     PSW           ; 数据出栈, 目的是保护现场
           POP     ACC
           RETI                  ; 中断返回
           END
```

程序说明: 本程序的功能很简单, 按一次按钮 SB(接在 P3.2 脚上)引发一次外部中断 0, 取反一次 P1.0。因此, 在理论上按一下灯亮, 再按一下灯灭。但在实际中, 有时会发现失灵, 这种现象产生的原因是本程序缺少了键盘的防抖动程序, 在以后学习键盘的相关知识时会有详细说明。对于中断而言, 下降沿触发与低电平触发是有区别的。通过这个实验会发现这样两个现象:

将 "SETB IT0" 改成 "CLR IT0", 改成低电平触发, 按住按钮后, LED 肯定是亮的, 而用下降沿触发, 按下按钮后 LED 可能是亮的, 也可能是灭的。

用低电平触发, 如果一直按着按钮不放, 会发现 LED 的亮度将下降。

这两个现象表明低电平触发是可以重复的, 即如果外部中断引脚上一直保持低电平, 那么它会多次产生中断, 直到接在 P3.2 引脚上的低电平消失为止; 而下降沿触发没有这个问题, 一次中断产生后, 即使 P3.2 引脚保持低电平, 也不会引起重复中断。实际使用中, 如果采用低电平触发方式, 外部电路要采用可以及时撤去引脚上低电平的设计方式。

【例 4-3】 P1 口作为输出口, 正常时控制 8 只灯(P1 口输出低电平时灯被点亮)每隔 0.5 秒全亮全灭一次; 按下开关 1, 则 8 只灯从右向左依次点亮, 按下开关 2, 则 8 只灯从左向右依次点亮。开关 1 的低电平脉冲信号作为外部中断信号由 $\overline{INT0}$ (P3.2)管脚输入, 开关 2 的低电平信号作为外部中断信号由 $\overline{INT1}$ (P3.3)管脚输入。

解: 中断允许寄存器 IE 中相应的 EA、EX1、EX0 位设置为 1。外部中断 0 为低优先级, IP 中的 PX0 位设置为 0; 外部中断 1 为高优先级, IP 中的 PX1 位设置为 1。外部中断 0 的中断触发方式设为边沿触发, 控制位 IT0 应设置为 1; 外部中断 1 的中断触发方式设为电平触发, 控制位 IT1 应设置为 0。程序清单如下:

```
           ORG  0000H           ; 程序入口
           LJMP MAIN            ; 转向主程序
           ORG  0003H           ; 外部中断 0 的入口地址
           LJMP INT_0           ; 转向外部中断 0 中断服务程序
           ORG  0013H           ; 外部中断 1 的入口地址
           LJMP INT_1           ; 转向外部中断 1 中断服务程序
           ORG  0030H
MAIN:      MOV  SP, #80H
           MOV  IE, #85H        ; 允许外部中断 0、外部中 1
           SETB PX1             ; 外部中断 1 为高优先级
           SETB TI0             ; 外部中断 0 为边沿触发
           MOV  A, #00H
LP1:       MOV  P1, A
           LCALL DELAY
           CPL  A
           SJMP LP1
           ORG  0100H
INT_1:     PUSH ACC             ; 外部中断 1 中断服务程序
           PUSH PSW
           SETB RS1             ; 选择第 2 组工作寄存器
```

```
            CLR   RS0
            MOV   R1, #07H
            MOV   A, #7FH      ; 灯点亮的初始状态
    NEXT1:  MOV   P1, A
            LCALL DELAY
            RR    A
            DJNZ  R1, NEXT1
            POP   PSW
            POP   ACC
            RETI
    INT_0:  PUSH  ACC          ; 外部中断 0 中断服务程序
            PUSH  PSW
            CLR   RS1          ; 选择第 0 组工作寄存器
            CLR   RS0
            MOV   R1, #07H
            MOV   A, #7FH      ; 灯点亮的初始状态
    NEXT0:  MOV   P1, A
            LCALL DELAY
            RL    A
            DJNZ  R1, NEXT0
            POP   PSW
            POP   ACC
            RETI
    DELAY:  MOV   R3, #250     ; 延时 0.5 秒程序
    DEL2:   MOV   R2, #248
            NOP
    DEL1:   DJNZ  R2, DEL1
            DJNZ  R3, DEL2
            RET
            END
```

【例 4-4】用 8051 单片机设计一交通信号灯模拟控制系统，晶振采用 12MHz。具体要求如下。

(1) 正常情况下 A、B 道(A、B 道交叉组成十字路口，A 是主道，B 是支道)轮流放行，A 道放行 1 分钟(其中 5 秒用于警告)，B 道放行 30 秒(其中 5 秒用于警告)。

(2) 一道有车而另一道无车(用按键开关 K1、K2 模拟)时，使有车车道放行。

(3) 有紧急车辆通过(用按键开关 K0 模拟)时，A、B 道均为红灯。

解：根据题意，整体设计思路如下。

(1) 正常情况下运行主程序，采用 0.5 秒延时子程序的反复调用来实现各种定时时间。

(2) 一道有车而另一道无车时，采用外部中断 1 方式进入与其相应的中断服务程序，并设置该中断为低优先级中断。

(3) 有紧急车辆通过时，采用外部中断 0 方式进入与其相应的中断服务程序，并设置该中断为高优先级中断，实现中断嵌套。

硬件设计过程如下。

用 12 只发光二极管模拟交通信号灯，以单片机的 P1 口控制这 12 只发光二极管，在 P1 口与发光二极管之间采用 74LS07 作为驱动电路，口线输出高电平则"信号灯"熄，口线输出低电平则"信号灯"亮。各口线控制功能及相应的控制码(P1 端口数据)如表 4-1 所示。

表 4-1　控制码表

P1.7 (空)	P1.6 (空)	P1.5 B线 绿灯	P1.4 B线 黄灯	P1.3 B线 红灯	P1.2 A线 绿灯	P1.1 A线 黄灯	P1.0 A线 红灯	控制码 (P1端口 数据)	状态说明
1	1	1	1	0	0	1	1	F3H	A线放行，B线禁止
1	1	1	1	0	1	0	1	F5H	A线警告，B线禁止
1	1	0	1	1	1	1	0	DEH	A线禁止，B线放行
1	1	1	0	1	1	1	0	EEH	A线禁止，B线警告

分别以按键 K1、K2 模拟 A、B 道的车辆检测信号，当 K1、K2 为高电平(不按键)时，表示有车；K1、K2 为低电平(按下按键)时，表示无车。K1、K2 相同时属正常情况，K1、K2 不相同时属一道有车另一道无车的情况，因此产生外部中断 1 中断的条件应是：$\overline{INT1} = \overline{K1 \oplus K2}$(如无 74LS266，可用 74LS86 与 74LS04 组合)来实现。

另外，还需将 K1、K2 信号接入单片机，以便单片机查询有车车道，可将其分别接至单片机的 P3.0 和 P3.1。

以按键 K0 模拟紧急车辆通过开关，当 K0 为高电平时属正常情况，当 K0 为低电平时，属紧急车辆通过的情况，直接将 K0 信号接 $\overline{INT1}$ 脚即可实现外部中断 0 中断。

硬件设计如图 4-13 所示。

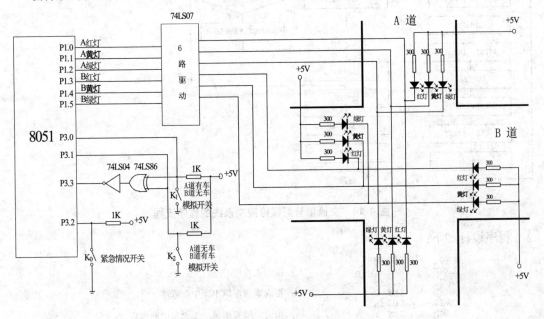

图 4-13　交通灯模拟控制系统电路

主程序采用查询方式定时，由 R2 寄存器确定调用 0.5 秒延时子程序的次数，从而获取交通灯的各种时间。

子程序采用定时器 0 方式 1 查询式定时，定时器定时 50ms，R3 寄存器确定 50ms 循环 10 次，从而获取 0.5 秒的延时时间。

一道有车另一道无车的中断服务程序首先要保护现场，因需用到延时子程序和 P1 口，故需保护的寄存器有 R3、P1、TH1 和 TL1，保护现场时还需关中断，以防止高优先级中断 (紧急车辆通过所产生的中断)出现导致程序混乱。

然后，开中断，由软件查询 P3.0 和 P3.1 口，判别哪一道有车，再根据查询情况执行相应的服务。待交通灯信号出现后，保持 5 秒的延时(延时不能太长，读者可自行调整)。然后关中断，恢复现场，再开中断，返回主程序。

紧急车辆出现时的中断服务程序也需保护现场，但无需关中断(因其为高优先级中断)，然后执行相应的服务，待交通灯信号出现后延时 20 秒，确保紧急车辆通过交叉路口。

然后，恢复现场，返回主程序。

交通信号灯模拟控制系统主程序及中断服务程序的流程如图 4-14 所示。

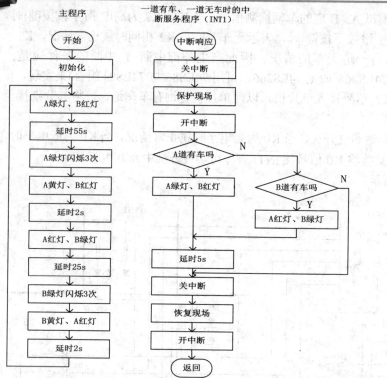

图 4-14　交通信号灯模拟控制系统的程序流程

程序设计如下：

```
        ORG     0000H
        AJMP    MAIN            ; 指向主程序
        ORG     0003H
        AJMP    INT_0           ; 指向紧急车辆出现中断程序
        ORG     0013H
        AJMP    INT_1           ; 指向一道有车另一道无车中断程序
        ORG     0100H
MAIN:   SETB    PX0             ; 置外部中断 0 为高优先级中断
        MOV     TCON, #00H      ; 置外部中断 0、1 为电平触发
        MOV     TMOD, #010H     ; 置定时器 1 为方式 1
        SETB    EA              ; 开 CPU 总中断
        SETB    EX0             ; 开外部中断 0
        SETB    EX1             ; 开外部中断 1
DISP:   MOV     P1, #0F3H       ; A 绿灯放行，B 红灯禁止
        MOV     R2, #6EH        ; 置 0.5 秒循环次数
DISP1:  ACALL   DELAY           ; 调用 0.5 秒延时子程序
        DJNZ    R2, DISP1       ; 55 秒不到继续循环
        MOV     R2, #06         ; 置 A 绿灯闪烁循环次数
WARN1:  CPL     P1.2            ; A 绿灯闪烁
        ACALL   DELAY
        DJNZ    R2, WARN1       ; 闪烁次数未到继续循环
        MOV     P1, #0F5H       ; A 黄灯警告，B 红灯禁止
        MOV     R2, #04H
YEL1:   ACALL   DELAY
        DJNZ    R2, YEL1        ; 2 秒未到继续循环
        MOV     P1, #0DEH       ; A 红灯，B 绿灯
        MOV     R2, #32H
DISP2:  ACALL   DELAY
        DJNZ    R2, DISP2       ; 25 秒未到继续循环
        MOV     R2, #06H
WARN2:  CPL     P1.5            ; B 绿灯闪烁
        ACALL   DELAY
        DJNZ    R2, WARN2
        MOV     P1, #0EEH       ; A 红灯，B 黄灯
        MOV     R2, #04H
```

```
YEL2:   ACALL   DELAY
        DJNZ    R2, YEL2
        AJMP    DISP            ; 循环执行主程序
INT_0:  PUSH    P1              ; P1 口数据压栈保护
        PUSH    03H             ; R3 寄存器压栈保护
        PUSH    TH1             ; TH1 压栈保护
        PUSH    TL1             ; TL1 压栈保护
        MOV     P1, #0F6H       ; A、B 道均为红灯
        MOV     R5, #28H        ; 置 0.5 秒循环初值
DELAY0: ACALL   DELAY
        DJNZ    R5, DELAY0      ; 20 秒未到继续循环
        POP     TL1             ; 弹栈恢复现场
        POP     TH1
        POP     03H
        POP     P1
        RETI                    ; 返回主程序
INT_1:  CLR     EA              ; 关中断
        PUSH    P1              ; 压栈保护现场
        PUSH    03H
        PUSH    TH1
        PUSH    TL1
        SETB    EA              ; 开中断
        JNB     P3.0, BP        ; A 道无车转向
        MOV     P1, #0F3H       ; A 绿灯, B 红灯
        SJMP    DELAY1          ; 转向 5 秒延时
BP:     JNB     P3.1, EXIT      ; B 道无车退出中断
        MOV     P1, #0DEH       ; A 红灯, B 绿灯
DELAY1: MOV     R6, #0AH        ; 置 0.5 秒循环初值
NEXT:   ACALL   DELAY
        DJNZ    R6, NEXT        ; 5 秒未到继续循环
EXIT:   CLR     EA
        POP     TL1             ; 弹栈恢复现场
        POP     TH1
        POP     03H
        POP     P1
        SETB    EA
        RETI
DELAY:  MOV     R3, #10
        MOV     TH0, #3CH
        MOV     TL0, #0B0H
        SETB    TR0
LP1:    JBC     TF0, LP2
        SJMP    LP1
LP2:    MOV     TH0, #3CH
        MOV     TL0, #0B0H
        DJNZ    R3, LP1
        RET
        END
```

4.2 定时/计数器

4.2.1 定时/计数器的工作原理

定时/计数器是单片机系统一个重要的部件, 其工作方式灵活、编程简单、使用方便,
可用来实现定时控制、延时、频率测量、脉宽测量、信号发生、信号检测等, 此外, 定时/
计数器还可作为串行通信中的波特率发生器。下面介绍一些基本概念, 以便读者更好地学
习单片机的定时/计数器。

1. 计数的概念

我们从选票的统计谈起——画 "正"。这就是计数。其实生活中, 计数的例子处处可见。
例如录音机上的计数器、家里面用的电度表、汽车上的里程表等。再举一个工业生产中的

例子，线缆行业在电线生产出来之后要"计米"，也就是测量长度，怎样测法呢？用尺量？不现实，怎么办呢？行业中有很巧妙的方法，用一个周长是 1 米的轮子，将电缆绕在上面一周，由线带轮转，这样轮转一周就是线长 1 米，所以只要记下轮转了多少圈，就可以知道走过的线有多长了。

2. 计数器的容量

还是从一个生活中的例子看：一个水盆在水龙头下，水龙头没关紧，水一滴滴地滴入盆中。水滴持续落下，盆的容量是有限的，过一段时间之后，水就会逐渐变满。还有，录音机上的计数器最多只计到 999。那么单片机中的计数器有多大的容量呢？MCS-51 单片机内部有两个计数器，分别称为 T0 和 T1，这两个计数器分别是由两个 8 位的 RAM 单元组成的，即每个计数器都是 16 位的计数器，最大的计数量是 65536。

3. 定时的概念

MCS-51 单片机中的计数器除了能作为计数使用之外，还能用作时钟。时钟的用途当然很大，如打铃器、电视机定时关机、空调定时开关等。那么计数器是如何作为定时器来使用的呢？一个闹钟，将它定时在 1 个小时后闹响，换言之，即是秒针走了 3600 次，所以时间就转化为秒针走的次数，也就是计数的次数了。可见，计数的次数和时间之间的确十分相关，那么它们的关系是什么呢？那就是秒针每一次走动的时间正好是 1 秒。只要计数脉冲的间隔相等，则计数值就代表了时间的流逝。单片机中的定时器和计数器是同一结构，只不过计数器是记录外界发生的事情，而定时器则是由单片机内部提供一个非常稳定的计数源，记录内部脉冲的个数。以定时器 1 为例，从图 4-15 可知，由单片机振荡信号经过 12 分频后获得一个脉冲信号，将该信号作为定时器的计数信号。单片机的振荡信号是一个由外接晶振构成的晶体振荡器产生的，一个 12MHz 的晶振提供给计数器的脉冲频率是 1MHz，每个脉冲的时间间隔是 1μs。所以，该路信号我们可以认为是单片机的内部脉冲信号，此时 T1 作为定时器用。还有一路是 T1 引脚，它是用来采样外部脉冲信号的，此时 T1 作为计数器用。

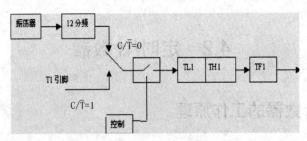

图 4-15　计数器的两个计数来源

4. 溢出的概念

让我们再来看水滴的例子。当水持续落下，盆中的水持续变满时，最终会有一滴水使得盆中的水满了。这个时候，如果再有一滴水落下，会发生什么现象？水会漫出来；用个术语来讲，就是"溢出"。单片机计数器的容量是 16 位，也就是最大的计数值为 65536，因此计数计到 65536 就会产生溢出。一旦产生溢出，单片机内部定时器控制寄存器 TCON 中的 TF0/TF1 变为 1。至于 TF0/TF1 是什么，我们稍后再介绍。一旦 TF0/TF1 由 0 变成 1，

就是产生了变化，产生了变化就会引发事件，就像定时的时间一到，闹钟就会响一样。

5. 任意定时及计数的方法

刚才已介绍过，计数器的容量是 16 位，也就是最大的计数值为 65536，因此计数计到 65536 就会产生溢出。当我们现实生活中有少于 65536 这个计数值的要求时(如包装线上，一打为 12 瓶，一瓶药片为 100 粒)，怎样来满足这个要求呢？

思考一下，如果一个空的盆要 1 万个水滴进去才会满，假如在开始滴水之前就先放入一勺水，还需要 10000 滴吗？当然不。这样就获得了小于最大计数值计数的解决方案。

所以我们采用预置数的方法：如果需要计数 100，那就先放进 65436，这样再来 100 个脉冲，就到了 65536。

定时也是如此。假如每个脉冲是 1μs，则计满 65536 个脉冲需时 65.536ms。但现在如果我们需要 10ms 定时，怎么办？10ms 为 10000μs，所以，只要在计数器里面预先置入 55536 就可以了。

6. 定时/计数器的结构

定时/计数器的结构如图 4-16 所示，从图可知：

8051 单片机内部有两个定时/计数器 T0 和 T1，其核心是计数器，基本功能是加 1。

对外部事件脉冲(下降沿)计数，是计数器，对内部脉冲计数，是定时器。

计数器由两个八位计数器组成。

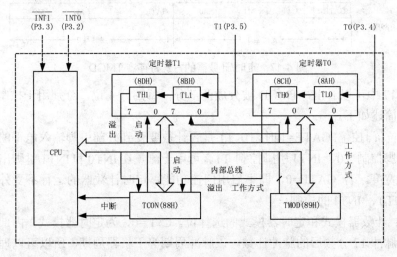

图 4-16　MCS-51 定时/计数器的基本结构

7. 定时/计数器的工作原理

当定时/计数器设置为定时工作方式时，计数器对内部机器周期计数，每过一个机器周期，计数器增 1，直至计满溢出。定时器的定时时间与系统的振荡频率紧密相关，因 MCS-51 单片机的一个机器周期由 12 个振荡脉冲组成，所以，计数频率 $f_c=1/12f_{osc}$。如果单片机系统采用 12MHz 晶振，则计数周期为 1μs，这是最短的定时周期，适当选择定时器的初值可获取各种定时时间。

当定时/计数器设置为计数工作方式时，计数器对来自输入引脚 T0(P3.4)和 T1(P3.5)的外部信号计数，外部脉冲的下降沿将触发计数。在每个机器周期的 S5P2 期间采样引脚输入电平，若前一个机器周期采样值为 1，后一个机器周期采样值为 0，则计数器加 1。新的计数值是在检测到输入引脚电平发生 1 到 0 的负跳变后，于下一个机器周期的 S3P1 期间装入计数器中的，可见，检测一个由 1 到 0 的负跳变需要两个机器周期，所以，最高检测频率为振荡频率的 1/24。计数器对外部输入信号的占空比没有特别的限制，但必须保证输入信号的高电平与低电平的持续时间在一个机器周期以上。

当设置了定时器的工作方式并启动定时器工作后，定时器就按被设定的工作方式独立工作，不再占用 CPU 的操作时间，只有在计数器计满溢出时才可能中断 CPU 当前的操作。

8. 定时/计数器的控制字

单片机中的定时/计数器都可以有多种用途，那么怎样才能让它们工作于我们所需要的用途呢？这就要通过定时/计数器的方式控制字来设置。在单片机中有两个特殊功能寄存器与定时/计数有关，它们是 TMOD 和 TCON。顺便说一下，TMOD 和 TCON 是名称，我们在写程序时可以直接用这个名称来指定它们，当然也可以直接用它们的地址 89H 和 88H 来指定它们(其实用名称也是直接用地址，只是汇编软件帮助翻译了一下而已)。

(1) 定时/计数器的方式寄存器 TMOD

TMOD 在特殊功能寄存器中，字节地址为 89H，格式如图 4-17 所示。

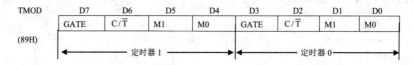

图 4-17　定时/计数器的方式寄存器 TMOD

从图 4-17 中可以看出，TMOD 被分成两部分，每部分 4 位，分别用于控制 T1 和 T0。其各位功能简述如下。

GATE 位：门控位。GATE=1 时，T0、T1 是否计数要受到外部引脚输入电平的控制，$\overline{INT0}$ 引脚控制 T0，$\overline{INT1}$ 引脚控制 T1。可用于测量在 $\overline{INT0}$ 和 $\overline{INT1}$ 引脚出现的正脉冲的宽度。若 GATE=0，即不启用门控功能，定时计数器的运行不受外部输入引脚 $\overline{INT0}$、$\overline{INT1}$ 的控制。

$C/\overline{T}$ 位：计数器模式和定时器模式的选择位。$C/\overline{T}$=0，为定时器模式，内部计数器对晶振脉冲 12 分频后的脉冲计数，该脉冲周期等于机器周期，所以可以理解为对机器周期进行计数。从计数值可以求得计数的时间，所以称为定时器模式。$C/\overline{T}$=1，为计数器模式，计数器对外部输入引脚 T0(P3.4)或 T1(P3.5)的外部脉冲(负跳变)计数，允许的最高计数频率为晶振频率的 1/24。

M1M0：四种工作方式的选择位。通过对 M1M0 的设置，可使定时器工作于 4 种工作方式之一，如表 4-2 所列。

(2) 控制寄存器 TCON

特殊功能寄存器 TCON 用于控制定时器的操作及对定时器中断的控制，字节地址为88H，格式如图 4-18 所示。

表 4-2　工作方式选择

M1M0	方　式	说　明
0 0	0	13 位定时器(TH 的 8 位和 TL 的低 5 位)
0 1	1	16 位定时/计数器
1 0	2	自动重装入初值的 8 位计数器
1 1	3	T0 分成两个独立的 8 位计数器， T1 在方式 3 时停止工作

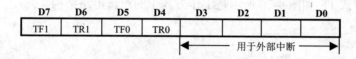

图 4-18　TCON 寄存器

对相关各位的用途说明如下。

TF1：T1 溢出中断请求标志，T1 计数溢出后，TF1=1。

TR1：T1 的运行控制位。软件使 TR1=1，T1 启动定时或计数；软件使 TR1=0，T1 停止定时或计数(GATE=0)。GATE=1 要同时满足软件使 TR1=1，外部中断 INT1 的引脚为高电平，T1 才能启动。

TF0：T0 溢出中断请求标志。T0 计数溢出后，TF0=1。

TR0：T0 的运行控制位。其功能同 TR1。

TCON 中的低 4 位用于外部中断工作方式，这方面内容在前面学习中断时已经做过详细讨论，这里不再重复。需要注意的是，当整机复位后，TMOD 和 TCON 寄存器在复位时其每一位均清零。

9. 定时/计数器的 4 种工作方式

由前面可知，TMOD 中的 M1M0 有 4 种组合，从而构成了定时/计数器的 4 种工作方式，这 4 种工作方式除了方式 3 以外，其他 3 种工作方式的基本原理都是一样的。下面分别介绍这 4 种工作方式的特点及工作情况。

(1) 工作方式 0，如图 4-19 所示是工作方式 0 的逻辑电路结构。

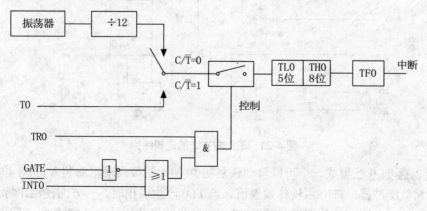

图 4-19　工作方式 0 的逻辑结构

当 M1M0 设置为 00 时，定时器选定为方式 0 工作。在这种方式下，16 位寄存器只用了 13 位，TL0 的高三位未用。由 TH0 的 8 位和 TL0 的低 5 位组成一个 13 位计数器。当 GATE=0 时，只要 TCON 中的 TR0 为 1，TL0 及 TH0 组的引脚为 1 才能使计数器工作。由此可知，当 GATE=1 和 TR0=1 时，TH0+TL0 是否计数取决于 $\overline{INT0}$ 引脚的信号，当 $\overline{INT0}$ 由 0 变 1 时，开始计数；当 $\overline{INT0}$ 由 1 变 0 时，停止计数，这样就可以用来测量在 $\overline{INT0}$ 端出现的脉冲宽度。当 13 位计数器从 0 或设定的初值，加 1 到全 "1" 以后，再加 1 就产生溢出，这时，置 TCON 的 TF0 位为 1，系统把计数器变为全 "0"。若要继续进行定时或计数，则要用指令对 TL1/TL0 和 TH1/TH0 重置数，否则，下一次计数从 0 开始。

(2) 工作方式 1，如图 4-20 所示是工作方式 1 的逻辑电路结构。

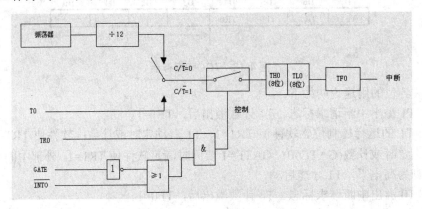

图 4-20　工作方式 1 的逻辑结构

方式 1 与方式 0 的工作相同，唯一的差别是两者的计数位数不同，工作方式 0 的最大计数值为 $M=2^{13}=8192$，工作方式 1 TH0 和 TL0 组成一个 16 位计数器，最大计数值为 $M=2^{16}=65536$。

(3) 工作方式 2，如图 4-21 所示是工作方式 2 的逻辑电路结构。

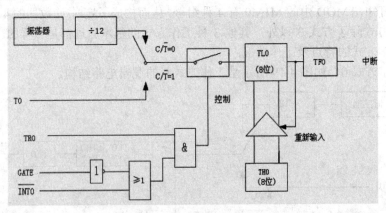

图 4-21　工作方式 2 的逻辑结构

方式 2 把 TL0 配置成一个可以自动恢复初值(初始常数自动重新装入)的 8 位计数器，TH0 作为常数缓冲器，TH0 由软件预置值。当 TL0 产生溢出时，一方面使溢出标志 TF0 置 1，同时把 TH0 中的 8 位数据重新装入 TL0 中。此动作是硬件自动完成的，不需要软件，

这不同于方式 0 和方式 1。采用工作方式 0 或方式 1 都要在溢出后做一个重置预置数的工作，做工作当然就需要时间，一般来说，这点时间不算什么。可是有一些场合我们还是要计较的。而工作方式 2 是自动再装入预置数的工作方式，所需时间极短，精度显然比其他两种工作方式高得多，但它的缺点是定时/计数范围小，只有 8 位。通常这种工作方式用于波特率发生器(我们将在串行通信中讲解)，用于这种用途时，定时器就是为了提供一个时间基准，计数溢出后不需要做事情，要做的只是重新装入预置数，再开始计数，而且中间没有任何延迟，可见这个任务用工作方式 2 来完成是最好不过了。

(4)　工作方式 3，如图 4-22 所示是工作方式 3 的逻辑电路结构。

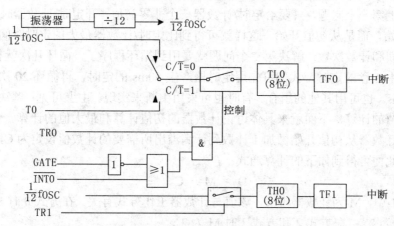

图 4-22　工作方式 3 的逻辑结构

这种工作方式之下，T0 被拆成两个独立的定时/计数器来用。其中，TL0 可以构成 8 位的定时器或计数器的工作方式，并使用 T0 的控制位、TF0 的中断源。而 TH0 则只能作为定时器来用，使用 T1 中的 TR1、TF1 的中断源。需要注意的是，方式 3 是 T0 被拆成两个独立的 8 位定时/计数器来用，而不是 T1，如果把 T1 置于方式 3，T1 将处于关闭状态。

一般情况下，T0 以工作方式 3 状态运行，仅在 T1 工作于方式 2 而且不要求中断的前提下才可以使用，此时 T1 可被用作串行口波特率发生器。因此，方式 3 特别适合于单片机需要 1 个独立的定时/记数器、1 个定时器及 1 个串行口波特率发生器的情况。

10.　定时/计数器的初始化

(1)　定时/计数器的初始化步骤

由于定时/计数器的功能是由软件编程确定的，所以一般在使用定时/计数器前，都要对其进行初始化，使其按设定的功能工作。初始化的步骤一般如下。

①　确定工作方式(即对 TMOD 赋值)。

②　预置定时或计数的初值(可直接将初值写入 TH0、TL0 或 TH1、TL1)。

③　根据需要，开放定时/计数器的中断(直接对 IE 位赋值)和给中断优先级寄存器 IP 选送中断优先级字，以开放相应中断和设定中断优先级。

④　启动定时/计数器(若已规定用软件启动，则可把 TR0 或 TR1 置 1；若已规定由外中断引脚电平启动，则需给外引脚加启动电平。当实现了启动要求后，定时器即按规定的工作方式和初值开始计数或定时)。

（2）定时/计数器的定时/计数范围和预置数的计算方法

① 计数器初值的计算

定时/计数器可用软件随时随地起动和关闭，起动时它就自动加 1 计数，一直计到满，即全为 1，若继续，计数值从全 1 变为全 0，同时将计数溢出位 TF0 或 TF1 置 1 并向 CPU 发出定时器溢出中断申请。对于各种不同的工作方式，最大的定时时间和计数数不同。这里在使用中就会出现两个问题：一是要产生比定时器最大的定时时间还要小的时间和计数器最大计数次数还要小的计数次数怎么办？二是要产生比定时器最大的定时时间还要大的时间和计数器最大计数次数还要大的计数次数怎么办？

解决以上第一个问题，只要给定时/计数器一个非零初值，开定时/计数器时，定时/计数器不从 0 开始，而是从初值开始，这样就可得到比定时/计数器最大的定时时间和计数次数还要小的时间和计数次数；解决第二个问题就要用到循环程序了，循环几次就相当于乘几。例如，要产生 1 秒的定时，我们可先用定时器产生 50ms 的定时，再循环 20 次就行了，因为 1s=1000ms。也可用其他的组合。有时也可采用中断来实现。由上可见，解决问题的基本出路在于初值的计算，下面就来具体讨论计数器的初值计算和最大值的计算。

我们把计数器从初值开始做加 1 计数到计满溢出所需的计数值设定为 C，计数初值设定为 D，由此便可得到如下的计算通式：

$$D = M - C \tag{4-1}$$

在式 4-1 中，M 为计数器模值，该值与计数器工作方式有关。在方式 0 时 M 为 2^{13}；在方式 1 时 M 为 2^{16}；在方式 2 和方式 3 时 M 为 2^8。

② 定时器初值的计算

在定时器模式下，计数器由单片机脉冲经 12 分频后计数。因此，定时器定时时间 T 的计算公式为：

$$T = (T_M - T_C)12/f_{OSC} \ (\mu s) \tag{4-2}$$

式 4-2 中，T 为计数器从初值开始做加 1 计数到计满溢出所需的时间，T_M 为模值，与定时器的工作方式有关；f_{OSC} 是单片机晶体振荡器的频率，T_C 为定时器的定时初值。在式 4-2 中，若设 T_C=0，则定时器定时时间为最大(初值为 0，计数从全 0 到全 1，溢出后又为全 0)。由于 T_M 的值与定时器工作方式有关，因此不同工作方式下，定时器的最大定时时间也不一样。

例如，若设单片机主脉冲晶体振荡器频率 f_{OSC} 为 12MHz，则最大定时时间为：

方式 0 时，$TM_{max}=2^{13}×1\mu s=8192\mu s$。

方式 1 时，$TM_{max}=2^{16}×1\mu s=65536\mu s$。

方式 2 和 3 时，$TM_{max}=2^8×1\mu s=256\mu s$。

【例 4-5】设 T0 方式 0 工作，定时时间为 1ms，时钟振荡频率为 6MHz。计算预置数。

解：将数据代入公式 4-2，即 $(2^{13}-T_C)12/6\mu s$ =1ms=1000μs。

$$T_C=2^{13}-500=7692=1E0CH=1111000001100B$$

因为 TL1 的高 3 位没用，对计算出的 TC 要进行修正，即在低 5 位前插入 3 个 0，修正后的定时初值 X=1111000000001100B=F00CH。可用下列指令来实现：

```
MOV   TL0, #0CH    ; 5 位送 TL0 寄存器
MOV   TH0, #0F0H   ; 8 位送 TH0 寄存器
```

【例 4-6】若单片机时钟频率 f_{OSC} 为 12MHz，计算定时 2ms 所需的定时器初值。

解： 由于定时器工作在方式 2 和方式 3 下时的最大定时时间只有 0.256ms，要定时 2ms，则要用到循环，因此用方式 0 或方式 1 较方便。

若采用方式 0，则根据式 4-2 可得定时器初值为：

$$T_C=2^{13}-2ms/1\mu s=6129$$

用计算机附件中的计算器可将 6129 转换为十六进制数为 1830H。

> **注意：** 这不是定时器工作在方式 0 时的初值，因定时器工作在方式 0 时是 13 位，高字节 8 位，低字节 5 位，所以还要进行适当的变换，修正后为 C110H。

即：TH0 应装 C1H；TL0 应装 10H(高 3 位为 0)。

若采取方式 1，则有：

$$T_C=2^{16}-2ms/1\mu s=63536=F830H$$

即：TH0 应装 F8H；TL0 应装 30H。

【例 4-7】设 T1 作为定时器，以方式 1 工作，定时时间为 10ms；T0 作为计数器，以方式 2 工作，外界发生一次事件即溢出，写出初始化程序。

解： T1 的时间常数为：

$$(2^{16}-T_C)\times 2\mu s=10ms$$

$$T_C=EC78H$$

初始化程序如下：

```
MOV      TMOD, #16H        ; T1 定时方式 1，T0 计数方式 2，即置 TMOD 寄存
                          ; 器的内容为 00010110B
MOV      TL0, #0FFH        ; T0 时间常数送 TL0
MOV      TH0, #0FFH        ; T0 时间常数送 TH0
MOV      TL1, #78H         ; T1 时间常数(低 8 位)送 TL1
MOV      TH1, #0ECH        ; T1 时间常数(高 8 位)送 TH1
SETB     TR0               ; 置 TR0 为 1 允许 T0 启动计数
SETB     TR1               ; 置 TR1 为 1 允许 T1 启动计数
```

【例 4-8】设定时器 T0 以方式 1 工作，试编写一个延时 1 秒的子程序。

解： 若主频频率为 6MHz，可求得 T0 的最大定时时间为：

$$TM_{max}=2^{16}\times 2\mu s=131.072ms$$

我们就用定时器获得 100ms 的定时时间，再加 10 次循环，得到 1 秒的延时。可算得 100ms 定时的预置数。

$$(2^{16}-T_C)\times 2\mu s=100000\mu s=100ms$$

$$T_C=2^{16}-50000=15536$$

$$T_C=3CB0H$$

程序如下：

```
         ORG      0200H
         MOV      TMOD, #01H       ; T0 工作方式 1
         MOV      R7, #10          ; 循环次数
TIME:    MOV      TL0, #0B0H       ; 放预置数
         MOV      TH0, #3CH
         SETB     TR0              ; 启动定时器 0
LOOP1:   JBC      TF0, LOOP2       ; 查询 TF0 标志看是否计满
         JMP      LOOP1
LOOP2:   DJNZ     R7, TIME         ; 进行 10 个 100ms 及 1s 的计时
         SJMP     $
         END
```

4.2.2　定时/计数器的应用

1. 定时器的应用

【例 4-9】P1.0 接 LED，低电平点亮，单片机所接晶振为 12MHz，用定时器的查询方式和中断方式分别实现灯的闪烁。要求亮暗间隔 60ms。

解：

(1) 用定时器的查询方式

假设应用的是定时器 1，工作方式 1，利用预置数的计算方法：X=65536-60ms/1μs =5536=15A0H，利用 TMOD 设置方法可知 TMOD=00010000B。

程序清单如下：

```
            ORG     0000H
            AJMP    MAIN
            ORG     0030H
MAIN:       MOV     P1, #0FFH           ; 关所有的灯
            MOV     TMOD, #00010000B    ; 定时/计数器 1 工作于方式 1
            MOV     TH1, #15H
            MOV     TL1, #0A0H          ; 预置数 5536
            SETB    TR1                 ; 定时/计数器 1 开始运行
LOOP:       JBC     TF1, NEXT           ; 若 TF1 为 1，清 TF1 并转 NEXT 处
            AJMP    LOOP                ; 否则跳转到 LOOP 处运行
NEXT:       CPL     P1.0
            MOV     TH1, #15H
            MOV     TL1, #0A0H          ; 重置定时/计数器的初值
            AJMP    LOOP
            SJMP    $
            END
```

(2) 用定时器的中断的方式

程序清单如下：

```
            ORG     0000H
            AJMP    MAIN
            ORG     001BH               ; 定时器 1 的中断向量地址
            AJMP    TIME1               ; 跳转到真正的定时器程序处
            ORG     0030H
MAIN:       MOV     P1, #0FFH           ; 关所有的灯
            MOV     TMOD, #00010000B    ; 定时/计数器 1 工作于方式 1
            MOV     TH1, #15H
            MOV     TL1, #0A0H          ; 预置数 5536
            SETB    EA                  ; 开总中断允许
            SETB    ET1                 ; 开定时/计数器 1 允许
            SETB    TR1                 ; 定时/计数器 1 开始运行
LOOP:       AJMP    LOOP                ; 真正工作时，这里可写任意程序
TIME1:                                  ; 定时器 1 的中断处理程序
            PUSH    ACC
            PUSH    PSW                 ; 将 PSW 和 ACC 推入堆栈保护
            CPL     P1.0
            MOV     TH1, #15H
            MOV     TL1, #0A0H          ; 重置定时常数
            POP     PSW
            POP     ACC
            RETI                        ; 中断返回
            END
```

程序分析： 在定时器中断方式的程序中，定时时间一到，TF1 由 0 变 1，就会引发中断，CPU 将自动转至 001BH 处寻找程序并执行，由于留给定时器中断的空间只有 8 个字节，显然不足以写下所有中断处理程序，所以在 001BH 处安排一条跳转指令，转到实际处理中断的程序处，这样中断程序可以写在任意地方，也可以写任意长度了。进入定时中断后，首

先要保存当前的一些状态，程序中只演示了保存 ACC 和 PSW，实际工作中应该根据需要将可能会改变的单元的值都推入堆栈进行保护(本程序中实际不需保护任何值，这里只做个演示)。

上面两个程序定时时间都为 60ms，LED 闪烁得很快，如果要降低它的闪烁速度，就要加长时间，如果我们想实现一个 1s 的定时，该怎么办呢？在该晶振频率下，最长的定时也就是 65.536ms 啊！来看下面的例子。

【例 4-10】P1.0 接 LED，低电平点亮，单片机所接晶振为 12MHz，用定时器的查询方式和中断方式分别实现灯的闪烁。要求亮暗间隔 1s。

解：这里还需要加一个"软件计数器"，具体程序如下。

```
         ORG  0000H
         AJMP MAIN
         ORG  001BH              ; 定时器 1 的中断向量地址
         AJMP TIME1              ; 跳转到真正的定时器程序处
         ORG  0030H
MAIN:
         MOV  P1, #0FFH          ; 关所有灯
         MOV  30H, #00H          ; 软件计数器预清 0
         MOV  TMOD, #00010000B   ; 定时/计数器 1 工作于方式 1
         MOV  TH1, #3CH
         MOV  TL1, #0B0H         ; 立即数 15536 (一次定时 50ms 的初值)
         SETB EA                 ; 开总中断允许
         SETB ET1                ; 开定时/计数器 1 允许
         SETB TR1                ; 定时/计数器 1 开始运行
LOOP:    AJMP LOOP               ; 真正工作时，这里可写任意程序
TIME1:                          ; 定时器 1 的中断处理程序
         PUSH ACC
         PUSH PSW                ; 将 PSW 和 ACC 推入堆栈保护
         INC  30H
         MOV  A, 30H
         CJNE A, #20, T_RET      ; 30H 单元中的值到 20 了吗?
T_L1:    CPL  P1.0               ; 到了，取反 P1.0
         MOV  30H, #0            ; 清软件计数器
T_RET:
         MOV  TH1, #3CH
         MOV  TL1, #0B0H         ; 重置定时常数
         POP  PSW
         POP  ACC
         RETI
         END
```

程序分析：这里采用了软件计数器的概念，思路是这样的——先用定时/计数器 1 做一个 50ms 的定时器，定时时间到了以后并不是立即取反 P1.0，而是将软件计数器中的值加 1，如果软件计数器计到了 20，就取反 P1.0，并清掉软件计数器中的值，否则直接返回，这样，就变成了 20 次定时中断才取反一次 P1.0，因此定时时间延长，成了 20*50ms，即 1s。

2. 计数器的应用

前面讨论了作为定时器的应用。现在来看一看作为计数器的应用。在工作中，计数通常会有两种要求，第一是将计数的值显示出来，第二是计数值到一定程度即中断报警。第一种如各种计数器、里程表，第二种如生产线上的计数打包等。

【例 4-11】计算外部脉冲的个数，并利用 P1 口所接的 8 个 LED 以二进制加 1 方式显示。

解：设外部脉冲接在单片机 P3.5(T1)上，采取 T1 方式 1 计数，设置 TMOD。根据题意 TMOD=01010000B，程序清单如下：

```
         ORG  0000H
         AJMP MAIN
```

```
            ORG   0030H
MAIN:       MOV   SP, #5FH
            MOV   A, #00H              ; 将 A 的内容清空
            MOV   TL1, A               ; 将 TL1 的内容清空
            MOV   TMOD, #01010000B
            SETB  TR1                  ; 启动计数器 1 开始运行
LOOP:       MOV   A, TL1
            CPL   A                    ; 取反 A 的内容
            MOV   P1, A                ; 送 P1 显示
            ACALL DEL1                 ; 延时 (延时程序略)
            AJMP  LOOP
            END
```

上面的例子是将计数的值显示出来，所用的是 P1 口所接的 8 个 LED 以二进制加 1 方式显示的，低电平显示，当然最好用数码管显示，这里只是为了避免程序复杂化。下面我们来看一个计数到一定值报警的例子。

【例 4-12】单片机 P1.0 接 LED，要求采样外部脉冲，每 6 个脉冲取反一次 P1.0。

解：设外部脉冲接在单片机 P3.4(T0)上，采取 T0 方式 1 计数，设置 TMOD。根据题意 TMOD=00000101B，程序清单如下：

```
            ORG   0000H
            AJMP  MAIN
            ORG   000BH
            AJMP  TIMER0               ; 定时器 0 的中断处理
            ORG   0080H
MAIN:       MOV   SP, #5FH
            MOV   TMOD, # 00000101B    ; 定时/计数器 0 做计数用，模式 1
            MOV   TH0, #0FFH
            MOV   TL0, #0FAH           ; 预置值，要求每计到 6 个脉冲即为一个事件
            SETB  EA
            SETB  ET0                  ; 开总中断和定时器 0 中断允许
            SETB  TR0                  ; 启动计数器 0 开始运行
            AJMP  $
TIMER0:
            PUSH  ACC
            PUSH  PSW
            CPL   P1.0                 ; 计数值到，即取反 P1.0
            MOV   TH0, #0FFH
            MOV   TL0, #0FAH           ; 重置计数初值
            POP   PSW
            POP   ACC
            RETI
            END
```

对于上面的例子，如果将 P1.0 口接入一只继电器，则在计数完成后就可以执行一些动作。这个程序可以扩展，把 T1 作为一个秒发生器，即每秒产生一次中断，而 T0 工作于计数模式。T1 中断后停止 T0 计数，然后读出 T0 的值，这是一个简单的频率计。读者可以试编一下程序。

4.3 实 践 训 练

4.3.1 中断部分

实现工业顺序控制。由 P1.0~1.6 控制注塑机的七道工序，现模拟控制 7 只发光二极管的点亮，低电平有效，设定每道工序时间转换为延时，P3.4 为开工启动开关，高电平启动。P3.3 为外部故障输入模拟开关，低电平报警，P1.7 为报警声音输出，设定 6 道工序只有 1

位输出，第 7 道工序 3 位有输出。

1. 任务目标

(1) 掌握中断的初始化步骤。

(2) 了解中断的处理过程。

(3) 了解中断服务子程序与普通子程序的异同。

2. 知识点分析

(1) 中断的入口地址。

(2) 中断源的产生、中断的控制、优先级的处理、中断的响应和返回。

3. 实施过程

(1) 硬件设计

P3.4 接 K1，P3.3 接 K2(外部中断 1)，P1.0~P1.6 分别接发光二极管 D1~D7，P1.7 接 LM386 正向输入端，通过 LM386 功率放大后 5 脚输入接扬声器，由它发出报警声音。硬件设计如图 4-23 所示。

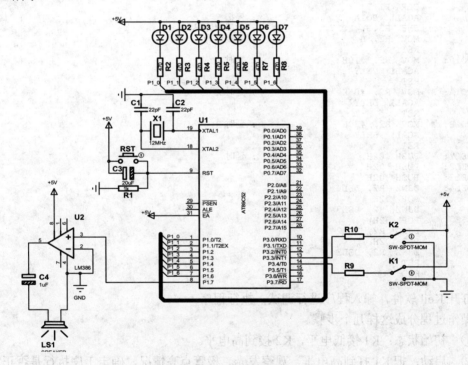

图 4-23　工业顺序控制

(2) 软件设计

根据要求，程序设计如下：

```
        ORG   0000H
        LJMP  PO10
        ORG   0013H              ; 外部中断 1 的入口地址
        LJMP  PO16
        ORG   0080H
PO10:   MOV   P1, #7FH
```

```
         ORL  P3, #00H
PO11:    JNB  P3.4, PO11          ; 开工吗?
         MOV  IE, #84H
         MOV  IP, #04H
         MOV  PSW, #00H           ; 初始化
         MOV  SP, #53H
PO12:    MOV  P1, #7EH            ; 第一道工序
         ACALL PO1B
         MOV  P1, #7DH            ; 第二道工序
         ACALL PO1B
         MOV  P1, #7BH            ; 第三道工序
         ACALL PO1B
         MOV  P1, #77H            ; 第四道工序
         ACALL PO1B
         MOV  P1, #6FH            ; 第五道工序
         ACALL PO1B
         MOV  P1, #5FH            ; 第六道工序
         ACALL PO1B
         MOV  P1, #0FH            ; 第七道工序
         ACALL PO1B
         SJMP PO12
PO16:    MOV  B, R2               ; 保护现场
PO17:    MOV  P1, #7FH            ; 关输出
         MOV  20H, #0A0H          ; 振荡次数
PO18:    SETB P1.7               ; 振荡
         ACALL PO1A               ; 延时
         CLR  P1.7                ; 停振
         ACALL PO1A               ; 延时
         DJNZ 20H, PO18          ; 不为0转
         CLR  P1.7                ; 停振
         ACALL PO1A               ; 停振
         JNB  P3.3, PO17          ; 故障消除吗?
         MOV  R2, B               ; 恢复现场
         RETI
PO19:    MOV  R2, #10H            ; 延时1
         ACALL DELY
         RET
PO1A:    MOV  R2, #06H            ; 延时2
         ACALL DELY
         RET
PO1B:    MOV  R2, #30H            ; 延时3
         ACALL DELY
         RET
DELY:    PUSH 02H                 ; 延时
DEL2:    PUSH 02H
DEL3:    PUSH 02H
DEL4:    DJNZ R2, DEL4
         POP  02H
         DJNZ R2, DEL3
         POP  02H
         DJNZ R2, DEL2
         POP  02H
         DJNZ R2, DELY
         RET
         END
```

打开 Keil 软件，输入程序进行调试，执行程序。

操作过程分成这样几个步骤。

① 初始状态：K1 接低电平，K2 接到高电平。

② 启动：把 K1 打到高电平，观察发光二极管点亮情况，确定工序执行是否正常。

③ 故障报警：把 K2 置为低电平，这时单片机执行中断程序，观察是否有声音报警，工序执行是否停止。

④ 故障解除：再把 K2 置为高电平，则恢复中断，报警声停，又从刚才报警时停的那道程序执行下去，再观察发光二极管点亮情况。

可用单步、单步跟踪、非全速断点、全速断点、连续执行功能调试软件，直到符合自己的程序设计要求为止。

思考一下：如果要求是中断 0，应如何修改硬件和程序？

4.3.2 定时/计数器

实现广告灯的左移右移。开始时，用左移方法使 P1.0 亮，延时 0.2 秒后左移至 P1.1 亮，如此左移 7 次后(共 8 次)至 P1.7 亮，再延时 0.2 秒，右移至 P1.6 亮，如此右移 7 次后至 P1.0 亮。要求延时时间分别使用定时器 0 的 4 种工作方式来实现，晶振频率为 $f_{osc}=12MHz$。

1. 任务目标

(1) 掌握定时器的初始化编程及初值的计算方法。

(2) 掌握定时器的 4 种工作方式。

(3) 了解用定时器做延时和软件延时的区别。

2. 知识点分析

(1) 定时器的初始化编程及初值的计算方法。

(2) 定时器的 4 种工作方式。

3. 实施过程

(1) 硬件设计：在最小化系统上进行扩展，让 P1 口接 8 只发光二极管即可，具体的电路如图 4-24 所示。

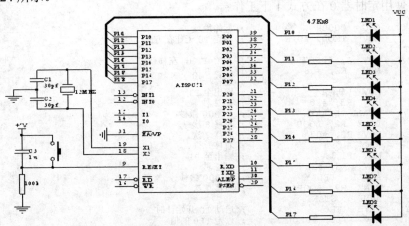

图 4-24 广告灯的左移右移硬件

这个电路在第 2 章的时候已经接触过，那时使用的是软件延时的方法，现在我们要求使用定时器实现延时。

(2) 软件设计：打开 Keil 软件，编写 4 个程序，分别利用定时器 4 种工作方式来实现延时，编译连接。参考程序如下。

① 使用定时器 0 在方式 0 下工作：

```
        ORG  0000H          ; 起始地址
        MOV  TMOD, #00H     ; 设定 T0 工作在 MODE0
START:  CLR  C              ; C=0
        MOV  A, #0FFH       ; ACC=FFH，左移初值
```

```
              MOV   R2, #08        ; R2=08, 设左移 8 次
LOOP:         RLC   A              ; 左移一位
              MOV   P1, A          ; 输出至 P1
              MOV   R3, #100        ; 0.2 秒
              ACALL  DELAY         ; 2000 微秒
              DJNZ  R2, LOOP       ; 左移 8 次
              MOV   R2, #07        ; R2=07, 设右移 7 次
LOOP1:        RRC   A              ; 右移一位
              MOV   P1, A          ; 输出至 P1
              MOV   R3, #100        ; 0.2 秒
              ACALL  DELAY         ; 2000 微秒的定时
              DJNZ  R2, LOOP1      ; 右移 7 次
              JMP   START
DELAY:        SETB  TR0            ; 启动 TIMER0 开始计时
AGAIN:        MOV   TL0, #10H      ; 设定 TL0 的值
              MOV   TH0, #0C1H     ; 设定 TH0 的值
LOOP2:        JBC   TF0, LOOP3     ; TF0 是否为 1, 是则跳至 LOOP3, 并清 TF0
              JMP   LOOP2          ; 不是则跳到 LOOP2
LOOP3:        DJNZ  R3, AGAIN      ; R3 是否为 0? 不是则跳到 AGAIN
              CLR   TR0            ; 是则停止 T0 计数
              RET
              END
```

程序分析：该程序主程序部分我们已经很熟悉，这里不再分析。其实要分析的是 DELAY 子程序，这里的 DELAY 子程序是利用定时器 0 方式 0 来实现的，采取的是查询方式。想一下，定时器 0 方式 0 最大的计数范围是多大？是 2^{13}，也就是 8192 次，如果晶振是 12MHz，最大定时也就是 8192μs，始终不能满足 0.2s 的定时时间，所以在这个程序中，它先定义了一个 2000μs 的定时器，然后乘以 100(R3 的初值)，不就是 0.2s 了吗？2000μs 的定时预置数的计算 X=8192-2000=6192=1830H=1100000110000B，修正后为 1100000100010000B，即 C110H，请读者仔细分析程序，看是不是这个道理。

② 使用定时器 0 在方式 1 下工作：

```
              ORG   0000H          ; 起始地址
              MOV   TMOD, #01H     ; 设定 T0 工作在方式 1
START:        CLR   C              ; C=0
              MOV   A, #0FFH       ; ACC=FFH, 左移初值
              MOV   R2, #08        ; 左移 8 次
LOOP:         RLC   A              ; 左移一位
              MOV   P1, A          ; 输出至 P1
              MOV   R3, #20        ; 0.2 秒
              ACALL  DELAY         ; 10000 微秒
              DJNZ  R2, LOOP       ; 左移 8 次
              MOV   R2, #07        ; 右移 7 次
LOOP1:        RRC   A              ; 右移一位
              MOV   P1, A          ; 输出至 P1
              MOV   R3, #20        ; 0.2 秒
              ACALL  DELAY         ; 10000 微秒
              DJNZ  R2, LOOP1      ; 右移 7 次
              AJMP  START
DELAY:        SETB  TR0            ; 启动 T0 开始计时
AGAIN:        MOV   TL0, #0F0H     ; 设定 TL0 的值
              MOV   TH0, #0D8H     ; 设定 TH0 的值
LOOP2:        JBC   TF0, LOOP3     ; TF0 是否为 1, 是跳至 LOOP3 并清 TF0
              AJMP  LOOP2          ; 不是则跳到 LOOP2
LOOP3:        DJNZ  R3, AGAIN      ; R3 是否为 0? 不是则跳到 AGAIN
              CLR   TR0            ; 是则停止 TIMR0 计数
              RET
              END
```

程序分析：不难看出，方式 1 和方式 0 比较最大容量从原来的 13 位变成 16 位，最大定时时间为 65536μs，这里定义了一个 10000μs 的定时器，预置数 X=65536-10000=55536=D8F0H，再乘以 20(R3 的初值)，就是 0.2s 了。从该例中看到方式 0 时计算定时初值比较麻烦，根据公式计算出数值后，还要修正数据，不如直接用方式 1，且方式 0 计数范围比方式 1 小，方式 0 完全可以用方式 1 代替，方式 0 与方式 1 相比，无任何优点。

③　使用定时器 0 在方式 2 下工作：

```
            ORG    0000H          ; 起始地址
            MOV    TMOD, #02H     ; 设定 T0 工作在方式 2
START:      CLR    C              ; C=0
            MOV    A, #0FFH       ; ACC=FFH，初值
            MOV    R2, #08        ; R2=8，设左移 8 次
LOOP:       RLC    A              ; 循环左移一位
            MOV    P1, A          ; 输出至 P1
            MOV    R4, #04        ; 200 毫秒延时
A1:         MOV    R3, #200       ; 50 毫秒延时
            ACALL  DELAY          ; 250 微妙延时
            DJNZ   R4, A1
            DJNZ   R2, LOOP       ; 左移 8 次
            MOV    R2, #7         ; R2=7，右移 7 次
LOOP1:      RRC    A              ; 循环右移一位
            MOV    P1, A          ; 输出至 P1
            MOV    R4, #04        ; 200 毫秒
A2:         MOV    R3, #200       ; 50 毫妙
            ACALL  DELAY          ; 250 微妙
            DJNZ   R4, A2
            DJNZ   R2, LOOP1      ; 右移 7 次
            LJMP   START
DELAY:      SETB   TR0            ; 启动 T0 开始计时
AGAIN:      MOV    TL0, #6        ; 设定 TL0 的值
            MOV    TH0, #6        ; 设定 TH0 的值
LOOP2:      JBC    TF0, LOOP3     ; TF0 是否为 1，是则跳至 LOOP3 并清 TF0
            JMP    LOOP2          ; 不是则跳到 LOOP2
LOOP3:      DJNZ   R3, AGAIN      ; R3 是否为 0？不是则跳到 AGAIN
            CLR    TR0            ; 是则停止 T0 计数
            RET
            END
```

程序分析：方式 2 最大的计数范围为 2^8，本程序设定了一个 250μs 的定时器，预置数 X=256-250=6，所以 TL0 初始状态下赋为 6，而同时 TH0 赋为 6，工作时，当 TL0 产生溢出时，一方面使溢出标志 TF0 置 1，同时把 TH0 中的 8 位数据重新装入 TL0 中。此动作是硬件自动完成的，不需要软件，这不同于方式 0 和方式 1，读者比较看一下就知道了。这样 250μs 的时间乘以 200(R3 的值)，得到 50000μs，再乘以 4(R4 的值)就是 0.2s。

④　使用定时器 0 在方式 3 下工作：

```
            ORG    0000H          ; 起始地址
            MOV    TMOD, #03H     ; 设定 T0 工作在方式 3
START:      CLR    C              ; C=0
            MOV    A, #0FFH       ; A=FFH，初值
            MOV    R2, #08        ; R2=8，设左移 8 次
LOOP:       RLC    A              ; 循环左移一位
            MOV    P1, A          ; 输出至 P1
            MOV    R4, #04        ; 200 毫秒
A1:         MOV    R3, #200       ; 50 毫秒
            ACALL  DELAY          ; 250 微秒
            DJNZ   R4, A1
            DJNZ   R2, LOOP       ; 左移 8 次
            MOV    R2, #07        ; R2=7，右移 7 次
LOOP1:      RRC    A              ; 右移一位
            MOV    P1, A          ; 输出至 P1
            MOV    R4, #04        ; 200 毫秒
A2:         MOV    R3, #200       ; 50 毫秒
            ACALL  DELAY          ; 250 微妙
            DJNZ   R4, A2
            DJNZ   R2, LOOP1      ; 右移 7 次
            JMP    START
DELAY:      SETB   TR0            ; 启动 T0 开始计时
AGAIN:      MOV    TL0, #6        ; 设定 TL0 的值
LOOP2:      JBC    TF0, LOOP3     ; TF0 是否为 1，是则跳至 LOOP3，并清 TF0
            JMP    LOOP2          ; 不是则跳到 LOOP2
LOOP3:      DJNZ   R3, AGAIN      ; R3 是否为 0？不是则跳到 AGAIN
            CLR    TR0            ; 是则停止 T0 计数
            RET
            END
```

这个程序希望读者自己分析一下，并比较与其他的方式有什么样的区别？是怎样实现

0.2s 定时的？

(3) 修改程序：以上的参考程序都是采取查询方式实现的，思考如何修改程序，使之以中断方式实现。

习题与思考题

(1) 什么叫中断？中断有什么特点？

(2) MCS-51 单片机有哪几个中断源？如何设定它们的优先级？

(3) 外部中断有哪两种触发方式？对触发脉冲或电平有什么要求？如何选择和设定？

(4) 叙述 CPU 响应中断的过程。

(5) 外部中断请求撤消时要注意哪些事项？

(6) MCS-51 单片机中断有哪两种触发方式？如何选择？对外部中断源的触发脉冲或电平有何要求？

(7) 在 MCS-51 单片机的应用系统中，如何有多个外部中断源，怎样进行处理？

(8) 若规定外部中断 1 为边沿触发方式，低优先级，在中断服务程序中将寄存器 B 的内容左循环移一位，B 的初值设为 01H。试编写主程序和中断服务程序。

(9) MCS-51 定时/计数器的定时功能和计数功能有何不同？分别用在什么场合下？

(10) 软件定时与定时器定时的区别在哪里？

(11) MCS-51 单片机的定时/计数器是增 1 计数器还是减 1 计数器？增 1 和减 1 计数器在计数和计算计数初值时有什么不同？

(12) 若定时/计数器工作在方式 1 下，晶振频率为 6MHz，计算最短定时时间和最长定时时间各是多少？

(13) 简述 MCS-51 单片机定时/计数器的 4 种工作方式的特点、如何选择和设定？

(14) 编程：利用定时器 T0(工作方式 1)产生一个 50Hz 的方波，由 P1.0 引脚输出，晶振频率为 12MHz。

(15) 在 8051 单片机中，已知晶振频率为 12MHz，试编程使 P1.0 和 P1.1 引脚分别输出周期为 2ms 和 500ms 的方波。

(16) 设晶振频率为 6MHz，用 T0 作为外部计数器，试编程实现每当 T0 计到 1000 个脉冲时 T1 开始 2ms 的定时，定时时间到后，T0 又开始计数，这样反复循环下去。

(17) 在 8051 单片机中，已知晶振频率为 12MHz，试编写程序用 T0 来产生矩形波形，要求频率为 10KHz，占空比为 1:2(高电平时间长)。

(18) 编写程序要求功能是测试 P3.3 上输入的正脉冲宽度，将测试的结果送内部 RAM 缓冲器中(提示：门控位为 1 时，仅当 P3.3 为高电平时，T1 才启动计数，利用这个方法，便可以测试 P3.3 输入脉冲的宽度，测试原理如图 4-25 所示)。

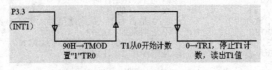

图4-25 正脉冲宽度测试原理

第 5 章　MCS-51 系统扩展及接口技术

教学提示：

本章重点和难点在于单片机存储器扩展方法、并行 I/O 口的扩展方法、可编程芯片 8255 及 8155 的应用、显示技术与键盘接口技术、A/D 转换和 D/A 转换的工作原理。将介绍串行通信的基础知识、MCS-51 单片机串行通信串行口的工作方式及基本原理。

教学目标：

理解单片机最小系统与外围扩展的必要性。

理解单片机系统扩展接口技术。

掌握单片机系统扩展显示技术与键盘接口技术。

MCS-51 单片机存储器扩展的实现。

MCS-51 单片机并行接口扩展的实现。

MCS-51 单片机 A/D 转换和 D/A 转换的实现。

掌握串行通信的基础知识。

掌握 MCS-51 单片机串行通信的基本原理。

5.1　单片机系统扩展概述

虽然 MCS-51 系列单片机芯片内部集成了计算机的基本功能部件，但由于片内 ROM、RAM 的容量及输入/输出端口等是有限的，在许多实用系统中，还需要在片外连接相应的外围芯片对功能进行扩展，以满足应用要求。

5.1.1　单片机应用系统扩展要求

MCS-51 系列单片机能提供很强的扩展功能，可以直接外接标准的存储器电路和 I/O 接口电路，以构成功能很强，规模较大的系统。

所谓系统扩展，一般说来有如下两项主要任务。

(1) 把系统所需的外设与单片机连起来，使单片机系统能与外界进行信息交换。如通过键盘、传感器、A/D 转换器、磁带机、开关等外部设备向单片机送入数据、命令等有关信息，去控制单片机运行，通过显示器、发光二极管、打印机、继电器、音响设备等把单片机处理的结果送出去，向人们提供信息或对外界设备提供控制信号，这项任务实际上就是单片机接口设计。

(2) 扩大单片机的容量。由于芯片结构、引脚等关系，单片机片内 ROM、RAM、I/O 口等功能部件的数量不可能很多，用户在使用中有时会感到不够。因此需要在片外进行扩展，以满足实际系统的需要。

5.1.2　单片机常用扩展芯片

在单片机应用系统中，单片机本身所提供的资源如 I/O 口，定时器/计数器、串行口等往往不能满足要求，因此需要在单片机上扩展其他外围接口芯片。

由于 MCS-51 系列单片机的外部 RAM 和 I/O 口是统一编址的，因此用户可以把单片机外部 64KB RAM 空间的一部分作为扩展 I/O 的地址空间。这样，单片机就可以像访问外部RAM 存储器那样访问外部接口芯片，对接口进行读写操作。

I/O 扩展接口种类很多，按其功能可分为简单 I/O 接口和可编程 I/O 接口。对于 I/O 简单扩展通过数据缓冲器、锁存器来实现，结构简单，价格便宜，但功能简单。Intel 公司常用的外围器件如表 5-1 所示，它们可以与 MCS-51 单片机直接接口，是可编程接口芯片，电路复杂，价格相对较高，但功能强，使用灵活。限于篇幅，本章重点讨论 8051 的系统扩展方法以及 ROM、RAM 的扩展及接口技术；并对最常用的 8255、8155 等做详细介绍。

表 5-1　MCS-51 单片机常用外围芯片

型　　号	名　　称
8255	可编程外围并行接口
8259	可编程中断控制器
8279	可编程键盘/显示器接口
8291、8292、8293	可编程 GB-1B 系统讲者、听者、控者
8155、8156	具有 I/O 口及定时器的 2048 位静态 RAM
8253	可编程通用定时器
8755	具有 I/O 口及定时的 2048 位静态 RAM
8251	可编程通信接口
8243	MCS-48 输入/输出扩展器

5.2　I/O 口扩展设计

当 CPU 与外部设备连接时，并行接口是经常使用的。对 51 系列来说，如果带有外部存储器，则只有 P1 口可以完全用作并行口对外部设备连接，I/O 接口的数目显然很不够。可以用来进行并行口扩展的芯片种类主要有：专用并行口电路，如 8255；综合扩展电路，如 8155；TTL 或 CMOS 电路，如 74LS373/377/244 等。

5.2.1　8255 可编程并行接口芯片

8255 是一种可编程序的并行 I/O 接口芯片。8255 有 24 条 I/O 引脚，分成 A、B 两大组(每组 12 条)，允许分别编程，工作方式可分为方式 0、1 和 2 三种。

使用 8255 可实现以下各项功能：

并行输入或输出多位数据。

实现输入数据锁存和输出数据缓冲。

提供多个通信接口联络控制信号(如中断请求，外设准备好及选通脉冲等)。

通过读取状态字可实现程序对外设的查询。

显而易见，这些功能可适应于很大一部分外设接口的要求，因而并行 I/O 接口芯片几乎已成为微机中(尤其是单片机)应用最为广泛的一种芯片。

1. 8255 的内部结构和引脚排列

图 5-1 为 8255 的内部结构和引脚图。

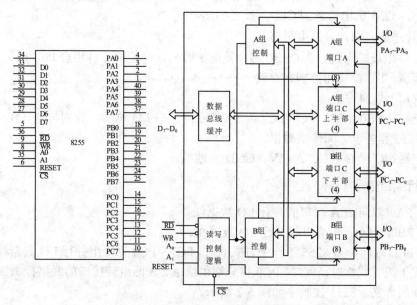

图 5-1　8255 的内部结构和引脚图

(1)　内部结构

8255 可编程接口由以下 4 个逻辑结构组成。

①　A 口、B 口和 C 口

A 口、B 口和 C 口均为 8 位 I/O 数据口，但结构上略有差别。A 口由一个 8 位的数据输出缓冲/锁存器和一个 8 位的数据输入缓冲/锁存器组成。B 口由一个 8 位的数据输出缓冲/锁存器和一个 8 位的数据输入缓冲器组成(无锁存，决定了 B 口不能工作在方式 2)。在使用上，三个端口都可以与外设相连，分别传送外设的输入/输出数据或控制信息。

②　A、B 组控制电路

这是两组根据 CPU 的命令字控制 8255 工作方式的电路。A 组控制 A 口及 C 口的高 4位，B 组控制 B 口及 C 口的低 4 位。

③　数据缓冲器

这是一个双向三态 8 位的驱动口，用于与单片机的数据总线相连，传送数据或控制信息。

④ 读写控制逻辑

这部分电路接收 MCS-51 送来的读写命令和选口地址，用于控制对 8255 的读写。

(2) 引脚

8255 采用 40 线双列直插式封装(见图 5-1)。

① 数据线(8 条)

D0~D7 为数据总线，用于传送 CPU 和 8255 之间的数据、命令和状态字。

② 控制线和寻址线(6 条)

RESET：复位信号，输入高电平有效。一般与单片机的复位相连，复位后，8255 所有内部寄存器清 0，所有口都为输入方式。

$\overline{RD}$ 和 $\overline{WR}$：读写信号线，输入，低电平有效。当 $\overline{RD}$ 为 0 时($\overline{WR}$ 必为 1)，所选的 8255 处于读状态，8255 送出信息到 CPU。反之亦然。

$\overline{CS}$：片选线，输入，低电平有效。

A_0、A_1：地址输入线。当 $\overline{CS}$=0 芯片被选中时，这两位的 4 种组合 00、01、10、11 分别用于选择 A、B、C 口和控制寄存器。

③ I/O 口线(24 条)

PA0~PA7、PB0~PB7、PC0~PC7 为 24 条双向三态 I/O 总线，分别与 A、B、C 口相对应，用于 8255 和外设之间传送数据。

④ 电源线(2 条)：VCC 为+5V，GND 为地线。

2. 并行端口信号

PA7 ~ PA0(双向)：A 端口的并行 I/O 数据线。

PB7 ~ PB0(双向)：B 端口的并行 I/O 数据线。

PC7 ~ PC0(双向)：当 8255 工作于方式 0 时，PC7 ~ PC0 为两组并行 I/O 数据线。当 8255 工作于方式 1 或方式 2 时，PC7 ~ PC0 将分别供给 A、B 两组转接口的联络控制线，此时每根线赋予新的含义。8255 控制字如图 5-2 所示。

8255 没有专门的状态字，而是当工作于方式 1 和方式 2 时，读取端口 C 的数据，即得状态字(见图 5-3)。当状态字中有效信息位不满 8 位时，所缺的即为对应端口 C 引脚的输入电平。

下面根据 8255 的不同工作方式，对控制字和状态字进行叙述。

(1) 方式 0(基本输入/输出)

采用如图 5-4 所示格式的工作方式控制字，可设定 8255 工作于方式 0。方式 0 将 24 条 I/O 引脚分成 4 组(PA7~PA0，PB7~PB0，PC7~PC4，PC3~PC0)，可提供基本的输入/输出功能，但不带联络信号或选通脉冲。方式 0 可将数据并行写到(输出)某个端口锁存，外部数据也可通过某个端口缓冲后并行读入(输入)到 CPU。

方式 0 共有 16 种不同的输入/输出结构组合。

(2) 方式 1(带联络信号的输入/输出)

根据图 5-5 所示的控制字格式可设定 8255 工作于方式 1。方式 1 能分别指定 PA、PB 作为两个独立的 8 位并行 I/O 端口，并采用原端口 C 中的部分引脚作为 PA 和 PB 的控制联络信号线(每组 3 条)。当采用工作方式 1 时，PA 和 PB 的功能是完全相同的，但端口作为数据输入口或数据输出口时都具有不同的联络信号线和不同的工作波形图。

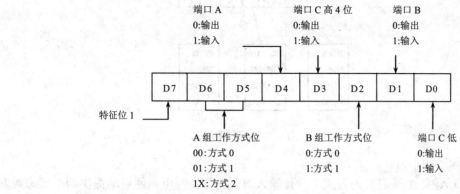

(a) 8255A 的方式控制字

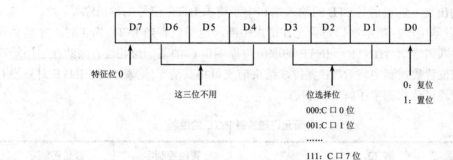

(b) 8255A 的 C 口按位置位/复位控制字

图 5-2　8255 控制字

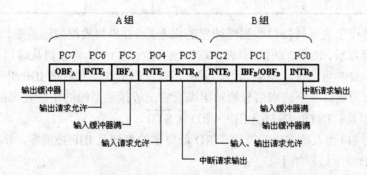

图 5-3　8255 的状态字格式

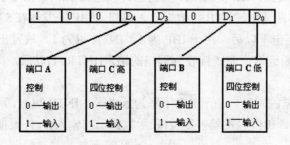

图 5-4　方式 0 的控制字格式

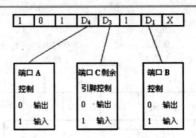

图 5-5　方式 1 的控制字格式

现分别叙述如下。

①　端口 A(或 B)被定义为方式 1 并行输入时，内部控制电路便自动提供两个状态触发器、中断允许触发器 INTE 和"输入数据缓冲器满"触发器 IBF，同时还借用原端口 C 引脚作为 IBF 的输出端、选通信号 $\overline{STB}$ 的输入端和中断请求 INTR 信号的输出端。

INTE 触发器用于控制本端口是否允许请求中断，也即只有当 INTE 为 1 时，才能允许该端口发出中断请求信号(INTR)。INTE 的取值与原端口 C 的某一位相连，因此在启用端口前，应通过按位置数控制字将 INTE 置位，结束前又可将其清零(见表 5-2)。INTE 对外没有输出端，只能通过读状态字了解它的状态。

表 5-2　中断允许触发器 INTE 的控制

端　口	置位控制字	复位控制字
PA 口：输入允许触发器 INTE 与 PC4 相连。	09H	08H
输出允许触发器 INTE 与 PC6 相连	0DH	0CH
PB 口：允许触发器 INTE 与 PC2 相连	05H	04H

IBF 触发器用于表征转接口数据缓冲器的状态。当外界将数据发送给端口并由选通脉冲($\overline{STB}$)将它锁存以后，IBF 自动置 1，表示端口已有数；当 CPU 将数据从端口取走以后，IBF 又会自动复位。IBF 可通过状态字读得，同时还以反码形式从芯片的 IBF 引脚输出。

INTR 引脚为端口中断请求信号的输出端，它一般接至系统的中断处理部件。INTR 输出高电平的条件是：INTR=INTE·IBF· $\overline{RD}$ · $\overline{STB}$ 。

当 CPU 从端口读入数据以后，由于 $\overline{RD}$ 低电平的来到及 IBF 被清零，INTR 也被复位。数据输入的整个过程如下。

当端口被控制字指定为采用方式 1 输入以后，工作前还应发送按位设置控制字，将 INTE 置 1。由于端口没有数据，IBF 触发器为 0。当外设通过 IBF 输出端了解到端口状态以后，便送出数据，并发出选通脉冲 $\overline{STB}$ 将数据打入端口。IBF 触发器在 $\overline{STB}$ 的下降沿被置 1。

当 $\overline{STB}$ 恢复到高电平以后，由于 IBF 为 1，INTR 也为 1，故发出中断请求信号 INTR。

当 CPU 通过中断或询问方式接收到端口的请求(INTR=1)以后，即可向端口发出 $\overline{RD}$ 信号，将数据读入。

在 CPU 读入数据的同时，由于 $\overline{RD}$ 下降为低电平，INTR 也被清零。

在 $\overline{RD}$ 的上升沿，IBF 触发器被复位(表示数据已被输入)，外设便可再次发送数据，从而又重复上述过程。

当 CPU 不需要接收数据时，可通过按位设置控制字将 INTE 清零，从而关闭该端口的

请求。

②　当端口 PA(或 PB)被定义为方式 1 并行输出时，内部控制电路也相应提供两个状态触发器：中断允许触发器 INTE 和"输出数据缓冲器满"触发器 OBF，同时还借用端口 C 的三条引脚，分别作为 $\overline{\text{OBF}}$ 的输出端、回答信号 $\overline{\text{ACK}}$ 的输入端和中断请求信号 INTR 的输入端。INTE 触发器的意义与输入时相同，用以控制该端口输入数据的中断请求信号 INTR。启用端口前，也应通过按位设置控制字将它置位(见表 5-3)。

OBF 触发器用于表征输出数据缓冲器的状态。当 CPU 将数据输出到端口以后，OBF 自动置 1，当外设将数据取走，发出回答信号 $\overline{\text{ACK}}$ 时，OBF 又被 $\overline{\text{ACK}}$ 的下降沿清零。OBF 可通过状态字读得，同时它还以反码形式从芯片的 OBF 引脚输出。

INTR 引脚为端口中断请求信号输出端，可接至系统的中断处理部件。INTR 输出高电平的条件是：$\text{INTR} = \text{INTE} \cdot \overline{\text{OBF}} \cdot \overline{\text{WR}} \cdot \overline{\text{ACK}}$。

当 CPU 向端口发出数据以后，由于 $\overline{\text{WR}}$ 低电平的来到及 OBF 位置位，INTR 即被清零。

此外，当 8255 以方式 1 工作时，由于只利用了端口 C 的 6 个引脚作为应答联络线，剩余的两个引脚可用于一般的 I/O。即：通过按位设置控制字可从其中某一位输出数据，通过读取状态字又可双 I/O 引脚读入数据。

(3)　方式 2(带联络信号的双向 I/O 端口)

通过如图 5-6 所示的控制字格式，可设定 8255 的端口 A 工作于方式 2，即成为一个 8 位的双向 I/O 转接口，并借用端口 C 的 5 条引脚作为联络信号线；该控制字中后 3 位 (D2~D0)可设定端口 B 的工作方式(方式 0 或方式 1)及剩余 3 条端口 C 引脚的作用。

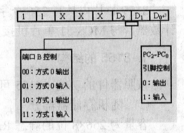

图 5-6　方式 2 的控制字格式

由于端口 B 的工作方式不同，当端口 A 工作于方式 2 双向 I/O 时，8255 芯片可有 4 种组合。当端口 A 被定义为双向 I/O 工作方式以后，内部控制电路便自动提供 4 个状态触发器 INTE1、INTE2、OBFA 和 IBFA，同时还借用端口 C 的 5 条引脚作为 $\overline{\text{OBF}}_A$、$\overline{\text{STB}}_A$、INFA、$\overline{\text{ACK}}_A$ 和 INTRA 的输入/输出。

触发器 OBFA 和 IBFA 与方式 1 工作时的作用完全相同，即为输出数据缓冲器满和输入数据缓冲器满这样两个标志触发器，其状态可通过读状态字得到，也可通过引脚 $\overline{\text{OBF}}_A$ 和 IBFA 输出至外设。

INTE1 为输出请求允许触发器，其作用与功能与方式 1 输出时的 INTE 相同；INTE2 为输入请求允许触发器，其作用与功能与方式 1 输入时的 INTE 相同。INTE1 和 INTE2 对外没有输出，只能通过读状态字了解其当前取值。

INTRA 为端口 A 发出的中断请求信号。INTRA 为高电平的条件是：

$$\text{INTRA} = \text{INTE1} \cdot \overline{\text{OBF}}_A \cdot \overline{\text{WR}} \cdot \overline{\text{ACK}}_A + \text{INTE}_2 \cdot \text{IBF}_A \cdot \overline{\text{RD}} \cdot \overline{\text{STB}}_A$$

不难看出，当端口 A 被设定为双向 I/O 时，INTRA 能对数据的输入和输出都提供中断请求信号。

3. 8031 和 8255 的接口方式

MCS-51 可以与 8255 直接接口，图 5-7 给出了 8031 和 8255 的一种接口原理。

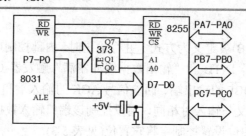

图 5-7　8031 与 8255 的连接

8255 的数据总线 D0~D7 与 8031 的 P0 口相连，8255 的片选信号 $\overline{CS}$，以及 A0、A1 分别与 8031 的 P0.7、P0.0、P0.1 相连，所以 8255 的 A 口、B 口、C 口、控制口地址可分别选为 FF7CH、FF7DH、FF7EH、FF7FH。8255 的读写线 $\overline{WR}$、$\overline{RD}$ 分别与 8031 的读/写选通线 $\overline{WR}$、$\overline{RD}$ 相连。8255 的复位端 RESET 与 8031 的 RESET 端相连(也可单独接成加电复位方式)。

5.2.2　8155 可编程并行接口芯片

8155 芯片内具有 256 个字节的 RAM，两个 8 位，一个 6 位的可编程 I/O 和一个 14 位计数器，与 MCS-51 单片机接口简单，是单片机应用系统中广泛使用的芯片。

1．8155 的结构

按照器件的功能，8155 可由下列 3 部分组成。

(1)　随机存储器部分

容量为 256×8 位的静态 RAM。

(2)　I/O 接口部分

①　端口 A。可编程序 8 位 I/O 端口 PA0~PA7。

②　端口 B。可编程序 8 位 I/O 端口 PB0~PB7。

③　端口 C。可编程序 6 位 I/O 端口 PC0~PC5。

④　命令寄存器。8 位寄存器，只允许写入。

⑤　状态寄存器。8 位寄存器，只允许读出。

(3)　计数器/计时器部分

是一个 14 位的二进制减法计数器/计时器。

2．8155 的引脚功能

8155 具有 40 个引脚，采用双列直插式封装，引脚分布如图 5-8 所示，其功能定义如下。

(1)　AD0~AD7(三态)：数据总线，可以直接与 8031 的 P0 口相连接。在允许地址锁存信号 ALE 的后沿(即下降沿)，将 8 位地址锁存在内部地址寄存器中。该地址可作为存储器部分的低 8 位地址，也可以是 I/O 接口的通道地址，这由输入的 $IO/\overline{M}$ 信号的状态来决定。

在 AD0~AD7 引脚上出现的数据信息是读出还是写入 8155，

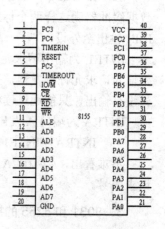

图 5-8　8155 的引脚

由系统控制信号 $\overline{WR}$ 或 $\overline{RD}$ 来决定。

(2) RESET：这是由 8031 提供的复位信号，作为总清器件使用，RESET 信号的脉冲宽度一般为 600ns。当器件被总清后，各转接口被置成输入工作方式。

(3) ALE：允许地址锁存信号。该控制信号由 8031 发出，在该信号的后沿，将 AD0~7 上的低 8 位地址、片选信号 $\overline{CE}$ 以及 IO/$\overline{M}$ 信号锁存在片内的锁存器内。

(4) $\overline{CE}$：这是低电平有效的片选信号。当 8155 的引脚 $\overline{CE}$ =0 时，器件才允许被启用，否则为禁止使用。

(5) IO/$\overline{M}$：为上一个 I/O 转接口或存储器的选择信号。当 IO/$\overline{M}$ =1 时，选择 I/O 电路，当 IO/$\overline{M}$ =0 时，选择存储器件。

(6) $\overline{WR}$ (写)：在片选信号有效的情况下(即 $\overline{CE}$ =0)，该引脚上输入一个低电平信号 ($\overline{WR}$ =0)时，将 AD0~7 线上的数据写入 RAM 某一单元内(IO/$\overline{M}$ =0 时)，或写入某一 I/O 端口电路(IO/$\overline{M}$ =1 时)。

(7) $\overline{RD}$ (读)：在片选信号有效的情况下(即 $\overline{CE}$ =0)，如果该引脚上输入一个低电平信号 ($\overline{RD}$ =0)，将 8155 RAM 某单元的内容读至数据总线。若输入一个高电平($\overline{RD}$ =1)，则将某一 I/O 转接口电路的内容读至数据总线。

(8) PA0~PA7：这是一组 8 根通用的 I/O 端口线，其数据输入或输出的方向由可编程序的命令寄存器的内容决定。

(9) PB0~PB7：这是一组 8 位的通用 I/O 端口，其数据输入或输出的方向由可编程序的命令寄存器的内容决定。

(10) PC0~PC5：这是一组 6 位的既具有通用 I/O 端口功能，又具有对 PA 和 PB 起某种控制作用的 I/O 电路。各种功能的实现均由可编程序的命令寄存器的内容决定。PA、PB 和 PC 各 I/O 端口的状态，可由读出状态寄存器的内容而得到。

(11) TIMER IN：这是 14 位二进制减法计数器的输入端。

(12) TIMER OUT：这是一个计时器的输出引脚。可由计量器的工作方式决定该输出信号的波形。

(13) VCC 为+5V 电源引脚。

(14) Vss(GND)为+5V 电源的地线。

3.　MCS-51 与 8155 的接口方法

MCS-51 单片机可以与 8155 直接连接，不需要任何外加电路，对系统增加 256 个字节的 RAM、22 位 I/O 线(I/O 口编址如表 5-3 所示)及一个计数器。

表 5-3　I/O 口编址表

A_{15}	A_{14}	A_{13}	A_{12}	A_{11}	A_{10}	A_9	A_8	A_7	A_6	A_5	A_4	A_3	A_2	A_1	A_0	I/O 口
0	X	X	X	X	X	X	1	X	X	X	X	X	0	0	0	命令状态口
0	X	X	X	X	X	X	1	X	X	X	X	X	0	0	1	PA 口
0	X	X	X	X	X	X	1	X	X	X	X	X	0	1	0	PB 口
0	X	X	X	X	X	X	1	X	X	X	X	X	0	1	1	PC 口
0	X	X	X	X	X	X	1	X	X	X	X	X	1	0	0	定时器低八位口
0	X	X	X	X	X	X	1	X	X	X	X	X	1	0	1	定时器高八位口

8031 与 8155 接口的方法如图 5-9 所示。8155 中 RAM 的地址，因 P2.0 即 As=0, P2.7=0,

所以可选为 0111 1110 0000 0000B(7E00H) ~ 0111 1110 1111 1111B(7EFFH)；I/O 口地址由表 5-3 得 7F00H ~ 7F05H。

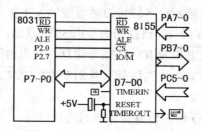

图 5-9　8155 与 8031 连接

在同时需要扩展 RAM 和 I/O 口及计数器的 MCS-51 应用系统中选用 8155 是特别经济的。8155 的 RAM 可以作为数据缓冲器，8155 的 I/O 口可以外接打印机、A/D、D/A、键盘等控制信号的输入输出。8155 的定时器可以作为分频器或定时器。

5.3　显示器接口扩展技术

显示器是最常用的输出设备。特别是发光二极管显示器(LED)和液晶显示器(LCD)，由于结构简单、价格便宜、接口容易，得到广泛的应用，尤其在单片机系统中大量使用。

下面分别介绍发光二极管显示器(LED)与 8031 的接口设计和相应的程序设计。关于液晶显示器(LCD)与 8031 的接口设计和相应的程序设计，由于各厂家都有详细说明，而且种类很多，所以这里不做叙述。

1. LED 结构和原理

发光显示器是单片机应用产品中常用的廉价输出设备。它是由若干个发光二极管组成的，当发光二极管导通时，相应的一个点或一个笔划发光，控制不同组合的二极管导通，就能显示出各种字符。常用的七段显示器结构如图 5-10 所示。

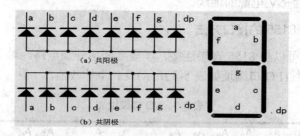

图 5-10　七段显示器发光管的结构

点亮显示器有静态和动态两种方法。

(1) 所谓静态显示，就是当显示器显示某一个字符时，相应的发光二极管恒定地导通或截止。例如，七段显示器要显示 7，则 a、b、c 导通，d、e、f、g 截止。这种显示器方式，每一位数字都需要有一个 8 位输出口控制，所以占用硬件多，一般用于显示器位数较小(很少)的场合。当位数较多时，用静态显示所需的 I/O 口太多，一般采用动态显示方法。

(2) 所谓动态显示，就是一位一位地轮流点亮各位显示器(扫描)，对于每一位显示器来说，每隔一段时间点亮一次。显示器的亮度既跟点亮时的导通电流有关，也跟点亮时间和间隔时间的比例有关。调整电流和时间的参数，可实现亮度较高、较稳定的显示。若显示器的位数不大于 8 位，则控制显示器公共极电位只需一个 I/O 口(称为扫描口)，控制各位显示器所显示的字形也需一个 8 位口(称为段数据口)。

2. 动态显示程序设计

对于图 5-11 中的 8 位显示器，在 8031 RAM 存储器中设置 8 个显示缓冲单元 77H~7EH，分别存放 8 位显示器的显示数据，8255 的 A 口扫描输出总是有一位为高电平，8255 的 B 口输出相应位(共阴极)的显示数据的段数据，使某一位显示出一个字符，其他位为暗，依次地改变 A 口输出为高电平的位，B 口输出对应的段数据，8 位显示器就显示出缓冲器中显示数据所确定的字符。

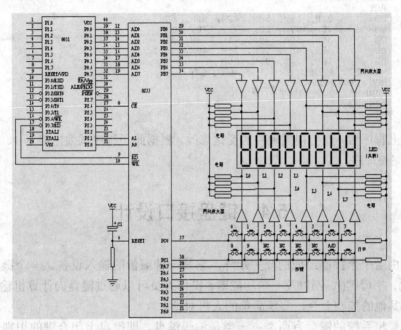

图 5-11　8 位动态显示接口

在编此显示子程序之前，必需明确以下 3 个问题。

(1) 要初始化 8255。任何接口芯片不初始化，都是不工作的，也就是说，不由我们控制。初始化就是根据我们怎样使用它而设定控制字，此题我们是将 A 口、B 口用作输出口，C 口用作输入口(下节介绍键盘时用)，可查得在方式 0 下的控制字为 89H。

(2) 各口的地址计算。从图可见，我们是将片选信号线 $\overline{\text{CE}}$ 接 P2.6，A_0 接 P2.0，A_1 接 P2.1，所以可算得控制口地址为 BFFFH，A 口地址为 BCFFH，B 口地址为 BDFFH，C 口地址为 BEFFH。

(3) 显示过程是：先让第一块点亮(向 A 口送 FEH)，然后根据第一个显示缓冲区中的数字，取得对应的驱动码送到数据输出口(B 口)去显示。

据以上 3 点，可编出显示子程序。

【例 5-1】显示子程序。代码如下：

```
DIR:    MOV  DPTR, #0BFFFH
        MOV  A, #89H
        MOVX @DPTR, A        ; 8255 初始化
        MOV  R0, #57H        ; 显示数据缓冲区首址送 R0
        MOV  R3, #0FEH       ; 使显示器最右边位亮
        MOV  A, R3
LD0:    MOV  DPTR, #BCFFH    ; 扫描值送 PA 口(BCFFH 为 PA 口地址)
        MOVX @DPTR, A
        MOV  DPTR, #BDFFH    ; 数据指针指向 PB 口
        MOV  A, @R0          ; 取显示数据
        ADD  A, #12H         ; 加上偏移量
        MOVC A, @A+PC        ; 取出字形
        MOVX @DPTR, A        ; 送出显示
        ACALL DL1            ; 调用延时子程序
        INC  R0             ; 数据缓冲区地址加 1
        MOV  A, R3
        JB   ACC.7, LD1      ; 扫描到第八个显示器了吗？
        RL   A              ; 没有
        MOV  R3, A          ; R3 左环移一位，扫描下一个显示器
        AJMP LD0
LD1:    RET
DSEG:   DB   3FH, 06H, 5BH, 4FH, 66H, 6DH
DSEG1:  DB   7DH, 07H, FH, 67H, 77H, 7CH
DSEG2:  DB   39H, 5EH, 79H, 71H, 73H, 3EH
DSEG3:  DB   31H, 6EH, 1CH, 23H, 40H, 0311
DSEG4:  DB   18H, 00H, 00H, 00H
DL1:    MOV R7, #02H         ; 延时子程序
DL:     MOV R6, #0FFH
DL6:    DJNZ R6, DL6
        DJNZ R7, DL
        RET
```

读懂以上程序后，就会根据硬件的变化修改，根据此子程序试编出显示 1、2、3、4、5、6、7、8 的完整程序。

5.4 键盘接口设计

键盘是由若干个按键组成的开关矩阵，它是一种廉价的输入设备。一个键盘通常包括数字键(0~9)，字母键(A~Z)以及一些功能键。操作人员可以通过键盘向计算机输入数据、地址、指令或其他的控制命令，实现简单的人机对话。

用于计算机系统的键盘有两类：一类是编码键盘，即键盘上闭合键的识别是由专用硬件实现的。另一类是非编码键盘，即键盘上键入及闭合键的识别由软件来完成。

本节将主要介绍 8051 与非编码键盘的接口技术和键输入程序的设计。

(1) 键盘接口应具有如下功能：

键扫描功能，即检测是否有键按下。

键识别功能，确定被按下键所在的行列的位置。

产生相应的键的代码(键值)。

消除按键弹跳及对付多键串键(复按)。

(2) 8051 与键盘的接口可采用下列 4 种方式：

8051 通过并行接口(如 8155/8255)与键盘接口。

8051 通过串行口与键盘接口。

8051 的并行口直接与键盘接口。

5.4.1　键盘工作原理

3×3 的键盘结构如图 5-12 所示,图中列线通过电阻接+5V。当键盘上没有键闭合时,所有的行线和列线断开,列线 Y0~Y2 都呈高电平。当键盘上某一个键闭合时,则该键所对应的列线与行线短路。

例如 4 号键按下闭合时,行线 X1 和列线 Y1 短路,此时 Y1 的电平由 X1 行线的电位所决定。如果把列线接到微机的输入口,行线接到微机的输出口,则在微机的控制下,使行线 X0 为低电平(0),其余 X1、X2 都为高电平,读列线状态。如果 Y0Y1Y2 都为高电平,则 X0 这一行上没有闭合键,如果读出的列线状态不全为高电平,则为低电平的列线与 X0 相交处的键处于闭合状态。

这种逐行逐列地检查键盘状态的过程称为键盘扫描。键盘扫描可以采取定时控制方式,每隔一定时间,CPU 对键盘扫描一次;也可以采用中断方式。

每当键盘上有键闭合时,向 CPU 请求中断,CPU 响应键盘输入中断,对键盘扫描,以识别哪一个键处于闭合状态,并对键输入信息做出相应的处理。

CPU 对键盘上闭合键的键号确定,可以根据行线和列线的状态计算求得,也可以根据行线和列线状态查表求得。

在图 5-12 中,X0 为低电平,1 号键闭合一次,Y1 的电压波形如图 5-13 所示。

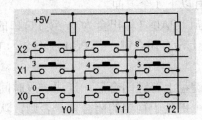

图 5-12　键盘结构

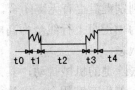

图 5-13　键闭合时列线电压的波形

图 5-13 中,t1 和 t3 分别为键的闭合和断开过程中的抖动期(呈现一串负脉冲),抖动时间长短与开关的机械特性有关,一般为 5~10ms 之间,t2 为稳定闭合期,其时间由操作员的按键动作所确定,一般为十分之几秒到几秒之间。t0,t4 为断开期。为了保证 CPU 对键的闭合作一次处理,必须去除抖动,在键的稳定闭合或断开时,读键的状态,以便判别到键由闭合到释放时再作键输入处理。

5.4.2　键盘接口设计

图 5-14 为 8×2 键盘、6 位显示器与 8031 的接口逻辑,8031 外接一片 8255。因 8255 的 $\overline{CE}$ 与 P2.6 接(A14=0),A0 与 P2.0 接,A1 与 P2.1 接,所以可选 83E8H 为 8255 控制字地址,84E8H 为 A 口地址,85E8H 为 B 口地址,86E8H 为 C 口地址。8255 的 PB 口为输出口控制显示器字形,PA 口为输出口控制键扫描作为键扫描口,同时又是 6 位显示器的扫描输出口,8255 的 C 口作为输入口,PC0~PC1 读入键盘数,称为键输入口。

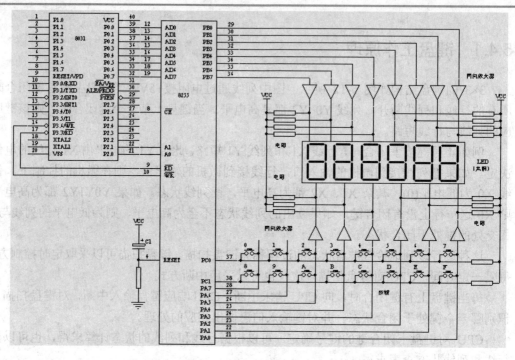

图 5-14　8031 与 8255A 的键盘显示接口电路

下面介绍键输入程序。键输入程序的功能有以下 4 个方面。

(1) 判别键盘上有无键闭合，其方法为扫描口 PA0~7 输出全为 0，读 PC 口的状态，若 PC0~3 全为 1(键盘上行线全为高电平)，则键盘上没有闭合键，若 PC0~3 不全为 1，则有键处于闭合状态。

(2) 去除键的机械抖动，其方法为判别到键盘上有键闭合后，延迟一段时间再判别键盘的状态，若仍有键闭合，则认为键盘上有一个键处于稳定的闭合期，否则，认为是键的抖动。

(3) 判别闭合键的键号，方法为对键盘的列线进行扫描，扫描口 PA0~7 依次输出：

PA7	PA6	PA5	PA4	PA3	PA2	PA1	PA0
1	1	1	1	1	1	1	0
1	1	1	1	1	1	0	1
				……			
1	0	1	1	1	1	1	1
0	1	1	1	1	1	1	1

并相应地顺次读 PC 口的状态，若 PC0~1 不全为 1，则列线为 0 的这一列上没有键闭合，否则这一列上有键闭合，闭合键的键号等于低电平的列号加上为低电平的行的首键号。例如，PA 口输出为 11111011 时，读出 PC0~3 为 1101，则 1 行 1 列相交的键处于闭合状态。第 1 行的首键号为 8，列号为 1，闭合键的键号为：N=行首键号+列号=8+1=9。

(4) 使 CPU 对键的一次闭合仅做一次处理，采用的方法是等待闭合键释放以后再做处理。键输入程序的流程如图 5-15 所示。

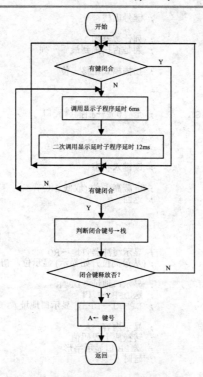

图 5-15　键输入子程序的流程

我们采用显示子程序作为延迟子程序，其优点是在进入键输入子程序后，显示器始终是亮的。在键输入源程序中，DISUP 为显示程序调用一次用 6ms。

DIGL 为 84E8H，即 A 口的地址，DISM 为显示器占用数据存储单元的首地址。

【例 5-2】键输入程序。代码如下：

```
        ORG  8100H
        MOV  DPTR, #83E8H      ; 8255 初始化，A 口出，B 口出
        MOV  A, #89H          ; C 口入
        MOVX @DPTR, A
KEY:    ACALL KS1             ; 调用键否闭合子程序
        JNZ  LK1
NI:     ACALL DISUP           ; 调用显示子程序等 6ms
        AJMP KEY              ; 返回
LK1:    ACALL DISUP           ; 等 12ms
        ACALL DISUP
        ACALL KS1             ; 调用键否闭合子程序
        JNZ  LK2              ; 有键按下转 LK2
        AJMP NI               ; 无键按下转 NI
LK2:    MOV  R2, #0FEH        ; 扫描模式→R2 (从 PA0 开始扫描)
        MOV  R4, #00H         ; R4 清 0
LK4:    MOV  DPTR, #DIGL      ; A 口逐列扫描
        MOV  A, R2
        MOVX @DPTR, A
        INC  DPH             ; 取 C 口地址
        INC  DPH
        MOVX A, @DPTR         ; 读 C 口内容
        JB   ACC.0, LONE     ; 转判 1 行
        MOV  A, #00H          ; 0 行有键闭合，首键号 0→A
        AJMP LKP              ; 转键处理
LONE:   JB   ACC.1, NEXT     ; 转判下一行
        MOV  A, #08H          ; 1 列有键闭合，首键号 08→A
LKP:    ADD  A, R4           ; 键处理
        PUSH ACC             ; 键号进栈保护
LK3:    ACALL DISUP          ; 判键释放否
        ACALL KS1
        JNZ  LK3
```

```
                POP  ACC          ; 键号出栈
                RET
NEXT:   INC  R4              ; 列计数器加 1
        MOV  A, R2           ; 判是否扫描到最后一列
        JNB  ACC.7, KND
        RL   A               ; 扫描模式左移一位
        MOV  R2, A
        AJMP LK4
KND:    AJMP KEY
KS1:    MOV  DPTR, #DIGL     ; 全 "0" →扫描口 A 口
        MOV  A, #OOH
        MOVX @DPTR, A
        INC  DPH
        INC  DPH
        MOVX A, @DPTR        ; 读键入状态
        CPL  A
        ANL  A, #03H         ; 屏蔽高 6 位 (取低 2 位)
        RET                  ; 返回

    ; 显示子程序

        ORG  8030H
DISUP:  MOV  R0, #DISM       ; 显示缓冲器首地→R0
        MOV  R3, #0DFH       ; (从最高位开始显示) 显示位，初值→R3
        MOV  A, R3
DIS0:   MOV  DPTR, #DIGL     ; 显示口地址→DPTR
        MOVX @DPTR, A        ; 送 DFH→A 口
        INC  DPH             ; DPH+1→DPH，显示口地址 (B 口地址)
        MOV  A, @R0
        ADD  A, #17H         ; 显示内容→A
        MOVC A, @a+PC        ; 转换成七段码值
        MOVX @DPTR, A        ; 送 PB 口显示字形
        MOV  R7, #02H        ; 延时
DL1:    MOV  R6, #0FFH
DL2:    DJNZ R6, DL2
        DJNZ R7, DL1
        INC  R0              ; 缓冲器地址加 1
        MOV  A, R3           ; 判是否已显示到最低位，是转 DIS2
        JNB  ACC.o, DIS2
        RR   A               ; 否数位模式右移一位 (DFH→EFH)
        MOV  R3, A
        AJMP DIS0            ; 转 DIS0 再显示
DIS2:   RET
DSEG:   DB   3FH, 06H, 5BH, 4FH   ; 七段码表
        DB   66H, 6DH, 7DH, 07H
        DB   7FH, 6FH, 77H, 7CH
        DB   39H, 5EH, 79H, 71H
        DB   00H, 09H, 02H
```

注意：DISM 为显示缓冲存储器 DISM0~DISM5(存放被显示内容)，DIGL 为显示器口地址，键输出口地址(PA 口)。

5.5 模/数(A/D)和数/模(D/A)转换电路

在计算机应用领域中，特别是在实时控制系统中，常常需要把外界连续变化的物理量(如温度、压力、流量、速度)，变成数字量送入计算机内进行加工、处理；反之，也需要将计算机计算结果的数字量转为连续变化的模拟量，用以控制、调节一些执行机构，实现对被控对象的控制，若输入的是非电的模拟信号，还需要通过传感器转换成电信号，这种由模拟量变为数字量，或由数字量转为模拟量的过程，通常叫作模/数、数/模转换。用来实现这类转换的器件，叫作模/数(A/D)转换器和数/模(D/A)转换器。图 5-16 是具有模拟量输入和模拟量输出的 MCS-51 应用系统。

模/数、数/模转换技术是数字测量和数字控制领域的一个专门分支，有很多专门介绍

A/D、D/A 转换技术与原理的专著。在今天，对那些具有明确应用目标的单片微机产品设计人员来讲，只需要合理地选用商品化的大规模 A/D、D/A 转换电路，了解它们的功能和接口方法即可。这里我们从应用的角度，主要介绍常用典型的 A/D、D/A 转换电路与 MCS-51 系统的接口逻辑设计。

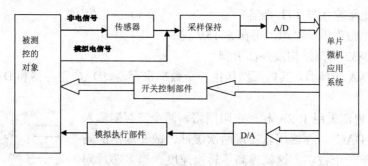

图 5-16　具有模拟量输入和输出的单片机应用系统

5.5.1　D/A 转换器与 8031 的接口设计

1. D/A 转换器的基本原理

D/A 转换器的基本功能是将一个用二进制表示的数字量转换成相应的模拟量。实现这种转换的基本方法是对应于二进制数的每一位，产生一个相应的电压(电流)，而这个电压(电流)的大小则正比于相应的二进制位的权。具体电路较复杂，这里就不多述，有兴趣的读者可以参看有关的书籍。

2. 主要技术指标

(1) 分辨率。通常用数字量的数位表示，一般为 8 位、12 位、16 位等。分辨率 10 位，表示它可能对满量程的 $1/2^{10}=1/1024$ 的增量做出反应。

(2) 输入编码形式。如二进制码、BCD 码等。

(3) 转换线性。通常给出在一定温度下的最大非线性度，一般为 0.01%～0.03%。

(4) 转换时间。通常为几十纳秒到几微秒。

(5) 输出电平。不同型号的输出电平相差很大。大部分是电压型输出，一般为 5~10V；也有高压输出型的，为 24~30V。也有一些是电流型的输出，低者为 20mA 左右，高者可以达到 3A。

3. 集成 D/A 转换器——DAC0832

DAC0832 是目前国内用得较普遍的 D/A 转换器。

(1) DAC0832 的主要特性

DAC0832 是采用 CMOS/Si-Cr 工艺制成的双列直插式单片 8 位 D/A 转换器。它可直接与 Z80、8085、8080 等 CPU 相连，也可同 8031 相连，以电流形式输出；当转换为电压输出时，可外接运算放大器。其主要特性如下。

① 输出电流线性度可在满量程下调节。

② 转换时间为 1μs。

③ 数据输入可采用双缓冲、单缓冲或直通方式。

④ 增益温度补偿为 0.02%FS/℃。

⑤ 每次输入数字为 8 位二进制数。

⑥ 功耗 20mW。

⑦ 逻辑电平输入与 TTL 兼容。

⑧ 供电电源为单一电源，可在 5~15V 内。

(2) DAC0832 内部结构及外部引脚

DAC0832D/A 转换器，其内部结构由一个数据寄存器、DAC 寄存器和 D/A 转换器三大部分组成。

DAC0832 内部采用 R-2R 梯形电阻网络。两个寄存器输入数据寄存器和 DAC 寄存器用以实现两次缓冲，故在输出的同时，尚可处理下一个数字，这就提高了转换速度。当多芯片同时工作时，可用同步信号实现各模拟量同时输出。如图 5-17 所示给出了 DAC0832 的外部引脚。

$\overline{\text{CS}}$ 片选信号低电平有效。与 ILE 相配合，可对写信号 $\overline{\text{WR1}}$ 是否有效起到控制作用。ILE 允许输入锁存信号，高电平有效，

1	$\overline{\text{CS}}$	VCC	20
2	$\overline{\text{WR1}}$	ILE	19
3	AGND	$\overline{\text{WR2}}$	18
4	DI3	$\overline{\text{XFER}}$	17
5	DI2	DI4	16
6	DI1	DI5	15
7	lsbDI0	DI6	14
8	Vref	msbDI7	13
9	Rfb	Iout2	12
10	DGND	Iout1	11

图 5-17 DAC0832 的引脚

输入寄存器的锁存信号由 ILE、$\overline{\text{CS}}$、$\overline{\text{WR1}}$ 的逻辑组合产生。当 ILE 为高电平、$\overline{\text{CS}}$ 为低电平、$\overline{\text{WR1}}$ 输入负脉冲时，输入寄存器的锁存信号产生正脉冲。当输入寄存器的锁存信号为高电平时，输入线的状态变化，输入寄存器的锁存信号的负跳变将输入在数据线上的信息打入输入锁存器。

$\overline{\text{WR1}}$ 写信号 1 低电平有效。当 $\overline{\text{WR1}}$、$\overline{\text{CS}}$、ILE 均有效时，可将数据写入 8 位输入寄存器。$\overline{\text{WR2}}$ 写信号 2，低电平有效。当 $\overline{\text{WR2}}$ 有效时，在 $\overline{\text{XFER}}$ 传送控制信号作用下，可将锁存在输入寄存器的 8 位数据送到 DAC 寄存器。

$\overline{\text{XFER}}$ 数据传送信号低电平有效。当 $\overline{\text{WR2}}$、$\overline{\text{XFER}}$ 均有效时，则在 DAC 寄存器的锁存信号产生正脉冲，当 DAC 寄存器的锁存信号为高电平时，DAC 寄存器的输出与输入寄存器的状态一致，DAC 寄存器的锁存信号负跳变，输入寄存器的内容打入 DAC 寄存器。

Vref 基准电源输入端与 DAC 内的 R-2R 梯形网络相接，Vref 可在±10V 范围内调节。

DI0～DI7 为 8 位数字量输入端，DI7 为最高位，DI0 为最低位。

Iout1 为 DAC 的电流输出 1，当 DAC 寄存器各位为 1 时，输出电流为最大。当 DAC 寄存器各位为 0 时，输出电流为 0。

Iout2 为 DAC 的电流输出 2，它使 Iout1+Iout2 恒为一常数。一般在单极性输出时 Iout2 接地，在双极性输出时接运放。

Rfb 为反馈电阻。在 DAC0832 芯片内的反馈电阻可用作外部运放的分路反馈电阻。

Vcc 为电源输入线，DGND 为数字地，AGND 为模拟信号地。

4. DAC0832 与 MCS-51 的接口

DAC0832 可工作在单、双缓冲器方式。单缓冲器方式即输入寄存器的信号和 DAC 寄存器的信号同时控制，使一个数据直接写入 DAC 寄存器。这种方式适用于只有一路模拟量输出或几路模拟量不需要同步输出的系统；双缓冲器方式，即输入寄存器的信号和 DAC 寄

高职高专计算机实用规划教材——案例驱动与项目实践

存器信号分开控制，这种方式适用于几个模拟量需同时输出的系统。下面只讨论单极性单缓冲器电路方式时的接口方法。

图 5-18 为具有单极性一路模拟量的 8031 系统。

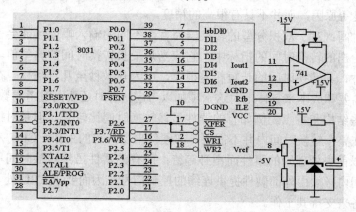

图 5-18　单极性单缓冲器电路接口

图 5-18 中，ILE 接+5V，Iout2 接地，Iout1 输出电流经运放器 741 输出一个单极性电压，范围为 0~5V。片选信号 $\overline{CS}$ 和传送信号 $\overline{XFER}$ 都连到地址线 A14，输入寄存器和 DAC 寄存器地址都可选为 BFFFH，写选通输入线 $\overline{WR1}$、$\overline{WR2}$ 都与 8031 的写信号 $\overline{WR}$ 连接，CPU 对 0832 执行一次写操作，则把一个数据直接写入 DAC 寄存器，0832 的模拟量随之变化。

5.5.2　A/D 转换器与 8031 的接口设计

A/D 转换器能把输入的模拟信号转换成数字形式。这样微处理器能够从传感器、变送器或其他模拟信号获得信息。

因 A/D 转换器应用范围极广，故其品种及类型非常多。根据 A/D 电路的工作原理，可以分为以下几大类型。

(1) 双积分 A/D 转换器：一般具有精度高、抗干扰性好、价格便宜等优点，但转换速度慢，广泛用于数字仪表中。

(2) 逐次逼近比较型 A/D 转换器：在精度、速度和价格上都适中。

(3) 并行 A/D 转换器：这是一种用编码技术实现的高速 A/D 转换器。

转换器的内部电路较复杂，工作原理较难理解，有兴趣的读者可参看相关的书籍，这里我们讨论 ADC0809 与 MCS-51 的接口和程序设计方法。其他的芯片可到厂家或网上查找有关的资料。

1. 技术指标

(1) 分辨率：分辨率通常用数字量的位数表示，如 8 位、10 位、12 位、16 位分辨率等。若分辨率为 8 位，表示它可以对全量程的 $1/2^8=1/256$ 的增量做出反应。分辨率越高，转换时对输入量的微小变化的反应就越灵敏。

(2) 量程：即所能转换的电压范围，如 5 伏特、10 伏特等。

(3) 精度：有绝对精度和相对精度两种表示方法。常用数字量的位数作为度量绝对精度的单位，如精度为±1/2LSB，而用百分比来表示满量程时的相对误差，如±0.05%。

注意，精度和分辨率是不同的概念。精度指的是转换后所得结果相对于实际值的准确度，而分辨率指的是能对转换结果发生影响的最小输入量。分辨率很高时，可能由于温度漂移、线性不良等原因，而并不具有很高的精度。

(4) 转换时间：对于双积分型的转换器而言，不同的输入幅度可能会引起转换时间的差异，在厂家给出的转换时间的指标中，它应当是最长转换时间的典型值。不同型号、不同分辨率的器件，其转换时间的长短相差很大，可为几微秒至几百毫秒。在选择器件时，要根据应用的需要和成本来具体地对这一项加以考虑，有时还要同时考虑数据传输过程中，转换器件的一些结构和特点。例如有的器件虽然转换时间比较长，但是对控制信号有门锁的功能，所以在整个转换时间内并不需要外部硬件来支持它的工作，CPU 和其他硬件可以在它完成转换以前去处理别的事件而不必等待；而有的器件虽然转换时间不算太长，但是在整个转换时间内必须由外部硬件提供连续的控制信号，因而要求 CPU 处于等待状态或者要求另加硬设备来支持其工作。

(5) 输出逻辑电平：多数与 TTL 电平配合。在考虑数字输出量与微型机数据总线的关系时，还要对其他一些有关问题加以考虑，例如，是否要用三态逻辑输出，采用何种编码制式，是否需要对数据进行闩锁。

(6) 工作温度范围：由于温度会对运算放大器和加权电阻网络等产生影响，所以只有在一定的温度范围内才能保证额定精度指标。较好的转换器件的工作温度为-40~85℃，较差者为 0~70℃。

(7) 对参考电压的要求：从前面叙述过的工作原理中，我们可以看到模/数转换器或数/模转换器都需要一定精度的参考电压源。因此要考虑转换器件是否具有内部参考电压，或是否需要外接参考电源。

2. 集成 A/D 转换器——ADC0809 芯片及其接口设计

(1) 集成 A/D 转换器——ADC0809

集成的 ADC0809 的 A/D 是一个 8 通道多路开关、单片 CMOS 模/数转换器。每个通道均能转换出 8 位数字量。它是逐次逼近比较型转换器，包括一个高阻抗斩波比较器，一个带有 256 个电阻分压器的树状开关网络；一个控制逻辑环节和 8 位逐次逼近数码寄存器；最后输出级有一个 8 位三态输出锁存器。8 个输入模拟量受多路开关地址寄存器控制，当选中某路时，该路模拟信号 Vx 进入比较器，与 D/A 输出的 VR 比较，直至 VR 与 Vx 相等或达到允许误差为止，然后将对应 Vx 的数码寄存器值送三态锁存器。

当 OE 有效时，便可输出对应 Vx 的 8 位数码。ADC0809 外部引脚如图 5-19 所示。即 IN7~IN0 为 8 路模拟量输入端，在多路开关控制下，任一瞬间只能有一路模拟量经相应通道输入到 A/D 转换器中的比较放大器。D7~D0 为 8 位数据输出端，可直接接入微型机的数据总线。A、B、C 多路开关地址选择输入端。其取值 A/D 转换通道的对应关系见表 5-4。ALE 为地址锁存输入线，该信号的上升沿可将地址选择信号 A、B、C 锁入地

1	IN-3	ADC0809	IN-2	28
2	IN-4		IN-1	27
3	IN-5		IN-0	26
4	IN-6		ADD-A	25
5	IN-7		ADD-B	24
6	START		ADD-C	23
7	EOC		ALE	22
8	D3		D7	21
9	OE		D6	20
10	CLOCK		D5	19
11	VCC		D4	18
12	ref(+)		D0	17
13	GND		ref(-)	16
14	D1		D2	15

图 5-19　ADC0809 的引脚

址寄存器内。

表 5-4　A、B、C 与通道的对应关系

多路开关地址线			被选中的输入通道	对应通道口地址
C	B	A		
0	0	0	IN0	00H
0	0	1	IN1	01H
0	1	0	IN2	02H
0	1	1	IN3	03H
1	0	0	IN4	04H
1	0	1	IN5	05H
1	1	0	IN6	06H
1	1	1	IN7	07H

START 为启动转换输入线，其上升沿用以清除 ADC 内部寄存器，其下降沿用以启动内部控制逻辑，使 A/D 转换器工作。

EOC 为转换完毕输出线，其上升沿表示 A/D 转换器内部已转换完毕。

OE 为允许输出控制端，高电平有效。有效时能打开三态门，将 8 位转换后的数据送到微型机的数据总线上。

CLOCK 为转换定时时钟脉冲输入端。它的频率决定了 A/D 转换器的转换速度。在此，其频率不能高于 640kHz，其对应的转换速度为 100μs。

ref(+)和 ref(−)是 D/A 转换器的参考电压输入线。它们可以不与本机电源和地相连，但 ref(−)不得为负值，ref(+)不得高于 VCC，且 1/2[ref(+)+ref(−)]与 1/2VCC 之差不得大于 0.1 伏。VCC 为+5V，GND 为地。

(2)　ADC0809 与 MCS-51 的接口方法

在实际使用中，既要考虑价位，又要考虑产品体积，还要考虑布线的方便合理，一般能省一块集成块就是一块，常用电路的逻辑结构如图 5-20 所示。

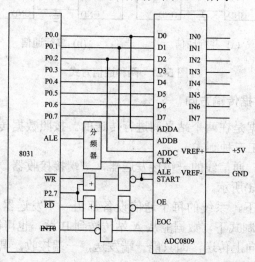

图 5-20　单片机 8031 与 ADC0809 的接口电路

ADC0809 是带有 8:1 多路模拟开关的 8 位 A/D 转换芯片，所以它可有 8 个模拟量的输入端，由芯片的 ADDA、ADDB、ADDC 三个引脚来选择模拟输入通道中的一个。

ADDA、ADDB、ADDC 三端分别与 8031 的地址总线 A0、A1、A2 相接。

ADC0809 的 8 位数据输出是带有三态缓冲器的，由输出允许信号(OE)控制，所以 8 根数据线可直接与 8031 的 P0.0 ~ P0.7 相接。地址锁存信号(ALE)和启动转换信号(START)由软件产生(执行一条 "MOVX @DPTR, A" 指令)，输出允许信号(OE)也由软件产生(执行一条 "MOVX A, @DPTR" 指令)。

ADC0809 的时钟信号 CLK 决定了芯片的转换速度，该芯片要求 CLK 频率小于 640 kHz，故可同 8031 的 ALE 信号相接。转换完成信号 EOC 送到 $\overline{INT0}$ 输入端，8051 在相应的中断服务程序里，读入经 ADC0809 转换后的数据，送到单片机的内部 RAM 中。

5.6　串　行　接　口

5.6.1　串行通信基础及基本概念

1．并行通信和串行通信

并行通信是数据的各位同时传送；串行通信是数据一位一位顺序传送。

上述两种基本通信方式比较起来，串行通信能够节省传输线，特别是数据位数很多和远距离数据传送时，这一优点更为突出。串行通信方式的主要缺点是传送速度比并行通信要慢。两种通信方式如图 5-21 所示。

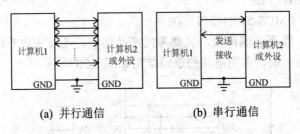

(a) 并行通信　　　　　　(b) 串行通信

图 5-21　两种通信方式

2．串行通信中的数据传输方向

在串行通信中，数据是在两个站之间进行传送的。按照数据传送方向，串行通信可分为单工、半双工和全双工三种制式。

(1) 在单工制式下，通信线的一端接发送器，一端接接收器，数据只能按照一个固定的方向传送，如图 5-22(a)所示。

(2) 在半双工制式下，系统的每个通信设备都由一个发送器和一个接收器组成，如图 5-22(b)所示。在这种制式下，数据能从 A 站传送到 B 站，也可以从 B 站传送到 A 站，但是不能同时在两个方向上传送，即只能一端发送，一端接收。其收发开关一般是由软件控制的电子开关。

(3) 全双工通信系统的每端都有发送器和接收器，可以同时发送和接收，即数据可以

在两个方向上同时传送，如图 5-22(c)所示。

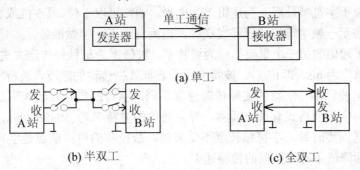

(a) 单工

(b) 半双工　　　　　　　　(c) 全双工

图 5-22　单工、半双工和全双工三种制式

在实际应用中，尽管多数串行通信接口电路具有全双工功能，一般情况下，却只工作于半双工制式下，因为这种方式简单、实用。

3. 同步通信和异步通信

同步通信的基本特征是发送和接收保持严格同步。由于串行传输是一位位顺序进行的，为了约定数据是由哪一位开始传输，需要设定同步字符。这种方式速度快，但是硬件复杂。由于 8051 单片机没有同步串行通信的方式，这里不详介绍。

在异步通信中，数据通常是以字符为单位组成字符帧传送的。字符帧由发送端一帧一帧地发送，每一帧数据是低位在前，高位在后，通过传输线被接收端一帧一帧地接收。发送端和接收端可以由各自独立的时钟来控制数据的发送和接收，这两个时钟彼此独立，互不同步。在异步通信中，接收端是依靠字符帧格式来判断发送端是何时开始发送、何时结束发送的。字符帧格式是异步通信的一个重要指标。字符帧也叫数据帧，由起始位、数据位、奇偶校验位和停止位等 4 部分组成，如图 5-23 所示。

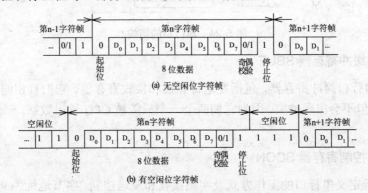

图 5-23　异步通信的字符帧格式

对相关的各位说明如下。

起始位：位于字符帧开头，只占一位，为逻辑 0 低电平，用于向接收设备表示发送端开始发送的一帧信息。

数据位：紧跟起始位之后，用户根据情况可取 5 位、6 位、7 位或 8 位，低位在前、高位在后。

奇偶校验位：位于数据位之后，仅占一位，用来表征串行通信中采用奇校验还是偶校验，由用户决定。

　　停止位：位于字符帧最后，为逻辑 1 高电平。通常可取 1 位、1.5 位或 2 位，用于向接收端表示一帧字符信息已经发送完，也为发送下一帧做准备。

　　另外，异步通信的另一个重要指标为波特率。波特率为每秒钟传送二进制数码的位数，也叫比特数，单位为 b/s，即位/秒。波特率用于表征数据传输的速度，波特率越高，数据传输速度越快。但波特率与字符的实际传输速率不同，字符的实际传输速率是每秒内所传字符帧的帧数，与字符帧格式有关。通常，异步通信的波特率为 50~9600b/s。异步通信的优点是不需要传送同步时钟，字符帧长度不受限制，故设备简单；缺点是字符帧中因包含起始位和停止位而降低了有效数据的传输速率。

5.6.2　MCS-51 单片机串行口结构

　　8051 单片机内部集成有一个功能很强的全双工串行通信口，设有两个相互独立的接收、发送缓冲器，可以同时接收和发送数据。8051 单片机通过引脚 RXD(P3.0，串行数据接收端)和引脚 TXD(P3.1，串行数据发送端)与外界通信。图 5-24 是内部串行口的结构。

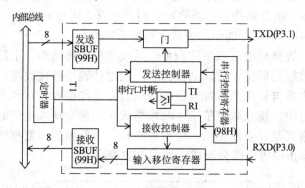

图 5-24　串行口的结构

1. 串行口缓冲寄存器 SBUF

SBUF 是串行口缓冲寄存器，包括发送寄存器和接收寄存器。它们有相同名字和地址空间(都为 99H)，但不会出现冲突，因为它们两个一个只能被 CPU 读出数据，一个只能被 CPU 写入数据。

2. 串行口控制寄存器 SCON

SCON 用于定义串行口的工作方式及实施接收和发送控制。字节地址为 98H，其格式如图 5-25 所示。

9FH	9EH	9DH	9CH	9BH	9AH	99H	98H
SM0	SM1	SM2	REN	TB8	RB8	TI	RI

图 5-25　SCON 的各位定义

对相关的各位说明如下。

SM0、SM1：串行口工作方式选择位，如表 5-5 所示(其中 f_{osc} 为晶振频率)。

表 5-5　串行口工作方式

SM0	SM1	工作方式	功　能	波　特　率
0	0	方式 0	8 位同步移位寄存器	$f_{osc}/12$
0	1	方式 1	8 位异步收发	可变
1	0	方式 2	9 位异步收发	$f_{osc}/64$ 或 $f_{osc}/32$
1	1	方式 3	9 位异步收发	可变

SM2：多机通信控制位。在方式 0 时，SM2 一定要等于 0。在方式 1 中，若(SM2)=1 则只有接收到有效停止位时，RI 才置 1。在方式 2 或方式 3 中，当(SM2)=1 且接收到的第 9 位数据 RB8=0 时，RI 才置 1。

REN：接收允许控制位。由软件置位以允许接收，又由软件清 0 来禁止接收。

TB8：是要发送数据的第 9 位。在方式 2 或方式 3 中，要发送的第 9 位数据，根据需要由软件置 1 或清 0。例如，可约定作为奇偶校验位，或在多机通信中作为区别地址帧或数据帧的标志位。

RB8：接收到的数据的第 9 位。在方式 0 中不使用 RB8。在方式 1 中，若(SM2)=0，RB8 为接收到的停止位。在方式 2 或方式 3 中，RB8 为接收到的第 9 位数据。

TI：发送中断标志。在方式 0 中，第 8 位发送结束时，由硬件置位。在其他方式发送停止位前，由硬件置位。TI 置位既表示一帧信息发送结束，同时也是申请中断，可根据需要，用软件查询的方法获得数据已发送完毕的信息，或用中断的方式来发送下一个数据。TI 必须用软件清 0。

RI：接收中断标志位。在方式 0，当接收完第 8 位数据后，由硬件置位。在其他方式中，在接收到停止位的中间时刻由硬件置位(例外情况见 SM2 的说明)。RI 置位表示一帧数据接收完毕，可用查询的方法获知或者用中断的方法获知。RI 也必须用软件清 0。

3．电源及波特率选择寄存器 PCON

PCON 主要是为 CHMOS 型单片机的电源控制而设置的专用寄存器，不可以位寻址，字节地址为 87H。在 HMOS 的 8051 单片机中，PCON 除了最高位以外，其他位都是虚设的。其格式如图 5-26 所示。

PCON (87H)

| SMOD | × | × | × | GF1 | GF0 | PD | IDL |

图 5-26　PCON 的各位定义

与串行通信有关的只有 SMOD 位。SMOD 为波特率选择位。在方式 1、2 和 3 时，串行通信的波特率与 SMOD 有关。

当 SMOD=1 时，通信波特率乘 2，当 SMOD=0 时，波特率不变。

其他各位用于电源管理，在此不再赘述。

5.6.3 串行接口的工作方式

MCS-51 的串行口有 4 种工作方式，通过对 SCON 中的 SM1、SM0 位来决定，现分述如下。

1. 方式 0

在方式 0 下，串行口作为同步移位寄存器使用，其波特率固定为 fosc/12。串行数据从 RXD(P3.0)端输入或输出，同步移位脉冲由 TXD(P3.1)送出。这种方式常用于扩展 I/O 口。

(1) 发送

当一个数据写入串行口发送缓冲器 SBUF 时，串行口将 8 位数据以 fosc/12 的波特率从 RXD 引脚输出(低位在前)，发送完，置中断标志 TI 为 1，请求中断。再次发送数据之前，必须由软件清 TI 为 0。具体接线如图 5-27 所示。其中 74LS164 为串入/并出移位寄存器。

(2) 接收

在满足 REN=1 和 RI=0 的条件下，串行口即开始从 RXD 端以 fosc/12 的波特率输入数据(低位在前)，当接收完 8 位数据后，置中断标志 RI 为 1，请求中断。在再次接收数据之前，必须由软件清 RI 为 0。具体接线如图 5-28 所示。其中 74LS165 为并入/串出移位寄存器。

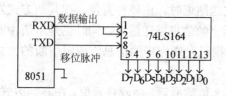

图 5-27 方式 0 用于扩展 I/O 口输出

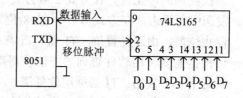

图 5-28 方式 0 用于扩展 I/O 口输入

串行控制寄存器 SCON 中的 TB8 和 RB8 在方式 0 中未用。值得注意的是，每当发送或接收完 8 位数据后，硬件会自动置 TI 或 RI 为 1，CPU 响应 TI 或 RI 中断后，必须由用户用软件清 0。另外工作在方式 0 时，SM2 必须为 0。

【例 5-3】利用两片 74LS165 扩展两个 8 位并行输入端口。

解：扩展电路如图 5-29 所示。

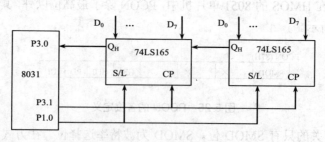

图 5-29 利用串行口扩展并行输入口电路

74LS165 是 8 位并行输入、串行输出移位寄存器，RXD 为串行输入引脚，与 74LS165 的串行输出端相连；TXD 为移位脉冲输出端，与所有的 74LS165 芯片移位脉冲输入端相连；

用 1 根 I/O 线来控制移位与置位。

以两个 8 位并行口读入 10 组字节数据,并把它们转存到内部 RAM 数据区(首址为 50H)的程序清单如下:

```
            MOV  R6, #10       ; 设置字节组数
            MOV  R1, #50H      ; 设置内部 RAM 数据区首址
            SETB 00H           ; 设置读入字节奇偶数标志,第 1 个 8 位数为偶数
LP0:        CLR  P1.0          ; 74LS165 置入数据
            SETB P1.0          ; 允许 74LS165 串行移位
LP1:        MOV  SCON, #10     ; 串行口设为方式 0
WAIT:       JNB  RI, WAIT      ; 等待接收完
            CLR  RI
            MOV  A, SBUF       ; 从串口读入数据
            MOV  @R1, A        ; 把数转移到以 50H 为首址的内部 RAM 区
            INC  R1            ; 指向数据区下个地址
            CPL  00H           ; 指向第奇数个 8 位数
            JB   00H, LP2      ; 读入第偶数个 8 位数后续读第奇数个 8 位数,如读完第奇数个 8 位数转 LP2
            DEC  R6            ; 读完一组数
            SJMP LP1           ; 再读入第奇数个 8 位数
LP2:        DJNZ R6, LP0
            ...                ; 0 组数未读完,重新并行置数
```

注意:程序中用户标志位 00H 用来标志一组数的前 8 位和后 8 位。

2. 方式 1

在方式 1 下,串行口为波特率可调的 8 位异步通信接口,发送或接收一帧信息包含 10 位,包括 1 位起始位 0,8 位数据位和 1 位停止位 1。其帧格式如图 5-30 所示。

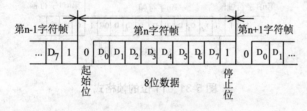

图 5-30　10 位的帧格式

(1) 发送

发送时,数据从 TXD 输出,当数据写入发送缓冲器 SBUF 后,启动发送器发送。当发送完一帧数据后,置中断标志 TI 为 1。方式 1 所传送的波特率取决于定时器 T1 的溢出率和 PCON 中的 SMOD 位。

(2) 接收

接收时,由 REN 置 1 允许接收,串行口采样 RXD,当采样 1 到 0 的跳变时,确认是起始位 "0",就开始接收一帧数据。当 RI=0 且停止位为 1 或 SM2=0 时,停止位进入 RB8 位,同时置中断标志 RI;否则信息将丢失。所以,方式 1 接收时,应先用软件清除 RI 或 SM2 标志。

【例 5-4】 由内部 RAM 单元 21H ~ 40H 取出 ASCII 码数据,在最高位上加奇偶校验位后,由串行口输出,采用 8 位异步通信,波特率为 1200b/s,f_{osc}=11.0592MHz。

解: 由题意可知,应把串行口置为方式 1;采用定时器 T1,以方式 2 工作,作为波特率发生器,预置值(TH1)=0E8H。需要注意的是,这里只能采用 T1 而不能采用 T0。

主程序如下:

```
MOV  TMOD, #20H    ; 设 T1 为模式 2
MOV  TL1, #0E8H    ; 装入时间常数
MOV  TH1, #0E8H
```

```
           SETB  TR1              ; 启动定时器 T1
           MOV   SCON, #40H       ; 设串行口为方式 1
           MOV   R1, #21H         ; 发送数据首地址
           MOV   R6, #32          ; 发送个数
LOOP:      MOV   A, @R1           ; 发送数据送累加器 A
           ACALL SPOUT            ; 调发送子程序
           INC   R1               ; 指向下一个地址
           DJNZ  R6, LOOP
           ...
```

串行口发送子程序如下：

```
SPOUT:     MOV   C, P             ; 设置奇校验位
           CPL   C
           MOV   ACC.7, C
           MOV   SBUF, A          ; 启动串行口发送
WAIT:      JNB   TI, WAIT         ; 等待发送完
           CLR   TI               ; 清 TI 标志，允许再发送
           RET
```

3. 方式 2

在方式 2 下，串行口为 9 位异步通信接口，传送波特率与 SMOD 有关。发送或接收一帧数据包括 11 位，即 1 位起始位 0、8 位数据位、1 位可编程位(用于奇偶校验)和 1 位停止位 1。

其帧格式如 5-31 所示。

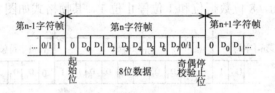

图 5-31 11 位的帧格式

(1) 发送

发送时，先根据通信协议，由软件设置 TB8，然后用指令将要发送的数据写入 SBUF，则启动发送器。写 SBUF 的指令时，除了将 8 位数据送入 SBUF 外，同时还将 TB8 装入发送移位寄存器的第 9 位，并通知发送控制器进行一次发送。一帧信息即从 TXD 发送，在送完一帧信息后，TI 被自动置 1，在发送下一帧信息之前，TI 必须由中断服务程序或查询程序清 0。

(2) 接收

当 REN=1 时，允许串行口接收数据。数据由 RXD 端输入，接收 11 位的信息。当接收器采样到 RXD 端的负跳变，并判断起始位有效后，开始接收一帧信息。当接收器接收到第 9 位数据后，若同时满足以下两个条件：RI=0，SM2=0 或接收到的第 9 位数据为 1，则接收数据有效，8 位数据送入 SBUF，第 9 位送入 RB8，并置 RI=1。若不满足上述两个条件，则信息丢失。若附加的第 9 位为奇偶校验位，在接收中断服务程序中应做检查。

4. 方式 3

方式 3 为波特率可变的 11 位 UART 通信方式，除了波特率以外，方式 3 和方式 2 完全相同。

5.6.4　MCS-51 串行口的波特率

在串行通信中，收发双方对传送的数据速率(即波特率)要有一定的约定。通过以前的介绍，我们已经知道，MCS-51 单片机的串行口通过编程可以有 4 种工作方式。其中方式 0 和方式 2 的波特率是固定的，方式 1 和方式 3 的波特率可变，由定时器 T1 的溢出率决定，下面加以分析。

1．方式 0 的波特率

方式 0 的波特率固定为主振频率的 1/12，而且与 PCON 中的 SMOD 无关。

2．方式 2 的波特率

波特率取决于 PCON 中的 SMOD 值，当 SMOD=0 时，波特率为 $f_{osc}/64$；当 SMOD=1 时，波特率为 $f_{osc}/32$。即波特率 $= \dfrac{2^{SMOD}}{64} \cdot f_{osc}$。

3．方式 1 和方式 3

在方式 1 和方式 3 下，波特率由定时器 T1 的溢出率和 SMOD 共同决定。即：

$$\text{方式 1 和方式 3 的波特率} = \frac{2^{SMOD}}{32} \cdot \text{T1 溢出率}。$$

其中 T1 的溢出率取决于单片机定时器 T1 的计数速率和定时器的预置值。计数速率与 TMOD 寄存器中的 $C/\overline{T}$ 位有关，当 $C/\overline{T}=0$ 时，计数速率为 $f_{osc}/12$，当 $C/\overline{T}=1$ 时，计数速率为外部输入时钟的频率。

实际上，当定时器 T1 作为波特率发生器使用时，通常是工作在模式 2，即自动重装载的 8 位定时器，此时 TL1 作为计数用，自动重装载的值在 TH1 内。设计数的预置值(初始值)为 X，那么每过 256-X 个机器周期，定时器溢出一次。为了避免溢出而产生不必要的中断，此时应禁止 T1 中断。

$$\text{溢出周期} = \frac{12}{f_{osc}} \cdot (256 - X)，\text{溢出率为溢出周期的倒数。}$$

$$\text{方式 1 和方式 3 的波特率} = \frac{2^{SMOD}}{32} \cdot \frac{f_{osc}}{12(256 - X)}。$$

为了方便使用，将常见的波特率、晶体频率、SMOD、定时器计数初值等列于表 5-6。

表 5-6　常见的波特率、晶体频率

常用波特率(b/s)	晶振频率(MHz)	SMOD	TH1 初值
19.2k	11.0592	1	FDH
9.6k	11.0592	0	FDH
4.8k	11.0592	0	FAH
2.4k	11.0592	0	F4H
1.2k	11.0592	0	E8H

5.7 实 践 训 练

5.7.1 任务1 输入/输出口扩展设计

1. 任务目标

(1) 掌握单片机扩展输入/输出口的方法。

(2) 掌握通过数据缓冲器、锁存器来扩展简单 I/O 接口的方法。

(3) 掌握可编程 I/O 扩展(8255A)的应用。

2. 知识点分析

(1) 单片机与扩展芯片的连接。

(2) 可编程 I/O 扩展(8255A)的使用。

(3) 输入/输出口扩展系统的软、硬件设计。

3. 实施过程

(1) 74LS244 作为扩展输入/74LS373 作为扩展输出

图 5-32 是利用 74LS373 和 74LS244 扩展的简单 I/O 口，其中 74LS373 扩展并行输出口，74LS244 扩展并行输入口。74LS373 是一个带输出三态门的 8 位锁存器，8 个输入端 D0~D7，8 个输出端 Q0~Q7，G 为数据锁存控制端，G 为高电平，则把输入端的数据锁存于内部的锁存器，OE 为输出允许端，低电平时把锁存器中的内容通过输出端输出。

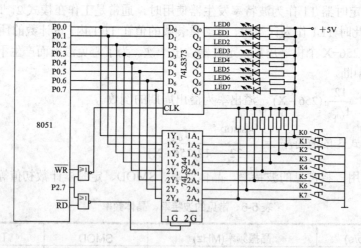

图 5-32　74LS244 和 74LS373 扩展的简单 I/O 电路

74LS244 是单向数据缓冲器，带两个控制端 1G 和 2G，当它们为低电平时，输入端 D0~D7 的数据输出到 Q0~Q7。用 74LS244 扩展 8 位输入，输入 8 只控制开关的控制信号；用 74LS373 扩展 8 位输出，输出信号控制 8 只发光二极管。编写控制程序，可使 8 只发光二极管分别受各自对应的控制开关的控制。只要 P2.7 为 0，就选中 74LS244 或 74LS373，

其他位均为无关位，所以 74LS244 和 74LS373 的地址均为 7FFFH。

如果要实现 K0~K7 开关的状态通过 LED0 ~ LED7 发光二极管显示，则相应的汇编程序如下：

```
LOOP:    MOV  DPTR, #7FFFH
         MOVX A, @DPTR
         MOVX @DPTR, A
         SJMP LOOP
```

如果用 C 语言编程，相应的程序段为：

```
#include <absacc.h>       //定义绝对地址访问
#define uchar unsigned char
...
uchar i;
i = XBYTE[0x7fff];
XBYTE[0x7fff] = i;
...
```

(2)　用 8255A 扩展输入/输出口的应用

用 8255 的 PA 作为输入口接 8 只控制开关、PB 作为输出口接 8 只发光二极管，编写控制程序，使 8 只发光二极管分别受各自对应的控制开关的控制，如图 5-33 所示。

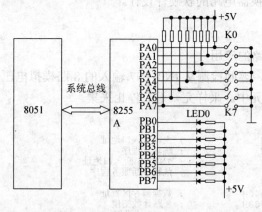

图 5-33　8255 的 PA 口控制 PB 口

若 8255A 的数据线与 8051 单片机的数据总线相连，读、写信号线对应相连，地址线 A_0、A_1 与单片机的地址总线的 P0.0 和 P0.1 相连，片选信号 $\overline{CS}$ 与 8051 的 P2.0 相连，则 8255A 的 A 口、B 口、C 口和控制口的地址分别是 FEFCH、FEFDH、FEFEH、FEFFH。

设定 8255A 的 A 口为方式 0 输入、B 口为方式 0 输出，则汇编程序段如下：

```
         MOV  DPTR, #0FEFFH    ; 指向控制口地址
         MOV  A, #90H          ; 写控制字数据
         MOVX @DPTR, A
LOOP:    MOV  DPTR, #0FEFCH    ; 指向 A 口地址
         MOVX A, @DPTR         ; 读输入口数据
         MOV  DPTR, #0FEFDH    ; 指向 B 口地址
         MOVX @DPTR, A         ; 写输出口数据
         SJMP LOOP
         END
```

C 语言初始化程序段如下：

```
#include <reg51.h>
#include <absacc.h>                  //定义绝对地址访问
```

```
...
XBYTE[0xfeff]=0x90;
...
```

5.7.2　任务 2　A/D 和 D/A 转换器电路接口设计

1．任务目标

(1)　掌握 A/D 转换常用芯片的应用及电路接口设计。

(2)　掌握 D/A 转换常用芯片的应用及电路接口设计。

(3)　掌握 A/D 和 D/A 转换器电路的工作原理。

2．知识点分析

(1)　A/D 转换常用芯片 0809 的应用。

(2)　D/A 转换常用芯片 0832 的应用。

(3)　A/D 和 D/A 转换器电路的工作原理。

(4)　A/D 和 D/A 转换器电路的软硬件设计。

3．实施过程

(1)　A/D 转换器电路的应用

电路可参看图 5-20，巡回检测从 IN0~IN7 输入的 8 路模拟电压信号，检测数据依次存放在 40H 开始的内存单元中。采样完一遍后停止采集。

① 汇编语言编程：

```
            ORG   0000H           ; 主程序入口地址
            AJMP  MAIN            ; 跳转主程序
            ORG   0013H           ; INT1 中断入口地址
            AJMP  ZD1             ; 跳转中断服务程序
            ORG   0030H
MAIN:       MOV   R0, #40H        ; 数据暂存区首址
            MOV   R2, #08H        ; 8 路计数初值
            SETB  IT1             ; INT1 边沿触发
            SETB  EA              ; 开中断
            SETB  EX1             ; 允许 INT1 中断
            MOV   DPTR, #7FF8H    ; 指向 0809 IN0 通道地址
            MOV   A, #00H         ; 此指令可省, A 可为任意值
LOOP:       MOVX  @DPTR, A        ; 启动 A/D 转换
HERE:       SJMP  HERE            ; 等待中断
            DJNZ  R2, LOOP        ; 巡回未完继续
            ORG   0060H
ZD1:        MOVX  A, @DPTR        ; 读 A/D 转换结果
            MOV   @R0, A          ; 存数
            INC   DPTR            ; 更新通道
            INC   R0              ; 更新暂存单元
            RETI                  ; 返回
```

② C 语言编程：

```c
#include <reg51.h>
#include <absacc.h>                  //定义绝对地址访问
#define uchar unsigned char
#define IN0 XBYTE[0x0000]           //定义 IN0 为通道 0 的地址
static uchar data x[8];             //定义 8 个单元的数组, 存放结果
uchar xdata *ad_adr;                //定义指向通道的指针
uchar i = 0;
void main(void)
{
    IT1 = 1;                        //初始化
    EX1 = 1;
    EA = 1;
```

```
        i = 0;
        ad_adr = &IN0;                  //指针指向通道 0
        *ad_adr = i;                    //启动通道 0 转换
        for (;;) {;}                    //等待中断
}
void int_adc(void) interrupt 2          //中断函数
{
        x[i] = *ad_adr;                 //接收当前通道转换结果
        i++;
        ad_adr++;                       //指向下一个通道
        if (i < 8)
        {
                *ad_adr = i;            //8 个通道未转换完，启动下一个通道返回
        }
        else
        {
                EA=0; EX1=0;            //8 个通道转换完，关中断返回
        }
}
```

(2)　D/A 转换器电路的应用

D/A 转换器在实际中经常作为波形发生器使用，通过它可以产生各种各样的波形。下面所实施的任务是 DAC0832 以单缓冲器方式在运放输出端分别产生锯齿波、三角波和方波。$\overline{CS}$ 接 P2.6，故输入寄存器地址为 0BFFFH，集成运放在电路中的作用是把 DAC0832 输出电流转换为电压，接口电路见图 5-18，软件设计分别采用汇编语言编程和 C 语言编程。

①　汇编语言编程

锯齿波：

```
        MOV  DPTR, #0BFFFH      ; 指向 0832 地址
        CLR  A                  ; 置转换数字初值
LOOP:   MOVX @DPTR, A           ; 启动转换
        INC  A                  ; 转换数字量加 1
        SJMP LOOP
```

三角波：

```
        MOV  DPTR, #0BFFFH      ; 指向 0832 地址
        CLR  A                  ; 置转换数字初值
LOOP1:  MOVX @DPTR, A           ; 启动转换
        INC  A                  ; 转换数字量加 1
        CJNE A, #0FFH, LOOP1    ; 数字量增加到 0FFH? 不是，则继续，是则开始减 1
LOOP2:  MOVX @DPTR, A           ; 数字量送 0832 启动转换
        DEC  A                  ; 数字量减 1
        JNZ  LOOP2
        SJMP LOOP1
```

方波：

```
        MOV  DPTR, #0BFFFH      ; 指向 0832 地址
LOOP:   MOV  A, #00H            ; 置转换数字 00H
        MOVX @DPTR, A           ; 启动转换
        ACALL DELAY             ; 延时
        MOV  A, #0FFH           ; 置转换数字 0FFH
        MOVX @DPTR, A           ; 启动转换
        ACALL DELAY             ; 延时
        SJMP LOOP
DELAY:  MOV  R7, #0FFH          ; 延时子程序
        DJNZ R7, $
        RET
```

②　C 语言编程

锯齿波：

```
#include <absacc.h>            //定义绝对地址访问
#define uchar unsigned char
#define DAC0832 XBYTE[0xBFFF]
void main()
{
```

```
    uchar i;
    while(1)
    {
        for (i=0; i<0xff; i++)
        {
            DAC0832 = i;
        }
    }
}
```

三角波：

```
#include <absacc.h>              //定义绝对地址访问
#define uchar unsigned char
#define DAC0832 XBYTE[0xBFFF]
void main()
{
    uchar i;
    while(1)
    {
        for (i=0; i<0xff; i++)
        {
            DAC0832 = i;
        }
        for (i=0xff; i>0; i--)
        {
            DAC0832 = i;
        }
    }
}
```

方波：

```
#include <absacc.h>              //定义绝对地址访问
#define uchar unsigned char
#define DAC0832 XBYTE[0xBFFF]
void delay(void);
void main()
{
    uchar i;
    while(1)
    {
        DAC0832 = 0;          //输出低电平
        delay();              //延时
        DAC0832 = 0xff;       //输出高电平
        delay();              //延时
    }
}
void delay()                     //延时函数
{
    uchar i;
    for (i=0; i<0xff; i++) {;}
}
```

5.7.3 任务3 单片机与PC机通信

实现单片机与PC机通信，要求完成单片机向PC机发送数据和PC机向单片机发送数据两个程序的调试。

1. 任务目标

(1) 掌握单片机与PC机的串行通信硬件电路的设计。

(2) 掌握串行接口RS-232的应用。

(3) 掌握单片异步通信应用编程。

(4) 了解PC端的串行通信软件"Awen串口调试助手"。

2. 知识点分析

(1) 定时器/计数器工作方式 2 的应用。

(2) 串行接口 RS-232 的应用。

(3) 单片机串行通信的应用及波特率的设置。

3. 实施过程

(1) 硬件设计

由于 PC 机上的串行接口为 MAX232 形式的接口，其高、低电平的规定与单片机所规定的 TTL 电平不同，所以单片机必须也要有 232 接口。目前比较常用的方法是直接选用现成的 232 接口芯片。图 5-34 是单片机与 PC 机接口部分的电路。

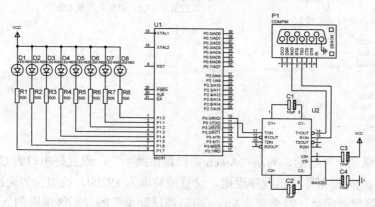

图 5-34　单片机与 PC 机接口电路

(2) PC 端的串行通信软件介绍

为了进行硬件调试，需要找一个 PC 端的串行通信软件，网上有很多这种类型，这里选用的是兰州交通大学陈绍文老师的"Awen 串口调试助手"，该软件下载并解压后，无需安装即可使用，如图 5-35 所示。在使用的时候，注意接 PC 的是 COM1 还是 COM2，"Awen 串口调试助手"可以选择用户所接的 COM 口。另外，在选择波特率时，一定要与程序中设定好的波特率一致，否则无法实现通信。

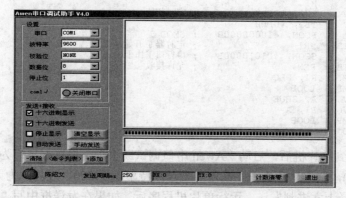

图 5-35　Awen 串口调试助手

（3）异步通信应用编程 - 单片机向 PC 机送数

要求不断地向 PC 机送出 AA 和 55 两个 16 进制数，程序如下：

```
            ORG     0000H
            LJMP    START
            ORG     0030H
START:      MOV     SP, #5FH            ; 初始化堆栈
            MOV     TMOD, #00100000B   ; 定时器1工作于方式2
            MOV     TH1, #0FDH         ; 定时初值，波特率为1920
            MOV     TL1, #0FDH
            ORL     PCON, #10000000B   ; SMOD=1
            SETB    TR1                ; 定时器1开始运行。
            MOV     SCON, #01000000B   ; 串口工作方式1
            MOV     A, #0AAH           ; 待送的数据
SEND:       MOV     SBUF, A
LOOP:       JBC     TI, NEXT           ; 是否送完?
            AJMP    LOOP
NEXT:       CALL    DELAY              ; 延时
            CPL     A                  ; A的值是AAH, 取反之后是55H
            LJMP    SEND
DELAY:                                 ; 延时程序
            MOV     R7, #10
D1:         MOV     R6, #200
D2:         NOP
            NOP
            NOP
            NOP
            DJNZ    R6, D2
            DJNZ    R7, D1
            RET
            END
```

将程序烧录到单片机后，启动"Awen 串口调试助手"，设置好串口为 COM1(根据 PC 机实际情况选择)，根据单片机程序设定，设置波特率为 19200，校验位为无，数据位为 8，停止位为 1，运行程序后，就会在"Awen 串口调试助手"的显示区里看到 AAH 和 55H 交替出现。

（4）异步通信应用编程 - PC 机向单片机送数

要求单片机把接收来的数据送给 P1 口，从 P1 口所接的 LED 亮、灭情况反映接收是否正常。程序如下：

```
            ORG     0000H
            LJMP    START
            ORG     30H
START:      MOV     SP, #5FH           ; 初始化堆栈
            MOV     TMOD, #00100000B   ; 定时器1工作于方式2
            CLR     RI
            MOV     TH1, #0FDH         ; 定时初值
            MOV     TL1, #0FDH
            ORL     PCON, #10000000B   ; SMOD=1
            SETB    TR1                ; 定时器1开始运行
            MOV     SCON, #01010000B   ; 串行口工作于模式1
            SETB    REN                ; 允许接收
LOOP:       JBC     RI, REC
            AJMP    LOOP
REC:        MOV     A, SBUF
            MOV     P1, A
            AJMP    LOOP
            END
```

将程序烧录到单片机后，启动"Awen 串口调试助手"，设置好串口为 COM1(根据 PC 机实际情况选择)，根据单片机程序设定，设置波特率为 19200，校验位为无，数据位为 8，停止位为 1，选择十六进制发送。运行单片机程序后，如果在发送框中写"55"，就可以从 P1 口的 LED 上读出二进制数"01010101B"。

习题与思考题

(1)　MCS-51 的并行接口的扩展有多种方法,在什么情况下,采用扩展 8155 比较合适? 什么情况下,采用扩展 8255A 比较合适?

(2)　现有一片 8031,扩展了一片 8255A,若把 8255A 的 C 口的高四位用作输入,每一位接一个开关,C 口的低四位用作输出,每一位接一个发光二极管,试画出电路原理图,并编写出 C 口高四位某一位开关接高电平时,C 口的低四位相应位发光二极管被点亮的程序。

(3)　用 74LS373 输入(P2.7 片选)、74LS377 输出(P2.6 片选),试画出与 8031 的连接电路,并编制程序,从 74LS373 依次读入 8 个数据,取反后,从 377 输出。

(4)　LED 的静态显示方式与动态显示方式有何区别? 各有什么优缺点?

(5)　在 1 个由 1 片 89C51 单片机与 1 片 ADC0809 组成的数据采集系统中,ADC0809 的 8 个输入通道的地址为 7FF8H ~ 7FFFH,试画出有关接口电路图,并编写出每隔 1 分钟轮流采集 1 次 8 个通道数据的程序,共采样 20 次,其采样值存入内部 RAM 30H 单元开始的存储区中。

(6)　若行线为 P1.2 ~ P1.4,列线为 P1.5 ~ P1.7,试画出只有 9 个按键的行列式键盘输入电路,并编写按键扫描程序。

(7)　什么是串行异步通信? 有哪几种帧格式?

(8)　在串行通信中的数据传送方向有单工、半双工和全双工之分,试叙述各自的功能。

(9)　定时器 T1 作为串行口波特率发生器时,为什么采用方式 2?

(10)简述 MCS-51 单片机串行口的 4 种工作方式的接收和发送数据的过程。

(11)串行口有几种工作方式? 各工作方式的波特率如何确定?

(12)若异步通信接口按方式 3 传送,已知每分钟传送 3600 个字符,其波特率是多少?

(13)某 8051 串行口传送数据的帧格式由一个起始位 0、7 个数据位、一个奇偶校验位和一个停止位 1 组成。当该接口每分钟传送 1800 个字符时,计算其传送波特率。

(14)利用单片机串行口扩展 16 个发光二极管,要求画出电路图并编写程序,使 16 个发光二极管按照不同的顺序发光(发光的时间间隔为 1s)。

第 6 章　C51 仿真与应用

教学提示：

本章根据职业能力培养的要求，引入项目为导向，任务引领的理念，以案例驱动，面向应用为目标，以能力培养和实践操作作为主线来讲解内容。内容的选取和安排按照理论必需、够用的原则，侧重电子电路及单片机等技术实际技能的介绍和训练。每个项目都描述单片机系统仿真(Keil 与 Proteus 的完美结合)及电路设计的方法，给出 C51 的源程序及编程方法，同时给出仿真分析过程和结果。

教学目标：

了解单片机应用系统仿真方法。

熟悉单片机仿真软件 Proteus 与 Keil 的联合应用。

掌握单片机外围常用器件的设计与编程。

通过设计 9 个项目，掌握单片机项目仿真中的一些方法和技巧。

6.1　八位 LED 实现乒乓灯

1. 项目内容

用单片机控制八位 LED 流动点亮。通过 AT89C51 单片机控制 8 个发光二极管，实现 LED 由低位向高位流动点亮。

2. 项目目标

掌握发光二极管的控制方法。

3. 项目步骤

步骤一：Proteus 电路设计

(1) 选取元器件：单击 P 按钮🄿，弹出元器件选择窗口。在关键词栏中输入元器件的关键词，选取需要的元器件。

① 单片机：AT89C51。

② 电阻、8 排阻：RES*。

③ 红色发光二极管：LED-RED。

④ 瓷片电容：CAP*。

⑤ 晶振：CRYSTAL。

(2) 放置元器件：在对象选择器中单击选中 AT89C51，在编辑区中合适的位置单击，器件 AT89C51 就被放置到编辑区中。如果要改变元器件的放置方向，先在 ISIS 对象选择器中单击选中该元器件，再单击工具栏上相应的转向按钮，把元器件旋转到合适的方向后再将其放置于图形编辑窗口中。

（3）放置终端(电源、地)：首先放置电源。单击工具栏中的"终端"按钮 ⊟ ，在对象选择器窗口中选择"POWER"，再在编辑区中要放电源的位置单击完成。放置地(GROUND)的操作与此类似。

（4）元器件之间的连线：因为 ISIS 的智能化程度很高，只要单击所要连线的起点和终点。例如元器件的引脚、终端等，在这两点间会自动生成一条线。若要画折线，只要在转折点单击；若中途想取消连线，右击即可。

（5）元器件属性设置：Proteus 库中的元器件都有相应的属性，要设置修改元器件的属性，只需要双击 ISIS 编辑区中的该元器件。设置好的原理图如图 6-1 所示。

步骤二：源程序设计与目标代码文件生成

（1）程序流程图(LED 流动点亮程序流程图)如图 6-2 所示。

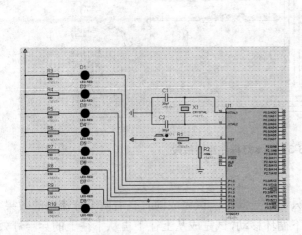

图 6-1　流水灯原理图

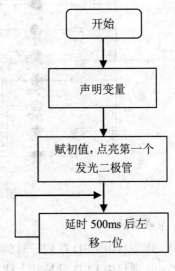

图 6-2　程序流程图

（2）源程序设计：

```
#include <reg51.h>              //51 系列单片机头文件
#include <intrins.h>            //包含 crol(循环左移)函数所在的头文件
void delay(int z);             //声明子函数
unsigned char temp;           //定义一个变量，用来给 P1 口赋值
int i, j;
void main()
{
    temp = 0xfe;              //赋初值 11111110B
    P1 = temp;               //先点亮第一个发光二极管
    while(1)                 //大循环
    {
        delay(500);         //延时 500 毫秒
        temp = _crol_(temp,1); //将 temp 循环左移一位后再赋给 temp
        P1 = temp;          //将移位后的值赋给 P1 口，从低位到高位逐个点亮发光二极管
    }
}

void delay(int z)            //延时 z 毫秒
{
    unsigned int x, y;
    for(x=z; x>0; x--)
        for(y=110; y>0; y--);
}
```

（3）生成目标代码文件

在 Keil 软件中，编译 C 语言源程序，生成目标代码文件，本例中为 led.hex。

步骤三：Proteus 仿真

加载目标代码文件，双击编辑窗口中的 AT89C51 器件，弹出属性编辑对话框。

在 Program File 一栏中单击"打开"按钮▣，出现文件浏览对话框，找到 led.hex 文件，单击"打开"按钮，完成文件添加。单击按钮 ▶，启动仿真，仿真运行片段如图 6-3 所示。通过 AT89C51 单片机控制 8 个发光二极管，实现亮点由低位到高位的流水灯效果。

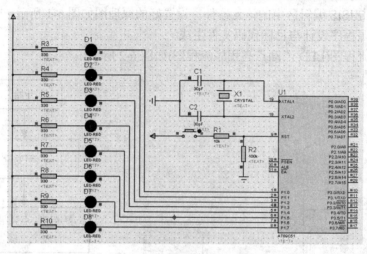

图 6-3　流水灯程序运行片段

4．扩展练习

（1）此项目中 LED 在同一时刻只显示一盏灯，试完成同时亮着两个灯流动的效果。

（2）此项目中 LED 只是从上往下循环移动，试完成从上往下再从下往上的乒乓灯效果。

6.2　数码管动态扫描

1．项目内容

用单片机控制 4 位数码管稳定地显示数字。通过 AT89C51 单片机控制 4 位共阴数码管，采用动态扫描法实现 4 位数码管稳定地显示 0123。

2．项目目标

（1）掌握单片机控制 4 位数码管的动态扫描技术，包括程序设计和电路设计。

（2）用 Proteus 进行电路设计和实时仿真。

3．任务步骤

步骤一：Proteus 电路设计

单片机控制 4 位共阴极数码管动态扫描显示的原理图如图 6-4 所示。

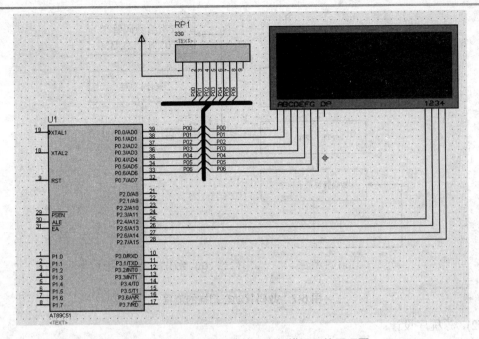

图 6-4　4 位共阴极数码管动态扫描显示的原理图

(1) 选取元器件

① 单片机：AT89C51。

② 带公共端的排阻：RESPACK-8。

③ 4 位共阴极数码管：7SEG-MPX4-CC。

(2) 放置元器件、放置电源和地、连线、元器件属性设置

数码管动态扫描显示的原理图如图 6-4 所示，整个电路设计操作都在 ISIS 平台中进行。带公共端的排阻 RESPACK-8 如图 6-5 所示，在本电路中作为 P0 的上拉电阻，在如图 6-6 所示的"元件值"一栏中可更改阻值，例如本例中将阻值更改为 330 欧姆；Model Type 一栏可更改电阻类型，要使阻值有效，选择 ANALOG。

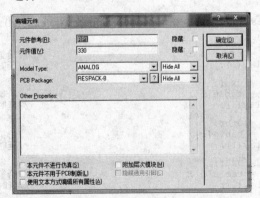

图 6-5　排阻　　　　　　　　图 6-6　排阻属性设置

步骤二：源程序设计与目标代码文件生成

(1) 程序流程(数码管动态扫描的流程)如图 6-7 所示。

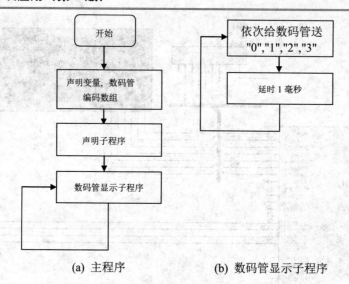

(a) 主程序   (b) 数码管显示子程序

图 6-7　数码管动态扫描的流程

(2)　源程序设计:

```c
#include <reg51.h>                      //51 系列单片机头文件
#define uchar unsigned char
#define uint unsigned int
uint x, y;
uchar code table[] = {
               0x3f,0x06,0x5b,0x4f,
               0x66,0x6d,0x7d,0x07,
               0x7f,0x6f,0x77,0x7c,
               0x39,0x5e,0x79,0x71
                     };                 //共阴极数码管编码
void display(uchar, uchar, uchar, uchar);  //声明子函数
void delay(int);                        //声明子函数
void main()
{
     while(1)
     {
         display(0, 1, 2, 3);           //主程序始终调用数码管显示子程序
     }
}

void display(uchar a, uchar b, uchar c, uchar d)
{
     P2 = 0xef;
     P0 = table[a];                     //给第一个数码管送 "0" 的代码
     delay(1);                          //延时 1ms

     P2 = 0xdf;
     P0 = table[b];                     //给第二个数码管送 "1" 的代码
     delay(1);                          //延时 1ms

     P2 = 0xbf;
     P0 = table[c];                     //给第三个数码管送 "2" 的代码
     delay(1);                          //延时 1ms

     P2 = 0x7f;
     P0 = table[d];                     //给第三个数码管送 "3" 的代码
     delay(1);                          //延时 1ms
}
void delay(int z)                       //延时子函数
{
     uint x, y;
     for(x=z; x>0; x--)
         for(y=110; y>0; y--) ;
}
```

(3) 生成目标代码文件

在 Keil 软件中，编译 C 语言源程序，生成目标代码文件，本例中为 7seg.hex。

步骤三：Proteus 仿真

加载目标代码文件，双击编辑窗口中的 AT89C51 器件，弹出属性编辑对话框。

在 Program File 一栏中单击"打开"按钮🔲，出现文件浏览对话框，找到 7seg.hex 文件，单击"打开"按钮，完成添加文件。单击按钮▐ ▶▐，启动仿真，仿真运行片段如图 6-8 所示。通过 AT89C51 单片机控制 4 位数码管，实现了让 4 位数码管稳定地显示"0123"的效果。

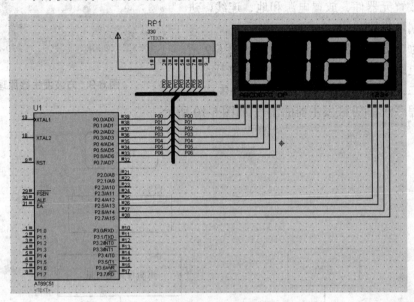

图 6-8　数码管动态扫描显示"0123"

4. 扩展练习

(1) 本项目中使用的是共阴极的数码管，试使用 4 位共阳极的数码管重新设计和仿真。

(2) 本项目中显示的是固定的 0123，试完成 0000～9999 的动态显示。

6.3　定时/计数器的使用

1. 项目内容

用单片机的 T1 实现方波发生器。用 AT89C52 单片机定时/计数器 1 的定时功能，可构成一简单的方波发生器，实现周期为 2s 的方波，并能在虚拟示波器上直观地显示波形。

2. 项目目标

(1) 掌握定时器的基本用法。

(2) 用 Proteus 进行电路设计和实时仿真。

(3) 学会使用虚拟示波器观察波形。

3. 任务步骤

步骤一：Proteus 电路设计

(1) 选取元器件

① 单片机：AT89C52。

② 电阻：RESb

③ LED 发光二极管：LED-RED。

(2) 放置元器件、放置电源和地、连线，进行元器件属性设置。

周期为 2s 的方波发生器的原理图如图 6-9 所示，整个电路设计操作都在 ISIS 平台中进行。

步骤二：源程序设计与目标代码文件生成

(1) 程序流程(方波发生器的流程)如图 6-10 所示。

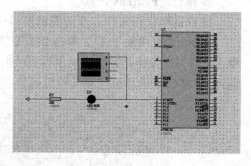

图 6-9　方波发生器原理图

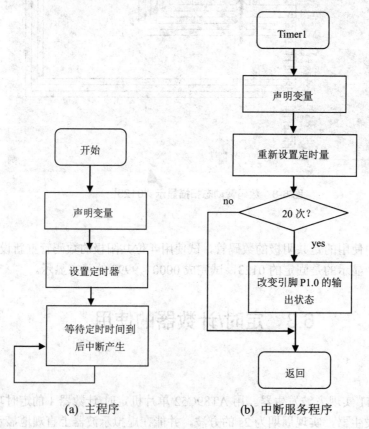

(a) 主程序　　　　　　(b) 中断服务程序

图 6-10　方波发生器的流程

(2) 源程序设计：

```
#include <reg52.h>
#define uchar unsigned char
#define uint unsigned int
sbit D1 = P1^0;
uchar aa;
void main()
```

```
{
    TMOD = 0x10;
    TH1 = (65536-50000)/256;
    TL1 = (65536-50000)%256;        //定时 50ms 中断一次
    EA = 1;                         //开总中断
    ET1 = 1;                        //允许定时器 T1 中断
    TR1 = 1;                        //启动定时器开始工作
    D1 = 1;                         //让 LED 灯初始时处在熄灭状态
    while(1) ;                      //等待中断产生
}
void my_timer1() interrupt 3       //中断服务程序
{
    TH1 = (65536-50000)/256;
    TL1 = (65536-50000)%256;        //重新赋初值
    aa++;                           //中断一次变量 aa 加 1
    if(aa==20)                      //当 aa=20 时中断了 20 次，定时时间为 20*50ms=1s，
                                    //更改一次 P1.0 口的输出状态，这样得到的方波周期为 2s
    {
        aa = 0;                     //将变量 aa 清零，以便于下次重新定时
        D1 = ~D1;                   //改变引脚 P1.0 的输出状态
    }
}
```

步骤三：Proteus 仿真

加载目标代码文件，双击编辑窗口中的 AT89C52 器件，弹出属性编辑对话框。

在 Program File 一栏中单击"打开"按钮□，弹出文件浏览对话框，找到 square.hex 文件，单击"打开"按钮，完成添加文件。单击按钮▶，启动仿真，仿真运行虚拟示波器如图 6-11 所示。用 AT89C52 单片机定时/计数器 1 的定时功能可构成一简单的方波发生器，实现周期为 2s 的方波，并能在虚拟示波器上直观地显示波形。

我们可以适当调整示波器面板上的按钮来使波形最有利于我们观察。

转动如图 6-12 所示的 A 通道的转盘旋钮，可调整 A 通道的电压显示幅值，范围为 2mV~20V/格，图 6-12 中电压幅值为 2V/格，从波形可以看出，P1.0 口输出电压近似为 5V。

转动如图 6-13 所示的转盘旋钮，可调整时基。图 6-13 中的时基为 0.5s/格。我们能够看出，波形的周期为 2s，这与我们设定的目标一致。

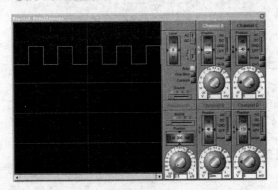  

图 6-11　示波器上显示的方波图　　　图 6-12　调节电压幅值　　图 6-13　调节时基

4．扩展练习

(1) 将项目中方波的周期更改为 1 秒，并能在虚拟示波器上直观地显示波形。

(2) 试采用定时/计数器 0 实现。

(3) 试完成周期为 1 秒、占空比为 1:5 的方波。

6.4 单片机外部中断应用

1. 项目内容

用单片机的中断控制流水灯和数码管。本项目用外部中断功能改变流水灯和数码管的显示状态。没有发生中断时，数码管从 0 至 F 顺序显示，不断循环。当有外部中断 0 发生时(在单片机 P3.2 引脚上有低电平)，立即产生中断，数码管从 0 至 F 顺序显示的工作停下来，转去执行中断服务程序。中断服务程序为：流水灯上下来回流动 3 次。完成中断服务程序后，返回主程序原断点处继续执行，数码管接着原来的数字继续顺序显示。

2. 项目目标

(1) 理解单片机的中断原理及中断过程。

(2) 用 Proteus 设计、仿真单片机的外部中断。

3. 任务步骤

步骤一：Proteus 电路设计

实现外部中断功能改变流水灯和数码管的显示状态的原理图如图 6-14 所示。

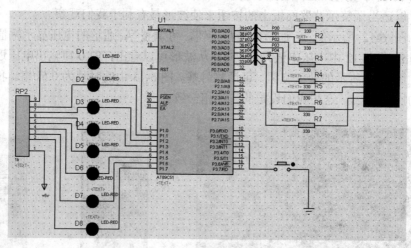

图 6-14 外部中断项目原理图

(1) 选取元器件

① 单片机：AT89C51。

② 电阻、排阻：RES*。

③ LED 发光二极管：LED-RED。

④ 按钮：BUTTON。

⑤ 带公共端共阳七段蓝色数码管：7SEG-COM-AN-BLUE。

(2) 放置元器件、放置电源和地、连线，进行元器件属性设置

外部中断实验的原理图如图 6-14 所示，整个电路设计操作都在 ISIS 平台中进行。与

LED 串联的排阻阻值为 1kΩ，与数码管串联的电阻的阻值为 330 欧姆左右。

步骤二：源程序设计与目标代码文件生成

(1)　程序流程(外部中断流程)如图 6-15 所示。

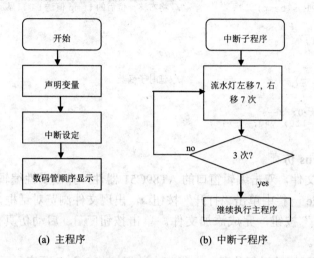

(a) 主程序　　　　　　　　(b) 中断子程序

图 6-15　外部中断流程

(2)　源程序设计：

```c
#include <reg52.h>
#include <intrins.h>                //包含 crol 和 cror 函数所在的头文件
#define uchar unsigned char
#define uint unsigned int
sbit d1 = P1^0;                     //定义 P1 口的第一个引脚
char i, j, m, n, temp, k;
uchar code table[] =  {
            0xc0,0xf9,0xa4,0xb0,
            0x99,0x92,0x82,0xf8,
            0x80,0x98,0x88,0x83,
            0xa7,0xa1,0x06,0x8e
                    };              //共阳极数码管编码
void delay(int z);
void main()
{
    EA = 1;                         //中断总允许
    EX0 = 1;                        //允许外部中断 0 中断
    IT0 = 0;                        //外部中断 0 的触发方式为低电平触发
    while(1)
    {
        for(i=0; i<16; i++)         //主程序一直在从事顺序显示数字的工作
        {
            P0 = table[i];          //将段码逐个送至 P0 口
            delay(500);             //延时 500ms
        }
    }
}

void my_int0() interrupt 0          //外部中断 0 的中断服务程序：中断后流水灯上下循环三次
{
    temp = 0xfe;                    //给流水灯赋初值
    P1 = temp;                      //让第一个灯点亮
    for(k=0; k<3; k++)              //实现循环三次的功能
    {
        for(m=0; m<7; m++)          //左移 7 次
        {
            delay(200);
            temp = _crol(temp, 1);  //库函数里面的循环左移函数，
                                    //将 temp 的值左移一位后重新赋给 temp
            P1 = temp;              //将左移一位后的 temp 值送 P1 口显示
```

```
    }
    for(n=0; n<7; n++)                //右移7次
    {
        delay(200);
        temp = _cror(temp, 1);  //库函数里面的循环右移函数，
                                  //将temp的值右移一位后重新赋给temp
        P1 = temp;                //将右移一位后的temp值送P1口显示
    }
}
    delay(200);
    d1 = 1;
}
void delay(int z)                     //延时子函数
{
    int x, y;
    for(x=z; x>0; x--)
        for(y=110; y>0; y--) ;
}
```

步骤三：Proteus 仿真

加载目标代码文件，双击编辑窗口的 AT89C51 器件，弹出属性编辑对话框。

在 Program File 一栏中单击"打开"按钮▣，出现文件浏览对话框，找到 interrupt.hex 文件，单击"打开"按钮，完成添加文件。单击按钮▐▶，启动仿真，仿真运行片段如图 6-16～6-18 所示。

图 6-17 中是主程序的运行片段，主程序中数码管从 0 至 F 顺序显示。

图 6-18 中，按下按钮后，在单片机 P3.2 引脚上有低电平，立即产生中断，数码管从 0 至 F 顺序显示的工作停下来，流水灯上下循环移动三次。

图 6-19 中，完成中断服务程序后，返回主程序原断点处继续执行，数码管接着原来的数字继续顺序显示。

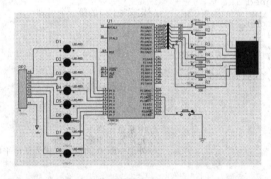

图 6-16　主程序中数码管从 0 至 F 顺序显示

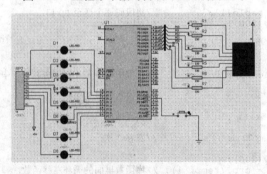

图 6-17　流水灯上下循环移动三次

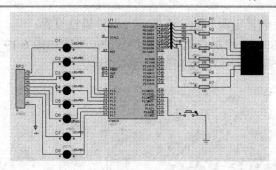

图 6-18　数码管接着原来的数字继续顺序显示

4. 扩展练习

(1)　主程序中，数码管从 0 至 F 顺序显示数字，中断发生后(在单片机 P3.2 引脚上有低电平)，数码管从 F 至 0 反序显示。

(2)　试采用外部中断 1 实现以上功能。

(3)　没有发生中断时，发光二极管实现流水灯效果；当有外部中断 0 发生时，数码管从 0 至 F 顺序显示后返回主程序；当有外部中断 1 发生时(在单片机 P3.3 引脚上有低电平)，实现乒乓灯效果 3 次后返回。

6.5　直流电机正反转

1. 项目内容

用单片机控制直流电机正反转。用单片机 AT89C51 控制直流电机正反转。在此将由 AT89C51 的 P2.0、P2.1 通过晶体管控制继电器，当 P2.0 输出高电平、P2.1 输出低电平时，三极管 Q1 导通，而三极管 Q2 截止，从而导致与 Q1 相连的继电器吸合，电机因两端产生电压而转动。由 P3.0、P3.1、P3.2 控制电机的正传、反转和停止。

2. 项目目标

掌握驱动电机正反转的电路。

3. 任务步骤

步骤一：Proteus 电路设计

(1)　选取元器件

①　单片机：AT89C51。

②　电阻：RES*。

③　直流电机：MOTOR。

④　按钮：BUTTON。

⑤　三极管：NPN*。

⑥　继电器：RELAY*。

⑦　二极管：DIODE*。

(2) 放置元器件、放置电源和地、连线、元器件属性设置

实现用单片机 AT89C51 控制直流电机正反转的原理图如图 6-19 所示。整个电路设计操作都在 ISIS 平台中进行。这些与前文相似，故不详述。

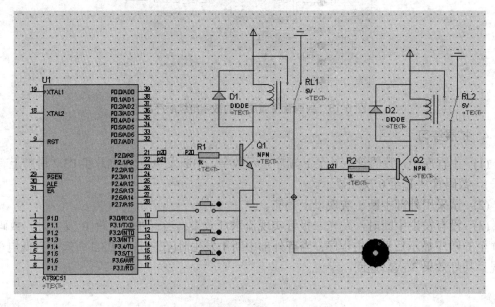

图 6-19　直流电机正反转原理图

关于元器件属性的设置，在此实例中需要特别注意如下几点。

① 三极管基极的限流电阻更改为 1kΩ。

② 双击电机图标，弹出如图 6-20 所示的电机属性对话框，在 Nominal Voltage 一栏中将默认值更改为 5V。

③ 双击继电器图标，在弹出的如图 6-21 所示的继电器属性对话框中，在 Component Value 一栏中将默认值更改为 5V。

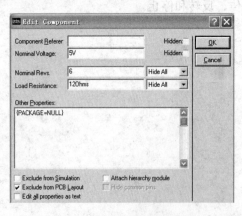

图 6-20　更改电机属性

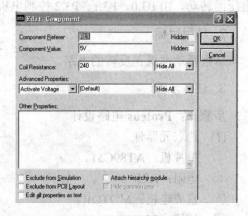

图 6-21　更改继电器属性

步骤二：源程序设计与目标代码文件生成

(1) 程序流程图(电机正反转流程图)如图 6-22 所示。

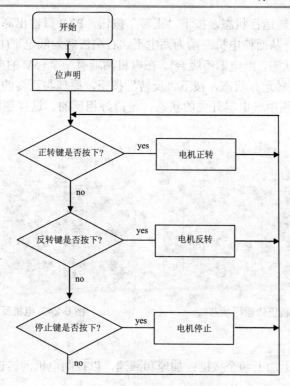

图 6-22 电机正反转流程图

(2) 源程序设计：

```
#include <reg51.h>
sbit p20 = P2^0;          //P2^0 的功能是控制三极管的导通和截止
sbit p21 = P2^1;          //P2^1 的功能是控制三极管的导通和截止
sbit p30 = P3^0;          //声明直流电机的正转位置
sbit p31 = P3^1;          //声明直流电机的反转位置
sbit p32 = P3^2;          //声明直流电机的停止位置
void main()
{
    while(1)              //无穷循环
    {
        if(p30 == 0)     //若按下 p30
        {
            p20 = 1;     //P2^0 控制的三极管导通，线圈吸合，
            p21 = 0;     //P2^1 控制的三极管截止，两者共同控制电机正转
        }
        if(p31 == 0)     //若按下 p31
        {
            p20 = 0;     //P2^0 控制的三极管截止，
            p21 = 1;     //P2^1 控制的三极管导通，线圈吸合，两者共同控制电机反转
        }
        if(p32 == 0)     //若按下 p32
        {
            p20 = 0;     //P2^0 控制的三极管截止，
            p21 = 0;     //P2^1 控制的三极管截止，两者共同控制电机停转
        }
    }
}
```

步骤三：Proteus 仿真

加载目标代码文件，双击编辑窗口的 AT89C51 器件，弹出属性编辑对话框。

在 Program File 一栏中单击"打开"按钮，出现文件浏览对话框，找到 motor.hex 文件，单击"打开"按钮，完成文件添加。单击按钮，启动仿真。

图 6-23 为电机正转运行状态，按下"正转"按钮，P2.0 口输出高电平，三极管处于导通状态，继电器吸合，从而使电机左端为高电平。右端依然为低电平(由于 P2.1 口输出低电平，三极管处于截止状态，继电器不吸合)。在电机两端有一个+5V 的电压，所以电机正转。

图 6-24 为电机反转运行状态，按下"反转"按钮，原理与正转的情况恰好相反，故不详述。但应关注两个图中继电器开关的状态，是恰好相反的。这样在两种情况下，电机的转向是相反的。

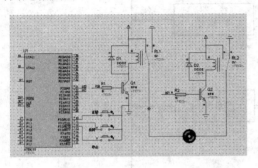 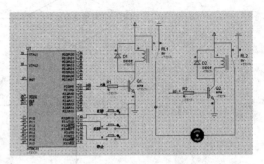

图 6-23 电机正转运行状态　　　　　图 6-24 电机反转运行状态

4. 扩展练习

在此项目的基础上加上两个按键：加速和减速，以控制电机的转速。

6.6 用 ADC0809 实现电压表

1. 项目内容

用单片机 AT89C52 和 ADC0809 设计一个数字电压表。要求电压表能够测量 0~5V 之间的电压值，用 4 位数码管显示。

2. 项目目标

(1) 掌握 Proteus 中电压探针和电压表的使用方法。

(2) 通过制作简易电压表，学会 A/D 转换芯片在单片机应用系统中的硬件接口技术和编程方法。

3. 任务步骤

步骤一：Proteus 电路设计

(1) 选取元器件

① 单片机：AT89C52。

② 电阻：RES*。

③ 4 位共阴极的数码管：7SEG-MPX4-CC。

④ A/D 转换芯片：ADC0808(代替 0809)。

⑤ 电位器：POT-LOG。

⑥ 瓷片电容：CAP。

⑦ 晶振：CRYSTAL。

(2) 放置元器件、放置电源和地、连线，进行元器件属性设置

利用单片机 AT89C52 和 ADC0809 设计一个数字电压表的原理图如图 6-25 所示。整个电路设计操作都在 ISIS 平台中进行。

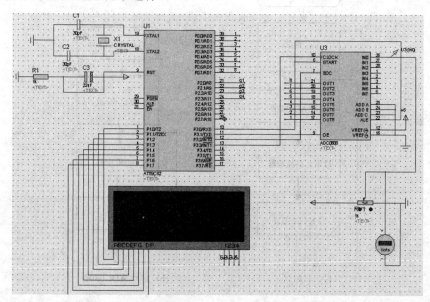

图 6-25 ADC0809 与单片机的接口电路

① 电压探针和电压表

单击工具栏 中的电压探针按钮 ，连接到要实时监控的电路上，以便仿真时观察该处电压的实时变化。

单击工具栏中的虚拟仪器按钮 ，在对象选择器列表中选择 DC VOLTMETER(直流电压表)，在 ISIS 编辑窗口中的合适位置单击，就可以将电压表放置好了。通过电压表可以观察到电位器电压的实时变化。

② ADC0809 与单片机的接口电路需要做些说明

ADDA、ADDB、ADDC：在本实例中，直接将 ADDA、ADDB、ADDC 接地，选通 IN0 通道。

CLK：在如图 6-25 所示的电路中，CLK 与 P3^3 口相连，单片机通过软件的方法在 P3^3 口输出时钟信号，供 ADC0809 使用。

START：在如图 6-25 所示的电路中，START 与 P3^0 口相连。

D0~D7：8 位转换结果输出端。在如图 6-25 所示的电路中，与 P0 口相连，从 P0 口读出转换结果。

EOC：ADC0809 自动发出的转换状态端，在如图 6-25 所示的电路中，EOC 与 P3^2 口相连。

OE：转换数据允许输出控制端，在如图 6-25 所示的电路中，OE 与 P3^1 口相连。

ALE：在如图 6-25 所示的电路中将 ALE 与 START 相连。由于 ALE 和 START 连在一起，因此 ADC0809 启动转换同时也在锁存通道地址。

步骤二：源程序设计与目标代码文件生成

(1) 程序流程图(电压表流程图)如图 6-26 所示。

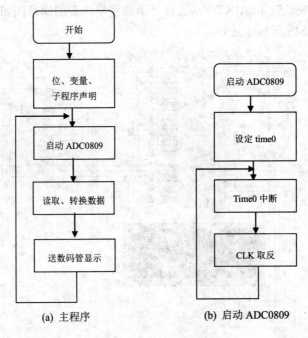

(a) 主程序　　　　　　(b) 启动 ADC0809

图 6-26　电压表流程图

(2) 源程序设计：

```c
#include <reg52.h>
#define uint unsigned int
#define uchar unsigned char
uchar code table[] = {
            0x3f,0x06,0x5b,0x4f,
            0x66,0x6d,0x7d,0x07,
            0x7f,0x6f
                };
uchar disp[4];                          //定义数组变量
sbit ST = P3^0;                         //定义 START 引脚
sbit OE = P3^1;                         //定义 OE 引脚
sbit EOC = P3^2;                        //定义 EOC 引脚
sbit CLK = P3^3;                        //定义 CLOCK 引脚
sbit p17 = P1^7;                        //定义数码管小数点
int getdata, temp;
void delay(uint z);
void display();
void initial();
void main()
{
    initial();                          //调用初始化函数
    while(1)
    {
        OE = 0;                         //刚开始禁止将转换结果输出
        ST = 0;
        ST = 1;
        ST = 0;                         //启动 AD 转换开始
        while(EOC == 0) ;               //等待转换结束
        OE = 1;                         //允许转换结果输出
        getdata = P0;                   //将转换结果赋值给变量 getdata
        OE = 0;                         //禁止转换结果输出
        temp = getdata*1.0/255*5000;    //将得到的数据进行处理
        disp[0] = temp%10;              //取得个位数
        disp[1] = temp/10%10;           //取得十位数
        disp[2] = temp/100%10;          //取得百位数
        disp[3] = temp/1000;            //取得千位数
```

```
        display();              //调用显示子程序
    }
}
void delay(uint z)
{
    uint x, y;
    for(x=z; x>0; x--)
        for(y=110; y>0; y--) ;
}
void initial()    //中断服务程序初始化
{
    TMOD = 0x01;
    TH0 = (65536-20)/256;
    TL0 = (65536-20)%256;
    EA = 1;
    ET0 = 1;
    TR0 = 1;
}
void timer0() interrupt 1     //给 AD0809 提供 25kHz 的时钟脉冲
{
    TH0 = (65536-20)/256;
    TL0 = (65536-20)%256;
    CLK = ~CLK;
}
void display()      //将显示结果在数码管中显示
{
    P2 = 0xf7;
    P1 = table[disp[0]];
    delay(1);
    P2 = 0xfb;
    P1 = table[disp[1]];
    delay(1);
    P2 = 0xfd;
    P1 = table[disp[2]];
    delay(1);
    P2 = 0xfe;
    P1 = table[disp[3]];
    delay(1);
    p17 = 1;
}
```

步骤三：Proteus 仿真

加载目标代码文件，双击编辑窗口中的 AT89C52 器件，弹出属性编辑对话框。

在 Program File 一栏中单击"打开"按钮，出现文件浏览对话框，找到 dianya.hex 文件，单击"打开"按钮，完成文件添加。单击按钮，启动仿真。

图 6-27 中，电位器调节到最左端，为最高电压。图 6-28 中，电压探针和电压表实时显示此电压值。

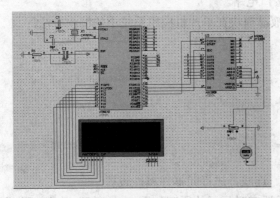
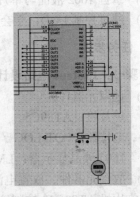

图 6-27　电位器调节到最左端采集到的最高电压　　图 6-28　电压表和电压探针实时显示

调节电位器，IN0 通道获得的模拟量都可以在数码管上实时显示。如图 6-29 所示为调节电位器后采集到的电压。图 6-30 中，电压探针和电压表实时显示此电压值。

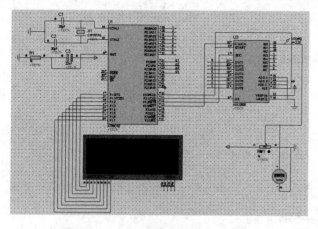

图 6-29　调节电位器后采集到的电压　　　　图 6-30　电压表和电压探针实时显示

4. 扩展练习

(1)　试扩大电压表的量程，做一个最大量程为 12V 的电压表。

(2)　做一个任意量程的电压表。

6.7　1602 液晶显示器控制

1. 项目内容

用单片机 AT89C52 控制液晶显示器实时显示。在 1602 液晶的第一行显示"I LOVE MY SCHOOL"，在第二行显示"WWW.SIIT.CN"。

2. 项目目标

(1)　掌握 1602 液晶与单片机的接口电路。

(2)　通过控制 LCD，学会 LCD 液晶模块在单片机应用系统中的编程方法。

3. 任务步骤

步骤一：Proteus 电路设计

(1)　选取元器件

①　单片机：AT89C5。

②　电位器：POT-LOG。

③　1602 液晶显示器：LM016L。

(2)　放置元器件、放置电源和地、连线，进行元器件属性设置

用单片机 AT89C52 控制液晶显示器实时显示的原理如图 6-31 所示，整个电路设计操作都在 ISIS 平台中进行。

步骤二：源程序设计与目标代码文件生成

(1) 程序流程(液晶显示流程)如图 6-32 所示。

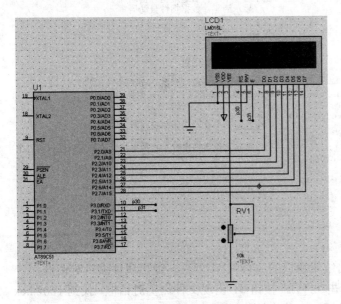

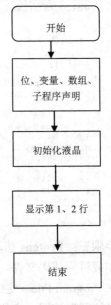

图 6-31　1602 液晶显示原理图　　　　图 6-32　液晶显示流程

(2) 源程序设计：

```c
#include <reg52.h>
#define uchar unsigned char
#define uint unsigned int
uchar code table[] = "I LOVE MY SCHOOL";
uchar code table1[] = "WWW.SIIT.CN";
sbit lcden = P3^1;                    //液晶使能端
sbit lcdrs = P3^0;                    //液晶数据命令选择端
uchar num;

void delay(uint z)
{
    uint x, y;
    for(x=z; x>0; x--)
        for(y=110; y>0; y--) ;
}

void write_com(uchar com)             //写命令函数
{
    lcdrs = 0;                        //选择写命令模式
    P2 = com;                         //将要写的命令字送到数据总线上
    delay(5);                         //稍作延时以待数据稳定
    lcden = 1;                        //使能端给一高脉冲，因为初始化函数中已经将 lcden 置为 0
    delay(5);                         //稍作延时
    lcden = 0;                        //将使能端置 0 以完成高脉冲
}

void write_data(uchar date)           //写数据函数
{
    lcdrs = 1;                        //选择写数据模式
    P2 = date;                        //将要写的数据送到数据总线上
    delay(5);                         //稍作延时以待数据稳定
    lcden = 1;                        //使能端给一高脉冲，因为初始化函数中已经将 lcden 置为 0
    delay(5);                         //稍作延时
    lcden = 0;                        //将使能端置 0 以完成高脉冲
}

void init()
```

```
{
    lcden = 0;                              //初始化函数中将 lcden 置为 0
    write_com(0x38);                        //设置 16*2 显示，5*7 点阵，8 位数据接口
    write_com(0x0c);                        //设置开显示，不显示光标
    write_com(0x06);                        //写一个字符后地址指针自动加 1
    write_com(0x01);                        //显示清零，数据指针自动清零
}

void main()
{
    init();                                 //调用初始化函数

    write_com(0x80);                        //将数据指针定位到第一行第一个字处
    for(num=0; num<16; num++)               //使用 FOR 语句逐个写完要显示的字符
    {
        write_data(table[num]);
        delay(5);                           //在每两个字符间做简短延时
    }
    write_com(0x80+0x40);                   //重新定位数据指针，将数据指针定位到第二行第一个字处
    for(num=0; num<11; num++)               //使用 FOR 语句逐个写完要显示的字符
    {
        write_data(table1[num]);
        delay(5);                           //在每两个字符间做简短延时
    }
    while(1) ;
}
```

步骤三：Proteus 仿真

加载目标代码文件，双击编辑窗口的 AT89C51 器件，弹出属性编辑对话框。

在 Program File 一栏中单击"打开"按钮，出现文件浏览对话框，找到 1602.hex 文件，单击"打开"按钮，完成文件添加。单击按钮，启动仿真，仿真运行片段如图 6-33 所示。在 1602 液晶的第一行从第一个字符开始显示"I LOVE MY SCHOOL"，在第二行也从第一个字符开始显示"WWW.SIIT.CN"。

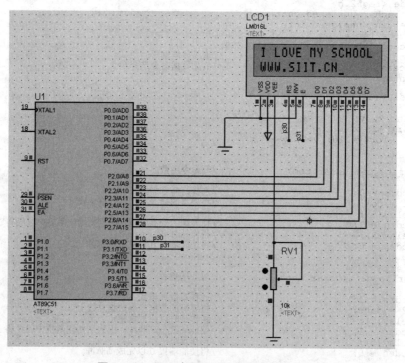

图 6-33　1602 液晶显示的仿真运行片段

4. 扩展练习

(1) 另外一种型号的液晶显示器 12864 可以显示汉字，试着仿真一下显示 "苏州工业职业技术学院　电子工程系" 这几个字。

(2) 用 1602 显示上个项目中的电压值。

6.8　简易秒表制作

1. 项目内容

用单片机制作简易秒表。利用按键构成键盘，实现秒表的启动、停止和复位，利用 LED 数码管显示时间。

2. 项目目标

(1) 通过简易秒表的制作，进一步熟悉 LED 数码管与单片机的接口电路。

(2) 学习定时/计数器、中断技术的综合运用并会使用简易键盘。

3. 任务步骤

步骤一：Proteus 电路设计

(1) 选取元器件

① 单片机：AT89C51。

② 两位共阴极蓝色数码管：7SEG-MPX2-CC-BLUE。

③ 排阻：RESPACK-8。

④ 按钮：BUTTON。

(2) 放置元器件、放置电源和地、连线，进行元器件属性设置

简易秒表的原理如图 6-34 所示，整个电路设计操作都在 ISIS 平台中进行。

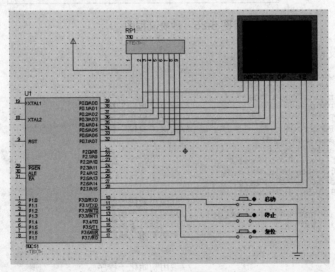

图 6-34　简易秒表的原理图

步骤二：源程序设计与目标代码文件生成

(1) 程序流程(秒表流程)如图 6-35 所示。

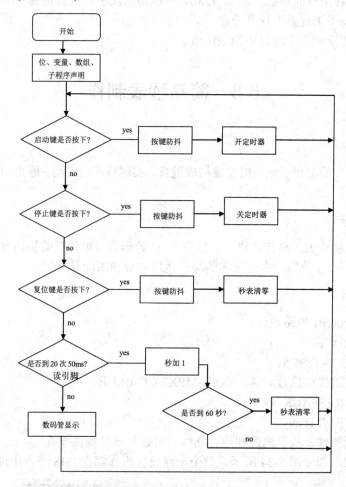

图 6-35　秒表流程图

(2) 源程序设计：

```c
#include <reg52.h>
#define uint unsigned int
#define uchar unsigned char
sbit key1 = P3^0;                    //定义"启动"按钮
sbit key2 = P3^1;                    //定义"停止"按钮
sbit key3 = P3^2;                    //定义"复位"按钮
uchar temp, aa, shi, ge;
uchar code table[] = {
        0x3f,0x06,0x5b,0x4f,
        0x66,0x6d,0x7d,0x07,
        0x7f,0x6f,0x77,0x7c,
        0x39,0x5e,0x79,0x71
                     };              //共阴极数码管编码
void display(uchar shi, uchar ge);   //声明显示子函数
void delay(uint z);                  //声明延时子函数
void init();                         //声明初始化函数
void main()
{
    init();                          //调用初始化程序
    while(1)
    {
        if(key1 == 0)                //检测"启动"按钮是否按下
```

```
        {
            delay(10);                          //延时去抖动
            if(key1 == 0)                       //再次检测"启动"按钮是否按下
            {
                while(!key1);                   //松手检测，若按键没有释放，key1 始终为 0，
                                                //那么!key1 始终为 1，程序就一直停在此 while 语句处
                TR0 = 1;                        //启动定时器开始工作
            }
        }
        if(key2 == 0)                           //检测"停止"按钮是否按下
        {
            delay(10);                          //延时去抖动
            if(key2 == 0)                       //再次检测"停止"按钮是否按下
            {
                while(!key2) ;                  //松手检测
                TR0 = 0;                        //关闭定时器
            }
        }
        if(key3 == 0)                           //检测"复位"按钮是否按下
        {
            delay(10);                          //延时去抖动
            if(key3 == 0)                       //再次检测"复位"按钮是否按下
            {
                while(!key3) ;                  //松手检测
                temp = 0;                       //将变量 temp 的值清零
                shi = 0;                        //将十位清零
                ge = 0;                         //将个位清零
                TR0 = 0;                        //关闭定时器
            }
        }
        display(shi, ge);                       //调用显示子函数
    }
}
void delay(uint z)                              //延时子函数
{
    uint x, y;
    for(x=z; x>0; x--)
        for(y=110; y>0; y--) ;
}
void display(uchar shi, uchar ge)               //显示子程序
{
    P2 = 0xbf;
    P0 = table[shi];
    delay(10);

    P2 = 0x7f;
    P0 = table[ge];
    delay(10);                                  //使用动态扫描的方法实现数码管显示
}
void init()                                     //初始化子程序
{
    temp = 0;
    TMOD = 0x01;                                //使用定时器 T0 的方式 1
    TH0 = (65536-50000)/256;
    TL0 = (65536-50000)%256;                    //定时 50ms 中断一次
    EA = 1;                                     //中断总允许
    ET0 = 1;                                    //允许定时器 T0 中断
}
void timer0() interrupt 1
{
    TH0 = (65536-50000)/256;                    //重新赋初值
    TL0 = (65536-50000)%256;
    aa++;                                       //中断一次变量 aa 的值加 1
    if(aa == 20)        //中断 20 次后，定时时间为 20*50ms=1000ms=1s，将变量 temp 的值加 1
    {
        aa = 0;
        temp++;
        if(temp == 60)                          //秒表到达 60s 后回零
        {
            temp = 0;
        }
        shi = temp%100/10;
        ge = temp%10;                           //分离个位和十位
    }
}
```

步骤三：Proteus 仿真

加载目标代码文件，双击编辑窗口的 AT89C51 器件，弹出属性编辑对话框。

在 Program File 一栏中单击"打开"按钮，出现文件浏览对话框，找到 miaobiao.hex 文件，单击"打开"按钮，完成文件添加。单击按钮，启动仿真，按下"启动"按钮后，秒表开始计时，如图 6-36 所示。按下"停止"按钮，秒表停止计时。按下"复位"按钮，秒表回到最初始的状态，如图 6-37 所示。

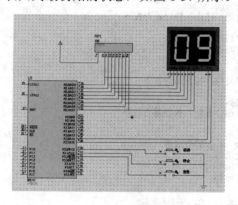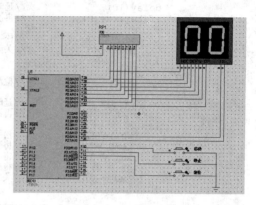

图 6-36　按下"启动"按钮后秒表开始计时　图 6-37　按下"复位"按钮后秒表回到最初始的状态

4. 扩展练习

此项目设计的秒表只能显示两位整数，如果要记录 110 米跨栏 12:88 秒的成绩，则必须再增加两位数码管来显示小数位。想想硬件和软件应该如何改动。

6.9　点阵 LED 简单图形显示技术

1. 项目内容

用单片机在 8×8 点阵上显示图形。用单片机 AT89C52 在 8×8 点阵上逐次显示心形、圆形和菱形图。

2. 项目目标

(1)　通过学习点阵 LED 显示技术，掌握单片机与点阵的接口电路。

(2)　进一步熟悉单片机 I/O 口的运用方法，了解动态显示的编程方法。

3. 任务步骤

步骤一：Proteus 电路设计

(1)　选取元器件

①　单片机：AT89C52。

②　点阵：MATRIX-8×8-RED。

(2)　放置元器件、放置电源和地、连线，进行元器件属性设置

点阵模块的原理如图 6-38 所示，整个电路设计操作都在 ISIS 平台中进行。

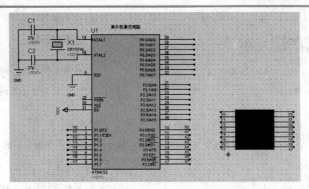

图 6-38　LED 点阵的原理图

步骤二：源程序设计与目标代码文件生成

(1) 程序流程(点阵显示流程)如图 6-39 所示。

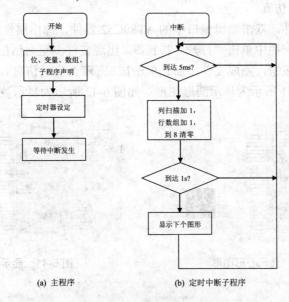

(a) 主程序　　　　　　　　(b) 定时中断子程序

图 6-39　点阵显示流程图

(2) 源程序设计：

```c
#include <AT89X52.H>
unsigned char code tab[] = {0xfe,0xfd,0xfb,0xf7,0xef,0xdf,0xbf,0x7f};
unsigned char code digittab[][] = {
    {0x1c,0x22,0x42,0x84,0x84,0x42,0x22,0x1c},    //心形
    {0x00,0x3c,0x42,0x81,0x81,0x81,0x42,0x3c},    //圆形
    {0x00,0x18,0x24,0x42,0x81,0x42,0x24,0x18},    //菱形
                                 };
unsigned int timecount;
unsigned char cnta;                               //定义列
unsigned char cntb;                               //定义行
void main(void)
{
    TMOD = 0x01;                                  //使用定时器T0的方式1
    TH0 = (65536-5000)/256;
    TL0 = (65536-5000)%256;                       //5ms中断一次
    EA = 1;                                       //中断总允许
    TR0 = 1;                                      //启动定时器开始工作
    ET0 = 1;                                      //允许定时器T0中断
    while(1) {;}                                  //等待中断产生
}
```

```
void t0(void) interrupt 1 using 0                          //中断服务程序
{
    TH0 = (65536-5000)/256;                                //重新赋初值
    TL0 = (65536-5000)%256;
    P3 = tab[cnta];
    P1 = digittab[cntb][cnta];                             //行数保持不变，列每中断一次加1
    cnta++;
    if(cnta == 8)                                          //一行只有8个数码，列加到8之后回零
    {
        cnta = 0;
    }
    timecount++;
    if(timecount == 200)  //200*5=1000ms后行加1，控制每个图形显示的时间为1000ms，即为1s
    {
        timecount = 0;
        cntb++;
        if(cntb == 3)                                      //只有三行数码，行加到3之后回零
        {
            cntb = 0;
        }
    }
}
```

步骤三：Proteus 仿真

加载目标代码文件，双击编辑窗口中的 AT89C52 器件，弹出属性编辑对话框。

在 Program File 一栏中单击"打开"按钮，出现文件浏览对话框，找到 dianzhen.hex 文件，单击"打开"按钮，完成文件添加。单击按钮，启动仿真。如图 6-40 所示为显示心形图形；如图 6-41 所示为显示圆形图形；如图 6-42 所示为显示菱形图形。

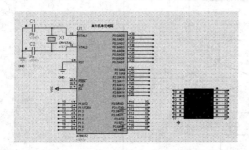
图 6-40　显示心形图形

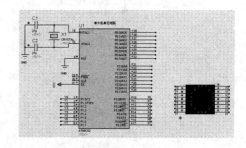
图 6-41　显示圆形图形

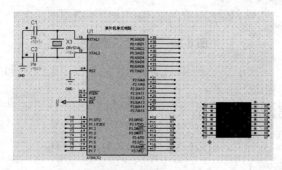
图 6-42　显示菱形图形

4. 扩展练习

(1) 试在 8×8 点阵上逐个显示 0~9 这几个数字。

(2) 试用开关控制图形的显示，开关未闭合，显示图形切换，开关闭合显示数字切换。

习题与思考题

(1) P0 口的 1、3、5、7 个引脚控制发光二极管 1 秒钟闪烁一次。

(2) 用单片机控制扬声器产生"滴、滴、滴…"的报警声，从 P1.0 端口输出，产生频率为 1kHz。

(3) 用单片机驱动蜂鸣器产生 1kHz 的频率的声音，持续 0.1s，停 0.1s，然后从头执行。

(4) 8 个发光管由上至下间隔 1s 流动，其中每个管亮 500ms，灭 500ms，亮时蜂鸣器响，灭时关闭蜂鸣器，一直重复下去。

(5) 用单片机驱动 4 位共阳极数码管同时点亮，依次显示从 0 到 F，时间间隔 1 秒。此过程一直循环。

(6) 用动态扫描方法在 6 位共阴极数码管上显示出稳定的 654321。

(7) 利用定时/计数器 T0 从 P1.0 输出周期为 1s 的方波，让发光二极管以 1Hz 闪烁，设晶振频率为 12MHz。

(8) 利用动态扫描和定时器 1 在数码管上显示出从 765432 开始以 1/10 秒的速度往下递减直至 765398，并保持显示此数。

(9) 用定时器 T0 以间隔 500ms 在 6 位数码管上依次显示 0、1、2、3、…、C、D、E、F，一直重复下去。

(10) 主程序中 P1 口控制的 8 个流水灯 1 秒钟闪烁一次，中断发生后(在单片机 P3.2 引脚上有低电平)，进行单灯左移三次。

(11) 主程序中，数码管从 0 至 9 顺序显示数字，中断发生后，8 个流水灯一起闪烁三次。

(12) 通过单片机输出不同占空比 PWM 信号来控制直流电机的转速，PWM 分别为 1:3、2:2、3:1。

(13) 用单片机控制步进电机，使用按键分别控制电机正转、反转、加速、减速。

(14) 用单片机控制 DAC0832 芯片的输出电流，让发光二极管由灭均匀变到最亮，再由最亮均匀熄灭。

(15) 用单片机控制 ADC0809 测量电阻的阻值。

(16) 用单片机控制液晶，实现第一行从右侧移入 "Good morning!" 同时第二行从左侧移入 "Hello everyone!"。

(17) 用单片机控制 12864 液晶，在液晶上显示图片。

(18) 用液晶做一个可以预置时间的倒计时简易秒表，利用按键构成键盘，实现秒表的启动、停止和复位。

(19) 使用 1302 时钟芯片和 1602 液晶，仿真做一个实时时钟。

(20) 在 8×8 点阵上实现 "GOOD LUCK TO YOU" 这行字循环显示。

(21) 在 8×8 点阵上实现先让横向亮条从上至下流动，再让竖向亮条从左至右流动，一直循环下去。

第 7 章　单片机应用系统设计

教学提示：

本章重点和难点在于以单片机为核心的应用系统软硬件开发过程，即：

根据所设计的两个单片机应用系统实例，了解 MCS-51 单片机系统的应用。

根据具体系统的测控要求，设计硬件(元器件选择、原理图设计)。

根据具体系统的测控要求，设计软件(程序的编写方法、步骤及格式)。

教学目标：

了解单片机应用系统设计方法。

了解如何开发单片机系统。

通过设计两个实例，掌握单片机项目设计中的一些方法和技巧。

掌握单片机系统开发的步骤，简单实用的软硬件设计。

7.1　单片机应用系统的基本结构

单片机应用系统是为完成某项任务而研制和开发的用户系统，是以单片机为核心，配以外围电路和软件，能实现设定任务、功能的实际应用系统。

前面已经介绍了单片机的基本组成、功能及其扩展电路，掌握了单片机的软件、硬件资源的组织和使用。

除此而外，一个实际的单片机应用系统还涉及很多复杂的内容和问题，如涉及多种类型的接口电路；涉及软件设计；软件与硬件的结合；如何选择最优方案等内容。

本章将对单片机应用系统的软/硬件设计、开发和调试等方面进行介绍，以使读者能初步掌握单片机应用系统的设计。

7.1.1　单片机应用系统的结构

1．单片机应用系统的硬件结构

单片机主要用于工业测控。典型的单片机应用系统应包括单片机系统和被控对象，如图 7-1 所示。单片机系统包括通常的存储器扩展、显示器键盘接口。被控对象与单片机之间包括测控输入通道和伺服控制输出通道，另外还包括相应的专用功能接口芯片。

2．单片机应用系统

在单片机应用系统中，单片机是整个系统的核心，对整个系统的信息输入、处理、信息输出进行控制。与单片机配套的有相应的复位电路、时钟电路以及扩展的存储器和 I/O 接口，使单片机应用系统能够顺利运行。

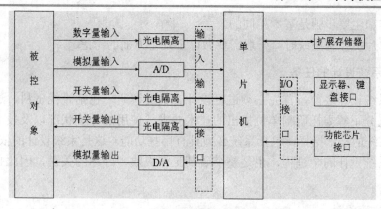

图 7-1　典型单片机应用系统结构

在一个单片机应用系统中，往往都会输入信息和显示信息，这就要求配置相应的键盘和显示器。在单片机应用系统中，显示器可以是 LED 指示灯，可以是 LED 数码管，也可以是 LCD 显示器，还可以使用 CRT 显示器。单片机应用系统中，一般用得比较多的是矩阵键盘，显示器用得比较多的是 LED 数码管和 LCD 显示器。

3．输入通道和输出通道

单片机系统的输入通道用于检测输入信息。来自被控对象的信息有多种。按物理量的特征可分为模拟量、数字量和开关量 3 种。

对于数字量的采集，输入比较简单。它们可直接作为计数输入、测试输入、I/O 口输入或中断源输入进行事件计数、定时计数等，实现脉冲的频率、周期、相位及计数测量。

对于开关量的采集，一般通过 I/O 口线直接输入。但一般被控对象都是交变电流、交变电压、大电流系统。而单片机属于数字弱电系统，因此在数字量和开关量采集通道中，要用隔离器进行隔离(如光电耦合器件)。

对于模拟量的采集，相对于数字量来说要复杂，被控对象的模拟信号有电信号，如电压、电流、电磁量等；也有非电量信号，如温度、湿度、压力、流量、位移量等，对于非电信号，一般都要通过传感器转换成电信号，然后通过隔离放大、滤波、采样保持，最后再通过 A/D 转换送给单片机。

伺服控制输出通道用于对控制对象进行控制。作用于控制对象的控制信号通常有开关量控制信号和模拟量控制信号两种。开关量控制信号的输出比较简单，只需采用隔离器件进行隔离和电平转换即可。模拟控制信号输出需要进行 A/D 转换、隔离放大和隔离驱动等。

4．功能接口芯片

功能接口芯片是专门用于控制某个方面的芯片，不同的单片机应用系统可能不一样，通过专门的控制芯片能简化硬件系统的设计，减轻软件编程的负担，减少开发的时间，降低开发成本。在进行单片机应用系统设计时，应多注意各种各样的功能接口芯片。

7.1.2　单片机应用系统设计的基本过程

单片机系统的设计，由于控制对象的不同，其硬件和软件结构有很大差异，但系统设计的基本内容和主要步骤是基本相同的。

在设计单片机控制系统时，一般需要做以下几个方面的考虑。

1．确定系统设计的任务

在进行系统设计之前，首先必须进行设计方案的调研，包括查找资料，进行调查、分析研究。要充分了解委托研制单位提出的技术要求、使用的环境状况以及技术水平。明确任务，确定系统的技术指标，包括系统必须具有哪些功能。这是系统设计的依据和出发点，它将贯穿于系统设计的全过程，也是整个研制工作成败、好坏的关键，因此必须认真做好这项工作。

2．系统方案设计

在系统设计任务和技术指标确定以后，即可进行系统的总体方案设计。

(1) 机型及支持芯片的选择。机型选择应适合于产品的要求。设计人员可大体了解市场所能提供的构成单片机系统的功能部件，根据要求进行选择。若作为系统生产的产品，则所选的机种必须保证有稳定、充足的货源，应当从可能提供的多种机型中选择最易实现技术指标的机型，如字长、指令系统、执行速度、中断功能等。如果要求研制周期短，则应选择熟悉的机种，并尽量利用现有的开发工具。

(2) 综合考虑软、硬件的分工与配合。因为单片机系统中的硬件和软件具有一定的互换性，例如，有些由硬件实现的功能也可以用软件来完成，反之也一样。因此，在方案设计阶段，要认真考虑软、硬件的分工与配合。考虑的原则是：软件能实现的功能尽可能由软件来实现，以简化硬件结构，还可降低成本。但必须注意：这样做势必增加软件设计的工作量。此外，由软件实现的硬件功能，其响应时间要比直接用硬件时间长，而且还占用了 CPU 的工作时间。另外还要考虑功能接口芯片。因此，在设计系统时，必须综合考虑这些因素。

3．系统详细设计与制作

系统详细设计与制作就是将前面的系统方案付诸实施：将硬件框图转化成具体电路，并制作成电路板；将软件框图或流程图用程序加以实现。

4．系统调试与修改

当硬件和软件设计好后，就可以进行调试了。硬件电路检查分为两步：静态检查和动态检查。硬件的静态检查，主要检查电路制作的正确性，因此，一般无需借助于开发器；动态检查是在开发系统上进行的，把开发系统的仿真头连接到产品中，代替系统的单片机，然后向开发产品输入各种诊断程序，检查系统中的各部分工作是否正常，做完上述检查就可进行软硬件连调。先将各模块程序分别调试完毕，然后再进行连接，连成一个完整的系统应用软件，待一切正常后，即可将程序固化到程序存储器中，此时即可脱离开发系统，进行脱机运行，并到现场进行调试，考验系统在实际应用环境中是否能正常而可靠地工作，同时再检测其功能是否达到技术指标，如果某些功能还未达到要求，则再对系统进行修改，直至满足要求。

上述单片机系统的设计过程，用框图表示如图 7-2 所示。

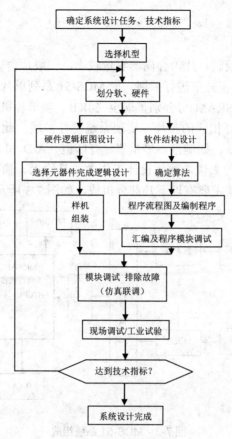

图 7-2 系统调试流程

7.2 单片机应用系统的硬件设计

7.2.1 硬件系统设计原则

一般的单片机应用系统硬件包括单片机系统和被控对象,设计包含两部分内容:一是单片机芯片的选择,二是单片机系统扩展。

1. 单片机芯片的选择

单片机芯片即单片机(或微处理器)内部的功能部件,如 RAM、ROM、I/O 口、定时器/计数器、中断产品等。

目前市面上流行的是 AT89C51,是美国 Atmel 公司生产的低电压,高性能的 CMOS 8 位单片机,片内带 4KB 闪烁可编程可擦除只读存储器(Flash Programmable and Erasable Read Only Memory,FPEROM)和 128 字节的随机存储器(RAM),器件采用 Atmel 公司的高密度、非易失存储技术生产,兼容标准 MCS-51 指令系统,片内置通用 8 位中央处理器(CPU)和 Flash 存储单元,功能强大。AT89C51 单片机可为我们提供许多高性价比的应用场合,可灵活地应用于各种控制领域。

2．单片机系统的扩展

单片机由于受集成度限制，片内存储器容量较小，一般片内 ROM 小于 4~8KB，片内 RAM 小于 256 字节；但可在外部进行扩展。如 MCS-51 系列单片机对片外可擦可编程只读存储器、静态随机存储器(SRAM)可分别扩展至 64KB。当单片机不满足系统的要求时，就必须在片外进行扩展，选择相应的芯片，实现系统硬件扩展。此外是系统硬件配置，即按系统功能要求配置外围设备，如键盘、显示器、打印机、A/D 和 D/A 转换器等，也即需要设计合适的接口电路。总地来说，硬件设计工作主要是输入、输出接口电路设计和存储器的扩展。一般的单片机系统主要有以下几部分组成，如图 7-3 所示。

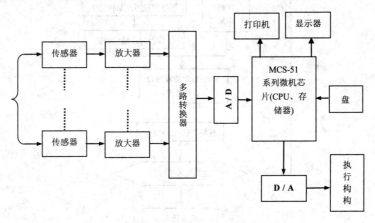

图 7-3　MCS-51 系统组成

7.2.2　硬件设计

硬件设计主要围绕单片机系统的功能扩展和外围设备配置，包括下面几个部分的设计。

1．程序存储器

若单片机内无片内程序存储器或存储器容量不够时，需外部扩展程序存储器。外部扩展的存储器通常选用 EPROM 或 E²PROM。EPROM 集成度高、价格便宜，E²PROM 则编程容易。当程序量较小时，使用 E²PROM 较方便；当程序量较大时，采用 EPROM 更经济。

2．数据存储器

大多数单片机都提供了小容量的片内数据存储器，只有当片内数据存储器不够用时，才扩展外部数据存储器。

存储器的设计原则是：在存储容量满足要求的前提下，尽可能减少存储芯片的数量。建议使用大容量的存储芯片以减少存储器的芯片数目，但应避免盲目地扩大存储器容量。

3．I/O 接口

由于外设多种多样，使得单片机与外设之间的接口电路也各不相同。因此，I/O 接口常常是单片机应用系统中设计最复杂也是最困难的部分之一。

I/O 接口大致可归类为并行接口、串行接口、模拟采集通道(接口)、模拟输出通道(接口)等。目前有些单片机已将上述各接口集成在单片机内部，使 I/O 接口的设计大大简化。系统设计时，可以选择含有所需接口的单片机。

4．传感器

传感器将现场采集的各种物理量(如温度、湿度、压力等)变成电量，经放大器放大后，送入 A/D 转换器，将模拟量转换成二进制数字量，送 MCS-51 系列 CPU 进行处理，最后将控制信号经 D/A 转换送给受控的执行机构。为监视现场的控制，一般还设有键盘及显示器，并通过打印机将控制情况如实记录下来。在有些情况下，可以省掉上述组成的某些部分，这要视具体要求来设计。

5．译码电路

当需要外部扩展电路时，就需要设计译码电路。译码电路要尽可能简单，这就要求存储空间分配合理，译码方式选择得当。

考虑到修改方便和保密性强，译码电路除了可以使用常规的门电路、译码器实现外，还可以利用只读存储器与可编程门阵列来实现。

6．驱动电路

单片机外接电路较多时，必须考虑其驱动能力。因为，驱动能力不足会影响产品工作的可靠性。所以当我们设计的系统对 I/O 端口的负载过重时，必须考虑增加 I/O 端口的负载能力，即加接驱动器。如 P0 口需要加接双向数据总线驱动器 74LS245，P2 口接单向驱动器 74LS244 即可。

7．抗干扰电路

对于工作环境恶劣的系统，设计时除在每块板上要有足够的退耦电容外，每个芯片的电源与地之间加接 0.1μF 的退耦电容。电源线和接地线应该加粗些，并注意它们的走向(布线)，最好沿着数据的走向。对某些应用场合，输入输出端口还要考虑加光电耦合器件，以提高系统的可靠性及抗干扰能力。

8．电路的匹配

单片机系统中选用的器件要尽可能考虑其性能匹配，如选用 CMOS 芯片的单片机构成系统，则系统中的所有芯片都应该选择低功耗的系统，以构成低功耗的系统。又如选用的晶振频率较高时，则存储芯片应选用存取速度较高的芯片。

7.3　单片机应用系统的软件设计

一个应用系统中的软件一般是由系统监控程序和应用程序两部分构成的。其中，应用程序是用来完成诸如测量、计算、显示、打印、输出控制等各种实质性功能的软件；系统监控程序是控制单片机系统按预定操作方式运行的程序，它负责组织调度各应用程序模块，完成系统自检、初始化、处理键盘命令、处理接口命令、处理条件触发和显示等功能。

进行软件设计时，应根据系统软件功能要求，将软件分成若干个相对独立的部分，并根据它们之间的联系和时间上的关系，设计出软件的总体结构，画出程序流程框图。

画流程框图时，要求框图结构清晰、简捷、合理。使编制的各功能程序实现模块化、子程序化。这不仅便于调试、链接，还便于修改和移植。

合理地划分程序存储区和数据存储区，既能节省内存容量，也使操作方便。指定各模块占用 MCS-51 单片机的内部 RAM 中的工作寄存器和标志位(安排在 20H ~ 2FH 位寻址区域)，让各功能程序的运行状态、运行结果以及运行要求都设置状态标志以便查询。使程序的运行、控制、转移都可通过标志位的状态来控制。并还要估算子程序和中断嵌套的最大级数，用以估算程序中的栈区范围。此外，还应把使用频繁的数据缓冲器尽量设置在内部 RAM 中，以提高系统的工作速度。

根据系统特点和用户的了解情况选择编程语言，现在一般用汇编语言和 C 语言。汇编语言编写程序对硬件操作很方便，编写的程序代码短，以前单片机应用系统软件主要用汇编语言编写；C 语言功能丰富，表达能力强，使用灵活方便，应用面广，目标程序效率高，可移植性好，所以现在单片机应用系统的开发和设计有很多都用 C 语言来进行。

7.3.1　软件设计的特点

应用系统中的软件是根据系统功能设计的，应可靠地实现系统的各种功能。应用系统种类繁多，应用软件各不相同，但是一个优秀的应用系统的软件应具有以下特点。

(1) 软件结构清晰、简捷、流程合理。

(2) 各功能程序实现模块化，系统化。这样，既便于调试、连接，又便于移植、修改和维护。

(3) 程序存储区、数据存储区规划合理，既能节约存储容量，又能给程序设计与操作带来方便。

(4) 运行状态实现标志化管理。各个功能程序运行状态、运行结果以及运行需求都设置状态标志以便查询，程序的转移、运行、控制都可通过状态标志来控制。

(5) 经过调试修改后的程序应进行规范化，除去修改"痕迹"。规范化的程序便于交流、借鉴，也为今后的软件模块化、标准化打下基础。

(6) 实现全面软件抗干扰设计。软件抗干扰是计算机应用系统提高可靠性的有力措施。

(7) 为了提高运行的可靠性，在应用软件中设置自诊断程序，在系统运行前先运行自诊断程序，用以检查系统各特征参数是否正常。

7.3.2　资源分配

合理地分配资源对软件的正确编写起着很重要的作用。一个单片机应用系统的资源主要分为片内资源和片外资源。片内资源是指单片机内部的中央处理器、程序存储器、数据存储器、定时/计数器、中断、串行口、并行口等。不同的单片机芯片，内部资源的情况各不相同。在设计时就要充分利用单片机内部资源。当内部资源不够时，就需要有片外扩展。

在这些资源分配中，定时/计数器、中断、串行口等分配比较容易，这里主要介绍程序存储器和数据存储器的分配。

1．程序存储器 ROM/EPROM 资源的分配

程序存储器 ROM/EPROM 用于存放程序和数据表格。按照 MCS-51 单片机的复位及中断入口的规定，002FH 以前的地址单元作为中断、复位入口地址区。在这些单元中一般都设置了转移指令，如 AJMP 或 LJMP 用于转移到相应的中断服务程序或复位启动程序。当程序存储器中存放的功能程序及子程序数量较多时，应尽可能为它们设置入口地址表。一般的常数、表格集中设置在表格区。二次开发时，扩展部分尽可能放在高位地址区。

2．数据 RAM 资源分配

RAM 分为片内 RAM 和片外 RAM。片外 RAM 的容量比较大，通常用来存放批量大的数据，如采样结果数据；片内 RAM 容量较少，应尽量重叠使用，比如数据暂存区与显示、打印缓冲区重叠。

对于 MCS-51 单片机来说，片内 RAM 是指 00H～7FH 单元，这 128 个单元的功能并不完全相同，分配时应注意发挥各自的特点，做到物尽其用。

RAM 存储器按其用途，划分为工作寄存器区(00H～1FH)、位寻址区(20H～2FH)和用户区(30H～7FH)三个区域。00H～1FH 共 32 单元，为工作寄存器区。工作寄存器也称通用寄存器，用于临时寄存 8 位信息。工作寄存器分成 4 组，每组都有 8 个寄存器，用 R0～R7 来表示。程序中每次只用 1 组，其他各组可以作为一般的数据缓冲区使用。使用哪一组寄存器工作，由程序状态字 PSW 中的 PSW.3(RS0)和 PSW.4(RS1)两位来选择，通过软件设置 RS0 和 RS1 两位的状态，就可任意选一组工作寄存器工作，系统复位后，默认选中第 0 组寄存器为当前工作寄存器。20H～2FH 单元是位寻址区。这 16 个单元(共计 16×8=128 位)的每一位都赋予了一个位地址，位地址范围为 00H～7FH。位地址与字节地址编址相同，容易混淆。区分方法：位操作指令中的地址是位地址；字节操作指令中的地址是字节地址。内部 RAM 中 30H～7FH 共 80 个单元为用户区，也称为数据缓冲区，用于存放各种用户数据和中间结果，起到数据缓冲的作用。对用户 RAM 区的使用没有任何规定或限制，但在一般应用中，常把堆栈开辟在此区中。

7.3.3 单片机应用系统开发工具

一个单片机应用系统经过总体设计，完成硬件开发和软件设计，就进行硬件安装。硬件安装好后，把编制好的程序写入存储器中，调试好后系统就可以运行了。但用户设计的应用系统本身并不具备自开发的能力，不能够写入程序和调试程序，必须借助于单片机开发系统才能完成这些工作。单片机开发系统能够模拟用户实际的单片机，并且能随时观察运行的中间过程和结果，从而能对现场进行模仿。通过它能很方便地对硬件电路进行诊断和调试，得到正确的结果。

目前国内使用的通用单片机的仿真开发系统很多，如复旦大学研制的 SICE 系列、启东计算机厂制造的 DJ598 系列、中国科大研制的 KDV 系列、南京伟福实业有限公司的伟福 E2000 以及西安唐都科教仪器公司的 TDS51 开发及教学实验系统。它们都具有对用户程序

进行输入、编辑、汇编和调试的功能。此外，有些还具备在线仿真功能，能够直接将程序固化到 E²PROM 中。一般都支持汇编语言编程，有的可以通过开发软件支持 C 语言编程。例如前面所叙述的 Keil C51 软件可以用来编写 C 语言源程序，编译连接生成目标文件、可执行文件，仿真、调试、生成代码，并下载到应用系统中。

7.4　实　践　训　练

7.4.1　单片机应用系统设计项目1 - 单片机自动门锁设计

1．项目目标

随着人们对自动门锁系统各方面要求的不断提高，自动门锁系统的应用范围越来越广泛。自动门锁涉及电子、机械、光学、计算机技术、通信技术等诸多新技术领域。

本项目主要设计一个基于 MCS-51 系列单片机作为核心并与接触式 IC 卡 SLE4442 的读写技术相结合的系统，系统通过 LCD 液晶显示模块 JM1602C 向用户提供友好界面，并通过 RS-485 总线向上位监测单片机传输门锁打开信息。为保证门锁使用的安全性，系统自动比较 IC 卡密码和用户输入密码，若输入的密码与系统读出的 IC 卡密码相同，门锁自动开启；若输入错误的密码，系统提示出错信息。通过以上功能实现自动门锁的设计。

(1)　硬件设计：自动门锁系统主要分为 3 个模块，即前端输入模块、处理控制模块和执行模块，构成以单片机作为控制芯片的自动门锁系统。

(2)　软件设计：自动门锁系统主要分为两部分，即上位监测单片机和下位 IC 卡门锁控制单片机。这就要求自动门锁系统的软件设计分为上位监测单片机程序和下位 IC 卡控制单片机程序。

2．知识点分析

本项目设计要求：熟练掌握以单片机为核心的测控系统的软硬件设计，特别是显示技术、通信技术、接触式 IC 卡 SLE4442 的读写技术等的设计。

3．实施过程

(1)　系统的硬件设计

①　系统构成

系统的具体设计主要以 MCS-51 系列单片机作为核心，通过 LCD 液晶显示器模块显示相关数据，并与接触式 IC 卡 SLE4442 的读写技术相结合。自动门锁系统分为 5 部分：控制模块、显示模块、IC 卡模块、通信模块、门锁，总体设计如图 7-4 所示。

②　IC 卡模块的设计

(a)　IC 卡概述

IC 卡又称集成电路卡、智能卡，英文名称是 Integrated Circuit Card 或 Smart Card。它是将一个集成电路芯片镶嵌于塑料基片中，封装成卡的形式，其外形与覆盖磁条的磁卡相似，在其左上方嵌有一片或若干片集成电路芯片(接触式 IC 卡)。IC 卡芯片具有写入数据和存储数据的能力，IC 卡存储器中的内容根据需要可以有条件地供外部读取，或供内部信息处理和判定之用。卡内存储有唯一的发行人和持卡人的识别标志。

随着超大规模集成电路技术、计算机技术以及信息安全技术等的发展，IC 卡逐渐形成了各种类别。根据镶嵌的芯片不同，可将 IC 卡划分为存储卡、逻辑加密卡、CPU 卡和超级智能卡；根据卡与外界数据交换的界面不同，可将 IC 卡划分为接触式 IC 卡、非接触式 IC 卡和双界面卡；根据卡与外界进行交换时的数据传输方式，可将 IC 卡划分为串行 IC 卡、并行 IC 卡；根据卡的应用领域不同，可将 IC 卡划分为金融卡和非金融卡。

IC 卡的应用领域可以说非常广泛，它除了覆盖传统磁卡的全部应用领域外，还扩展了许多磁卡所不能胜任的领域，这很大程度上归功于 IC 卡的大容量的数据存储能力和强有力的安全特性。IC 卡的应用可分为金融系统应用和非金融系统应用，在某些场合，这两种应用又有着紧密的联系。在金融领域中，IC 卡可作为信用卡、现金卡、证券卡或电子资金转账卡等；在非金融领域中，如 IC 卡包括预收费系统、IC 卡自动门锁、IC 卡考勤系统、公交一卡通系统等。

(b)　SLE4442 芯片

SLE4442 是西门子公司开发的带有保护功能和可编程密码(PSC)的 256 字节的 EEPROM 的存储卡。SLE4442 的主要特征指标是：256×8 的 EEPROM 组织方式；32 位保护存储器组成方式；二线制通信方式，可按字节寻址；串行接口、触点配置和复位响应符合 ISO7816 标准；温度范围 0℃ ~70℃；至少 10 万次擦写、10 年数据保存期。芯片引脚排列和定义如图 7-5 所示。SLE4442 卡存储器主要分为：主存储器和保护存储器。

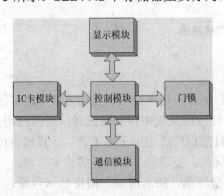 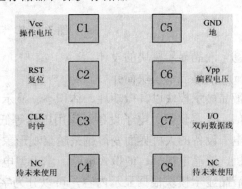

图 7-4　总体设计模块图　　　　　　图 7-5　SLE4442 引脚图

(c)　主存储器

主存储器容量为 256 字节，每字节为 8 位。主存储器可分为保护区和应用区。一旦实行保护后，被保护的单元不可擦除和改写。SLE4442 保护区已固化的信息如下。

00H~03H：复位应答信息。

04H~07H：芯片生产厂家代码和卡型编码。

15H~1AH：应用标识。

在应用系统中，根据需要，保护区既可用作存放固定信息，如发行单位编号、卡编号、批次号、发行时间、持有人姓名、证件号码等，也可以像应用区一样，存放可变信息。

(d)　保密存储器

SLE4442 提供了一个 4 字节的保密存储器，其中 0 单元的低 3 位 EC 是错误计数器，在

IC 卡初始化后，(EC)=111，其余 3 个字节(1~4 单元)是密码存放单元(PSC)。在上电以后，除了密码以外，整个存储器都是可读的。如果擦除和改写卡中内容，必须校验密码。只有 3 个字节密码内容完全相同才可进行，这时才可读出密码内容，如果需要的话，还可以改写新的密码。如果输入的数据与密码比较为不正确，则(EC)减 1，三次不正确，(EC)则为 000，这时卡片自锁，不能再改写卡中内容。如三次比较中有一次正确，则(EC)恢复为 111。

(e) IC 卡模块电路设计

IC 卡模块接口电路如图 7-6 所示，其中 CLK 引脚接单片机 P1.5 位，RST 引脚接单片机 P1.3 位，I/O 引脚接单片机 P1.7 位，Power 接+5V 电源，发光二极管为电源显示灯，IC 卡芯片使用的是 SLE4442 芯片。单片机通过 P1.3 位、P1.5 位、P1.7 位对 SLE4442 芯片进行读写数据、复位应答等操作。当用户将卡片插入读卡器后，下位单片机控制模块便会通过 P1.7 位读取卡片中存储密码的单元。

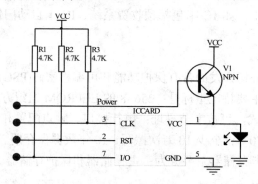

图 7-6 IC 卡模块电路图

③ 液晶显示模块的设计

(a) 液晶显示模块简介

液晶显示模块以其微功耗、体积小、显示内容丰富、超薄轻巧、使用方便等诸多优点，在通信、仪器仪表、电子设备、家用电器等低功耗应用系统中得到越来越广泛的应用，使这些电子设备的人机界面变得越来越直观形象，目前已广泛应用于电子表、计算器、IC 卡电话机、液晶电视机、便携式电脑、掌上型电子玩具、复印机、传真机等许多方面。

液晶显示模块根据显示内容，可以分为字符型液晶，图形液晶。根据显示容量，又可以分为单行 16 字，2 行 16 字，两行 20 字等。

本设计选用的是字符型液晶显示中的 1602 系列，字符点阵系列模块是一类专门用于显示字母、数字、符号等的点阵型液晶显示模块。分为 4 位和 8 位数据传输方式。模块组件内部主要由 LCD 显示屏、控制器、驱动器和偏压产生电路构成。

该模块有如下优点：

位数多，可显示 32 位，32 个数码管体积相当庞大了。

显示内容丰富，可显示所有数字和大、小写字母。

程序简单，如果用数码管动态显示，会占用很多时间来刷新显示，而 1602 自动完成此功能。

(b) JM1602C 字符型液晶

JM1602C 字符型液晶模块(带背光)，是目前工控系统中使用最为广泛的液晶屏之一。

JM1602C 是 16 字×2 行的字符型液晶模块。JM1602C 采用标准的 16 脚接口，其引脚功能如表 7-1 所示。

表 7-1　1602 引脚功能

引　　脚	名　　称	说　　明
1	Vss	电源地(0V)
2	Vdd	电源电压(+5V)
3	Vo	LCD 驱动电压(可调，一般为 0V)
4	RS	RS=0，当 MPU 进行读模块操作时，指向地址计数器；当 MPU 进行写模块操作时，指向指令寄存器。 RS=1 时，无论 MPU 读操作还是写操作，均指向数据寄存器
5	R/W	R/W=0 为写操作；R/W=1 为读操作
6	E	读操作时，信号下降沿有效；写操作时，高电平有效
7~14	DB0~DB7	MPU 与模块之间的数据传送通道，4 位总线模式下 D0~D3 脚断开
15	LED+	背光电源正(+5V)
16	LED−	背光电源地(0V)

(c)　液晶显示模块电路设计

液晶显示模块用来显示用户提示信息，并向用户提供友好的人机交互界面。液晶显示模块的电路设计主要采用总线方式连接，如图 7-7 所示。

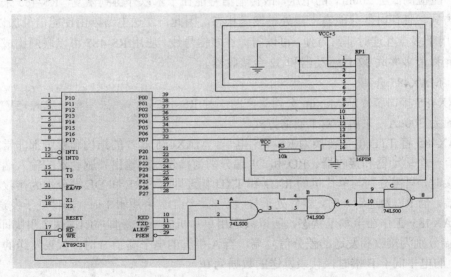

图 7-7　液晶显示电路

AT89C51 单片机的 P2.0 位接 JM1602C 的 RS，P2.1 位接 JM1602C 的 R/W，P2.7 位接 JM1602C 的 E，通过这三位可以控制数据和控制字写入和读出。

④　通信模块的设计

(a)　RS-485 概述

单片机因其优越的性价比和灵活的功能配置而被广泛地应用于测控领域。串行通信是单片机和外部设备进行数据交换的重要渠道，由于其成本低，性能稳定并遵循统一的标准，因而在工程中被广泛应用。一般常用的串行接口主要有 RS-232、RS-485 等。

RS-232 是 IBM-PC 及其兼容机上的串行连接标准，可用于许多用途，比如连接鼠标、打印机或者 Modem，同时也可以连接工业仪器仪表，用于驱动和连线的改进。实际应用中 RS-232 的传输长度或者速度常常超过标准的值。RS-232 只限于设备间点对点的通信。

RS-232 串口通信最远距离是 50 英尺。由于 RS-232-C 接口标准出现较早，难免有不足之处，针对 RS-232-C 的不足，不断出现一些新的接口标准，RS-485 就是其中之一。

RS-485 具有以下特点：接口信号电平比 RS-232-C 降低了，不易损坏接口电路的芯片，并且 RS-485 电平与 TTL 电平兼容，可方便地与 TTL 电路连接。RS-485 的数据最高传输速率为 10Mbps，RS-485 接口是采用平衡驱动器和差分接收器的组合，抗共模干扰能力增强，即抗噪声干扰性好；RS-485 最大的通信距离约为 1219m，最大传输速率为 10Mb/s，传输速率与传输距离成反比，在 100Kb/s 的传输速率下，才可以达到最大的通信距离，如果需传输更长的距离，需要加 485 中继器。

RS-485 总线一般最多支持 32 个节点，如果使用特制的 485 芯片，可以达到 128 个或者 256 个节点，最大的可以支持到 400 个节点。因 RS-485 接口具有良好的抗噪声干扰性、长的传输距离和多站能力等优点，使其成为首选的串行接口。因为 RS485 接口组成的半双工网络一般只需两根连线，所以 RS485 接口均采用屏蔽双绞线传输。

RS-485 总线在要求通信距离为几十米到上千米时，广泛采用 RS-485 串行总线标准。RS-485 采用平衡发送和差分接收，因此具有抑制共模干扰的能力。加上总线收发器具有高灵敏度，能检测低至 200mV 的电压，故传输信号能在千米以外得到恢复。RS-485 采用半双工工作方式，任何时候只能有一点处于发送状态，因此，发送电路须由使能信号加以控制。RS-485 用于多点互连时非常方便，可以省掉许多信号线。应用 RS-485 可以联网构成分布式系统，允许最多并联 32 台驱动器和 32 台接收器。

(b) MAX485 介绍

MAX485 接口芯片是 Maxim 公司生产的一种 RS-485 芯片。采用单一电源+5V 工作，额定电流为 300μA，采用半双工通信方式。

MAX485 将 TTL 电平转换为 RS-485 电平。MAX485 芯片的结构和引脚都非常简单，内部含有一个驱动器和接收器。RO 和 DI 端分别为接收器的输出和驱动器的输入端，与单片机连接时，只需分别与单片机的 RXD 和 TXD 相连即可；/RE 和 DE 端分别为接收和发送的使能端，当/RE 为逻辑 0 时，器件处于接收状态；当 DE 为逻辑 1 时，器件处于发送状态，因为 MAX485 工作在半双工状态，所以只需用单片机的一个管脚控制这两个引脚即可；A 端和 B 端分别为接收和发送的差分信号端，当 A 引脚的电平高于 B 时，代表发送的数据为 1；当 A 的电平低于 B 端时，代表发送的数据为 0。

在与单片机连接时，接线非常简单。只需要一个信号控制 MAX485 的接收和发送即可。同时将 A 和 B 端之间加匹配电阻，一般可选 100Ω 的电阻。可以串行口取电，可以驱动 MAX232 与 MAX485 实现通信。没加负载时电压为 5.16V，加负载后降制 3V 左右。

(c) 通信模块接口电路设计

通信模块接口电路如图 7-8 所示，MAX485 为半双工通信方式，不能同时发送和接收数据，所以通过控制 RE 和 DE 引脚的状态来进行发送数据和接收数据的转换。

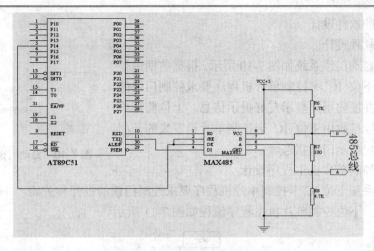

图 7-8　通信模块接口电路

　　这里将 MAX485 的 RE 和 DE 引脚连在一起，接到 AT89C51 单片机的 P1.4 位，通过 P1.4 位来控制 MAX485 发送数据和接收数据的转换，当 P1.4 为低电平时，MAX485 处于接收数据状态，而当 P1.4 为高电平时，MAX485 则处于发送数据状态。MAX485 的 R0 引脚接到 AT89C51 单片机的串口接收引脚 RXD，MAX485 的 DI 引脚接到 AT89C51 单片机的串口发送引脚 TXD。

　　⑤　系统的原理图如图 7-9 所示。

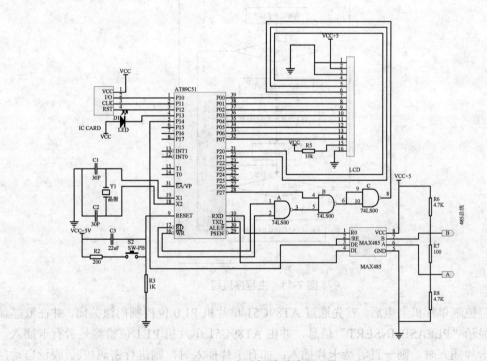

图 7-9　自动门锁系统原理图

（2）系统的软件设计

① 总体软件设计

本设计的自动门锁系统如图 7-10 所示。根据前期进行的需求分析，下位 IC 卡控制单片机程序要求控制门锁的打开和关闭，并能向用户显示友好提示信息。上位监测单片机程序要求能接收由下位 IC 卡控制单片机发来的开门信息，并向用户显示门锁状态。

② 下位控制单片机主程序设计

自动门锁系统下位 IC 卡控制单片机程序要求控制门锁的打开和关闭，并能向用户显示友好提示信息。下位控制单片机主程序流程如图 7-11 所示。

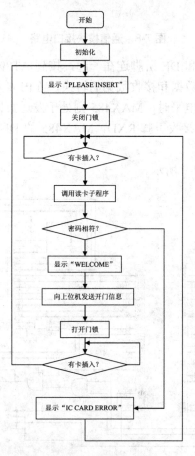

图 7-11　主程序流程

下位控制单片机上电后，首先通过 AT89C51 单片机 P1.0 位控制门锁关闭，并在液晶显示块上显示"PLEASE INSERT"信息，并由 AT89C51 单片机 P1.1 位检测是否有卡插入。当没有卡片插入时，则一直等待卡片插入；如有卡片插入时，则进行密码校验(假设自动门锁设计设置的卡片密码为 1314H)。校验密码时，通过调用 IC 卡读卡子程序来读取存储在内存单元中的 IC 卡密码数据，若读出的密码数据与设置的密码相符，则打开门锁并显示"WELCOME"信息，同时将门锁打开信息发送给上位机；如读取出的数据与设置的密码

不相符，则显示错误信息。在用户使用完成后，取出卡片，则将门锁关闭，并重新显示
"PLEASE INSERT" 信息。

下位控制单片机主程序如下：

```
Main:   MOV     SP, #60H
        MOV     iclcd, #00H
D1:     SETB    P1.0                  ; 关闭门锁
        LCALL   RamInt
        LCALL   Verifi_Password
        LCALL   LCDXS                 ; 调用显示子程序显示 "PLEASE INSERT"
D2:     JNB     P1.1, D2              ; 是否有卡插入。1 有，0 没有
        MOV     iclcd, #02H          ; 若有卡插入，给 iclcd 送 02H
        MOV     R1, #30H             ; 写命令控制字
        MOV     R2, #21H             ; 读 IC 卡中 21H 单元的数据，即读密码
        LCALL   ICREAD               ; 调用 IC 卡读卡子程序
        CJNE    A, #13H, D3          ; 13H 为 IC 卡的密码前两位
        LCALL   Rst_Atr              ; 信号复位
        MOV     R1, #30H             ; 写命令控制字
        MOV     R2, #22H             ; 读 IC 卡中 21H 单元的数据，即读密码
        LCALL   ICREAD               ; 调用读卡子程序
        CJNE    A, #14H, D3          ; 14H 为 IC 卡的密码后两位
        MOV     iclcd, #01H          ; 给 iclcd 单元写入 01H
        CLR     P1.0                 ; 1.0 负责控制门锁开启
D3:     LCALL   LCDXS                ; 显示信息
        LCALL   SJS                  ; 发送开门信息
D4:     JNB     P1.1, D1
        SJMP    D4
```

③　上位监测单片机主程序设计

自动门锁系统上位监测单片机程序要求能接收由下位 IC 卡控制单片机发来的开门信息，并向用户显示门锁状态。上位检测单片机主要根据下位门锁控制单片机的地址，依次向下位控制单片机发送呼叫指令。当下位机有数据发送时，接受呼叫并进行地址判断，当地址不相符时，下位单片机则持续等待上位单片机的呼叫指令；如判断地址相同，则响应上位单片机的呼叫，并将本机所需发送的数据发送给上位单片机。上位单片机在接收到下位单片机的数据后，根据开始时发送的地址，向用户显示相对应的门锁打开或者关闭信息。

上位监测单片机主程序设计流程如图 7-12 所示。

上位监测单片机主程序如下：

```
START:  MOV     R1, #30H            ; 将收到的显示数据送入 30H 单元
        MOV     R3, #00H            ; 给 R3 清 0
ZCX0:   MOV     R2, #00H            ; 给 R2 清 0
ZCX1:   MOV     A, R2              ; R2 表示扫描到几号门锁
        CJNE    A, #DOORSL, ZCX2   ; DOORSL 里保存所带门锁的数量
        SJMP    ZCX0
ZCX2:   LCALL   SFS               ; 调用发送子程序，循环发送门锁号
        LCALL   SJS               ; 调用接收子程序，门锁是否打开
        INC     R2                ; R2 加 1 扫描下一个门锁
        MOV     A, R0             ; 将 R0 送给 A
        CJNE    A, #0FFH, ZCX3    ; 判断 A 是否等于 FFH，不等则跳转
        SJMP    ZCX0
ZCX3:   LCALL   XS                ; 调用显示子程序显示开门信息
        SJMP    ZCX1
```

④　IC 卡模块软件设计

所设计的自动门锁系统主要要求 IC 卡能正确读取门锁密码并进行校验，而卡片的门锁密码直接存储在主存储区，访问主存储区无需进行卡片本身密码校验，所以 IC 卡控制器只需要使用复位应答模式、命令模式、输出数据模式。但如需要更改 IC 卡中的密码，则要求首先进行 IC 卡密码校验，才能更改相应 IC 卡主存储区的门锁密码。这就需要使用到 IC 卡的内部处理模式，读卡子程序设计流程如图 7-13 所示。

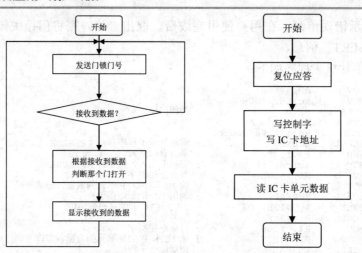

图 7-12　上位机程序流程　　　　　　图 7-13　IC 卡读卡子程序流程

IC 卡读卡子程序如下：

```
ICREAD:  LCALL   Rst_Atr              ; 调用 IC 卡复位应答子程序
         MOV     iccommand, R1        ; 写命令控制字
         MOV     icaddress, R2        ; 所要读取的地址
         MOV     R7, Pulse            ; 送延时的脉冲数
         LCALL   Send_Command         ; 调用命令字写入子程序
         CLR     clk                  ; 将时钟信号清零
         LCALL   CardRdByte           ; 调用读 IC 卡单元程序
         RET
```

⑤　液晶显示模块软件设计

所设计的自动门锁系统要求液晶显示器向用户显示提示信息。当卡片未插入时显示"PLEASE INSERT"；当卡片插入后，如校验密码正确，则显示"WELCOME"，反之，显示"IC CARD ERROR"。根据 JM1602C 的指令便可以编写液晶显示程序，程序流程如图 7-14 所示。

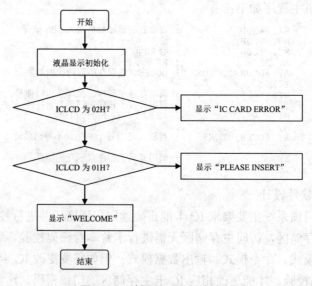

图 7-14　液晶显示子程序流程

液晶显示子程序如下：

```
LCDXS:    LCALL    DS1
          LCALL    INT_LCD              ; 清屏
          LCALL    DS1
          MOV      A, #38H              ; 设置 8 位操作数，2 行显示，5×7 点阵
          LCALL    W_LCD_C
          MOV      A, #0CH              ; 显示开关控制：显示开关
          LCALL    W_LCD_C
          MOV      A, #06H              ; 输入方式设置：AC 为自动加 1，光标右移一个字符位
          LCALL    W_LCD_C
          MOV      A, #80H              ; 显示位地址第一行，第 0 位
          LCALL    W_LCD_C
          MOV      A, ICLCD             ; 将 ICLCD 单元的数据送 A，用来判断显示什么信息
          CJNE     A, #02H, LCD0        ; 判断是不是等于 02H，否则跳转
          MOV      DPTR, #CCTAB2        ; 显示"IC CARD ERROR"
          MOV      R0, #0FH             ; 显示的字符的数量
          SJMP     LINE1
LCD0:     CJNE     A, #01H, LCD1        ; 判断是不是等于 01H，否则跳转
          MOV      DPTR, #CCTAB1        ; 显示"WELCOME"
          MOV      R0, #0FH             ; 显示字符的数量
          SJMP     LINE1
LCD1:     MOV      DPTR, #CCTAB0        ; 将显示数据的地址送 DPTR
          MOV      R0, #0FH             ; 将显示的数量送 R0
LINE1:    MOV      R1, #00H             ; 给 R1 送 00H
LCD2:     MOV      A, R1                ; 将 R1 送 A
          MOVC     A, @A+DPTR           ; 第一行显示
          MOV      R2, DPL              ; 送入数据
          MOV      R3, DPH
          LCALL    W_LCD_D              ; 调用液晶写数据子程序
          INC      R1                   ; R1 加 1
          MOV      DPL, R2              ; 将数据送 DPTR
          MOV      DPH, R3
          DJNZ     R0, LCD2             ; 是否显示结束
          MOV      R4, #0EH             ; 给 R4 送 0EH
LCD3:     LCALL    DS1                  ; 调用延时
          DJNZ     R4, LCD3             ; R4 不为"0"转移
          RET
```

⑥ 串行通信程序设计(通信子程序流程图见图 7-15)

所设计的自动门锁系统使用的接口芯片为 RS-485，而 RS-485 通信是一种半双工通信，发送和接收共用同一物理通道，在任意时刻只允许一台单片机处于发送状态，因此要求应答的单片机必须在侦听到总线上呼叫信号已经发送完毕，并且在没有其他单片机应答信号的情况下才能应答。如果在时序上配合不好，就会发生总线冲突，使整个系统的通信瘫痪，无法正常工作。上位机与下位机之间如何进行数据传输，怎样提高通信的效率和可靠性，以及对通信过程中的故障处理，帧格式的约定，都需要一套详尽的通信协议。RS-485 总线只制定了物理层电气标准，对上层通信协议没有规定。这给设计者提供了很大的灵活性。一套完整的通信协议既要求结构简单，功能完备，又要求具有可扩充性与兼容性，并且尽量标准化。本系统的协议就是从这几个方面考虑的，它主要包括以下两个部分。

(a) 上下位机间的通信过程

通信均由上位机发起，下位机不主动申请通信；当处于轮询状态时，上位机依据下位机地址，依次向

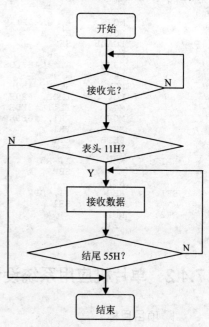

图 7-15 通信子程序流程图

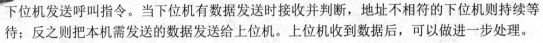

下位机发送呼叫指令。当下位机有数据发送时接收并判断，地址不相符的下位机则持续等待；反之则把本机需发送的数据发送给上位机。上位机收到数据后，可以做进一步处理。

(b) 通信协议

采用比较简单的通信协议：上位单片机需要与下位单片机通信时，首先发送一个字节的信号，也就是以广播的形式发送一个地址数据，下位单片机接收到地址数据，与自己的地址相比较，如相同，则向上位单片机发送数据，数据以 16 进制表示为 11H 的开始码，当上位单片机接收到 11H 后，就接收连续的数据并存入内存单元；上位单片机与下位单片机通信结束时，由下位单片机向上位单片机发送一个字节的信号，以 16 进制表示为 55H，表示结束数据发送。发送数据格式如表 7-2 所示。

表 7-2　通信协议(发送数据格式)

开 始 码	数 据 体	结 束 码
11H	DATA[0] DATA[1] … DATA[N−1]	55H

通信子程序如下：

```
SJS:    MOV     SCON, #50H          ; 串口 方式 1
        MOV     TMOD, #20H          ; T1 方式 1
        MOV     TL1, #0FDH          ; 波特率 9600 的常数
        MOV     TH1, #0FDH
        MOV     R0, #00H            ; 给 R0 送 00H
        SETB    TR1                 ; 开中断
        SETB    ET1
        SETB    EA
SS1:    JBC     RI, SS2             ; 是否完毕
        SJMP    SS1
SS2:    MOV     A, SBUF             ; 将 SUBF 数据送 A
        CJNE    A, #02H, SS1        ; 输入对比接收到门号是否相同
        MOV     R1, #0FFH           ; 给 R1 送 FF
        MOV     DPTR, #SWJXS0       ; 将需要发送的数据地址送 DPTR
SS3:    INC     R1                  ; R1 加 1
        MOV     A, R1               ; 将 R1 送 A
        MOVC    A, @A+DPTR          ; 将发送的数据送 A
        MOV     R5, A               ; 将 A 送 R5
        LCALL   SFS                 ; 调用发送子程序
        MOV     A, R1               ; 将 R1 送 A
        CJNE    A, #04H, SS3        ; 判断是否发送完毕，否则跳转
        RET
SFS:    MOV     SCON, #50H          ; 串口 方式 1
        MOV     TMOD, #20H          ; T1 方式 1
        MOV     TL1, #0FDH          ; 波特率 9600 的常数
        MOV     TH1, #0FDH
        SETB    TR1                 ; 开中断
        SETB    ET1
        SETB    EA
WAIT:   MOV     A, R5               ; 将 R5 送 A
        MOV     SBUF, A             ; 将 A 送 SBUF
        NOP
SF1:    JBC     TI, SF2             ; 是否发送完毕
        SJMP    SF1                 ; 跳转到 SF1
SF2:    NOP
        RET
```

7.4.2　单片机应用系统设计项目2 - 红外遥控系统设计

1. 项目目标

设计一个简易型的红外遥控的系统，该红外遥控以 51 单片机为核心，利用红外线通信

高职高专计算机实用规划教材——案例驱动与项目实践

协议对数据进行发送和接收。红外一体化接收管按照红外线通信协议对接收到的数据进行解码接收，并通过数码管对接收到的数据进行显示。

(1) 红外遥控的系统框图

通用红外遥控系统由发射和接收两大部分组成，应用编/解码专用集成电路芯片来进行控制操作，如图 7-16 所示。

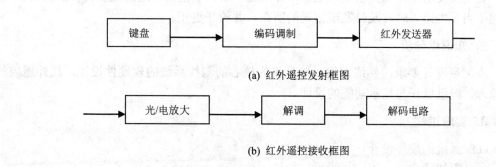

(a) 红外遥控发射框图

(b) 红外遥控接收框图

图 7-16 红外遥控系统

发射部分包括键盘矩阵、编码调制、LED 红外发送器；接收部分包括光/电转换放大器、解调、解码电路。

① 红外线遥控发射器

红外线遥控发射器包含键盘、指令编码器和红外发光二极管 LED 等部分。当按下键盘的不同按键时，通过编码器产生与之相应的特定的二进制脉冲码信号。将此二进制脉冲码信号先调制在 38kHz 的载波上，经过放大后，激发红外发光二极管 LED 转变成以波长 940nm 的红外线光传播出去。

② 红外线遥控接收器

遥控接收器由红外线接收器、微处理器、接口电路(控制电路)等部分组成。光电二极管将接收的红外线信号转变成为电信号，经检波放大，滤除 38kHz 的载波信号，恢复原来的指令脉冲，然后送入微处理器进行识别解码，解译出遥控信号的内容，并根据控制功能输出相应的控制信号，送往接口电路(控制电路)做相应的处理。

(2) 基本功能设计

① 按键功能设置

在此设计中，红外遥控发送电路中共定义了 7 个功能键，数字键 1~7 分别表示接收电路中的数码管显示 7 种不同的状态，具体定义如下：

按 1 号键，LED1 点亮，并且数码管显示 1。

按 2 号键，LED2 点亮，并且数码管显示 2。

按 3 号键，LED3 点亮，并且数码管显示 3。

按 4 号键，LED4 点亮，并且数码管显示 4。

按 5 号键，LED5 点亮，并且数码管显示 5。

按 6 号键，LED6 点亮，并且数码管显示 6。

按 7 号键，LED7 点亮，并且数码管显示 7。

还可以根据需要，扩展其他的按键及其功能。

② 显示状态

在发送电路中，P2.0～P2.7口分别接LCD液晶显示的D0～D7口，用于显示发送的数据。在接收电路中，P0.0～P0.7口分别接LED数码管的A～H，用于显示与发送对应的数。例如：当发送的是按键1的状态时，液晶上会显示数字1，数码管上也会显示数字1，发光二极管LED1点亮。

分别在发送电路和接收电路上都用显示器，是为了检查发送的数和接收的数是否一致，以便于当发生错误时，及时发现错误的所在，并给予更正。

2．知识点分析

本项目设计要求：熟练掌握以单片机为核心的测控系统的软硬件设计，红外遥控的基本原理，键盘操作与显示功能的设计。

3．实施过程

(1) 系统的硬件设计

① 系统构成

遥控开关是在通用红外遥控系统的基础上加以改进实现的。其实质就是将红外遥控接收部分采用单片机AT89S51来控制。即当一体化红外接收器接收到红外遥控信号后，将光信号转变成电信号，经放大、解调、滤波后，将原编码信号送入单片机AT89S51中进行信号识别、解码，然后进行相应的处理，达到控制电器的目的。如图7-17所示为遥控开关的系统构成框图。

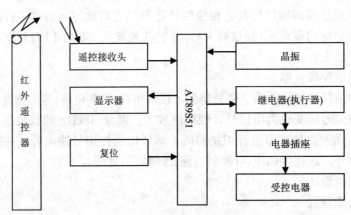

图7-17 遥控开关系统框图

上面的系统框图中有继电器，因为在我们日常所用的遥控设备中都有继电器，这样就可以控制多个设备。而我们所设计的接收系统中没有用到继电器，因为若在实验室里做实验，只要实现接收部分电路就可以了，没有必要采用继电器。

下面只简单介绍一下电磁式继电器的工作原理。

电磁式继电器一般是由铁芯、线圈、衔铁、触点簧片等组成。只要在线圈两端加上一定的电压，线圈中就会流过一定的电流，从而产生电磁效应，衔铁就会在电磁力吸引的作用下克服返回弹簧的拉力吸向铁心，从而带动衔铁的动触点与静触点(常开触点)吸合。当线圈断电后，电磁吸力也随之消失，衔铁就会在弹簧的反作用力作用下返回原来的位置，使动触点与原来的静触点(常闭触点)吸合。通过这样的吸合、释放，就达到了使电路导通、切断的目的。具体应用在与单片机的连接中，是单片机给出信号，使三极管导通，线圈两端有电流通过，触点簧片闭合导通，从而使外接电器形成闭合回路正常工作。其原理如图 7-18 所示。

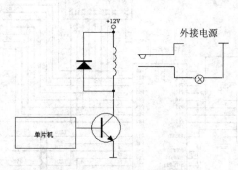

图 7-18　继电器工作原理

② 硬件组成

发射电路组成：单片机 AT89S51、红外发光二极管 LED、键盘、LCD 液晶显示器。

接收电路组成：单片机 AT89S51、一体化红外遥控接收器、LED 数码管、发光二极管。

③ 红外遥控接收器简介

红外遥控接收可采用较早的红外接收二极管加专用的红外处理电路的方法。如 CXA20106，这种方法电路复杂，现在一般不采用。较好的接收方法是用一体化红外接收头，它将红外接收二极管、放大、解调、整形等电路做在一起，只有三个引脚。分别是+5V 电源、地、信号输出。常用的一体化接收头的外形及引脚如图 7-19 和 7-20 所示。

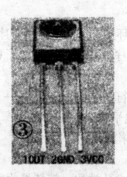

图 7-19　圆形红外一体化接收头

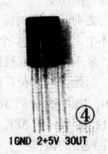

图 7-20　方形红外一体化接收头

④ 接收电路原理图

接收电路是通过 AT89S51 单片机进行控制的，主要由复位电路、红外接收电路、晶体振荡电路以及显示电路等部分组成。具体引脚连接如图 7-21 所示。

AT89S51 单片机的 RESET 端接复位电路(复位端低电平有效)。

P0 口接 8 个上拉电阻，对输出电平进行平整。

P0.0 ~ P0.7 口分别接 LED 数码管的 A ~ H，实现数码管显示数字的功能。

P2.0 ~ P2.7 口分别接 8 个发光二极管，实现相对应的功能。

P3.3 接红外一体化接收头的 OUT 端，对接收过来的数据通过一定的时序进行解码，将解码的数据通过 LED 数码管显示出来。

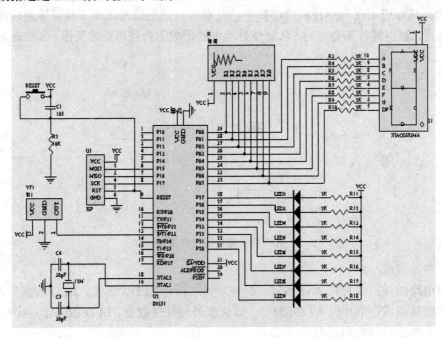

图 7-21　红外遥控接收电路

（2）接收系统的软件设计

① 软件构成

软件主要负责初始化、接收解码和显示。

② 软件流程框图

在程序编写之前，程序的流程图是一个很重要的环节，它可以帮我们很有条理地编写程序。在本程序中，主要有 4 个流程图，即接收主程序流程图、起始位子程序流程图、解码子程序流程、显示子程序流程图。

数据格式：起始位 + 8 位厂商 ID + 8 位 ASCII 字符 + 8 位字符反码 + 终止位

红外数据 0：由 0.55ms 的 38K 方波 + 1ms 的低电平构成。

红外数据 1：由 1ms 的 38K 方波 + 1ms 的低电平构成。

（a）接收主程序的流程

首先对内存单元进行初始化，然后设置定时器模式及常数，等待接收数据，接收后，对接收到的数据进行处理，最后将其显示出来。接收流程如图 7-22 所示。

（b）起始位子程序的流程

在解码之前，首先要对接收过来的起始位的时间进行计算，并判断时间是否为 3ms，如果为 3ms，则对中间的 24 码进行解码；若不为 3ms，则重新接收。起始位的流程如图 7-23 所示。

（c）解码子程序的流程

起始位判断后，就要对其余发送过来的信号进行解码，当有接收信号时，就开始判断，若时间为 1ms，就置逻辑 1 标志；若时间为 0.55ms，就置逻辑 0 标志。判断后继续解下一个码，直到 24 位码都解出来。全部解码后，再到数码表中查出确定的码。解码流程如图 7-24

所示。

(d)　显示子程序的流程

显示是为了让用户直接、醒目地了解此系统所要实现的功能。其流程如图 7-25 所示。

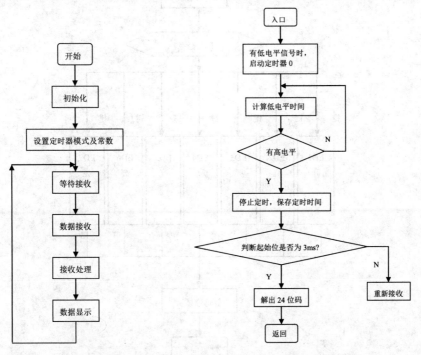

图 7-22　接收主程序的流程　　　　图 7-23　起始位子程序的流程

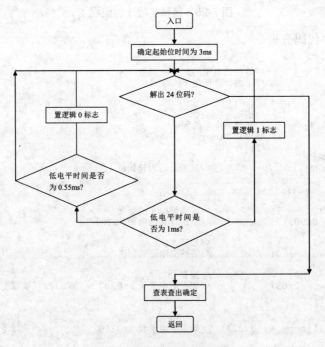

图 7-24　解码子程序的流程

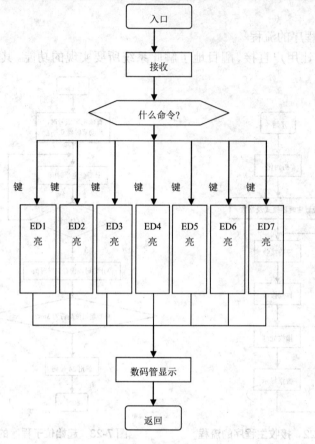

图7-25 显示子程序的流程

③ 部分程序代码分析

```
//计算起始位
while(QI == 1) ;            //等待低电平的到来
                           //下面计算低电平的时间

TL0 = 0x00;
TH0 = 0x00;
TR0 = 1;                   //启动 Timer0
while(QI == 0) ;           //等待高电平的到来
TR0 = 0;                   //停止 Timer0
temp = TH0;                //保存 TH0
//判断起始位并解码
if(temp == 0x0A)              //判断是否为起始位
{
    for(i=0; i!=24; i++)
    {
        while(QI == 1) ;        //等待低电平的到来
        TL0 = 0x00;             //下面计算低电平的时间
        TH0 = 0x00;
        TR0 = 1;                //启动 Timer1
        while(QI == 0) ;        //等待高电平的到来
        TR0 = 0;
        temp = TH0;             //保存 TH0
        if(temp==0x03)          //如果低电平长 0x0300 ~ 0x03FF，就算逻辑 1
        {
            buff[i] = 1;
        }
        else if(temp == 0x02)   //如果低电平长 0x0200 ~ 0x02FF，就算逻辑 0
        {
            buff[i] = 0;
        }
    }
}
```

```
    IrfData = Compare(buff);      //根据 buff 中的 1 和 0，用查表方式解码 24 位的红外码
    //显示子程序
    if(IrfData != 0xff)                        //是否正确解码出来
    {
        P0 = table[IrfData+1];                 //数码管显示
        P2 = table_led[IrfData+1];             //发光二极管显示
    }
}
//用以下程序解码出数据(错误就返回 0xFF)
unsigned char Compare(unsigned char *s)
{
    unsigned char x, y;
    for(x=0; ; )
    {
        for(y=0; y!=22; y++)
        {
            if(IRCode[x][y] != *(s+y)) { if(++x>9) return 0xff; y=0; }
        }
        return x;
    }
    return 0xff;
}
//中断子程序

void init()
{
    TMOD = 0x21;                       //Timer1 模式 2，Timer0---------1
    TH1 = 0xFF;
    TL1 = 0xFF;
    TH0 = 0x00;
    TL0 = 0x00;
    TR1 = 1;                           //启动 Timer1
    PCON |= 0x80;                      //波特率加倍
    SCON = 0x50;                       //设置串口
    EA = 0;
}
```

(3) 接收系统参考程序：

```
#include "reg51.h"
#define  MAX  24
void init();
void print(unsigned char temp);
void printf(unsigned char *s);
void delay(unsigned int Ticks);
unsigned char Compare(unsigned char *s); //该函数负责解码，如果接收有误，解码返回 0xFF
//LED 表
unsigned char code table_led[] = {0xFF,0xFE,0xFD,0xFB,0xF7,0xEF,0xDF,0xBF,0x7F};
//数码管表
unsigned char code table[] = {0x28,0xF9,0x1C,0x58,0xC9,0x4A,0x0A,0xF8,
                              0x08,0x48,0x88,0x0B,0x2E,0x19,0x0E,0x8E};
//红外数据表...
unsigned char code IRCode[8][24]= {
        {1,0,1,0,0,1,0,1,1,0,0,0,1,1,0,0,0,1,1,1,0,0,1,1},
        {1,0,1,0,0,1,0,1,1,0,0,0,1,1,0,0,1,0,1,1,0,0,1,1},
        {1,0,1,0,0,1,0,1,1,1,0,0,1,1,0,0,0,0,1,1,0,0,1,1},
        {1,0,1,0,0,1,0,1,0,0,1,0,1,1,0,0,1,1,0,1,0,0,1,1},
        {1,0,1,0,0,1,0,1,1,0,1,0,1,0,0,0,0,1,0,1,0,0,1,1},
        {1,0,1,0,0,1,0,1,0,1,1,0,1,1,0,0,1,0,0,0,1,0,0,1,1},
        {1,0,1,0,0,1,0,1,1,1,1,0,1,1,0,0,0,0,0,1,0,0,1,1}
                                };
sbit QI = P3^3;
unsigned char buff[MAX];
unsigned char i, temp;
unsigned char IrfData;
void main()
{
    init();
    QI = 1;
    while(1)
    {
        if(QI == 1)
        {
            while(QI == 1) ;            //等待低电平的到来
            //下面计算低电平的时间
            TL0 = 0x00;
```

221

```
        TH0 = 0x00;
        TR0 = 1;                         //启动 Timer0
        while(QI == 0) ;                 //等待高电平的到来
        TR0 = 0;                         //停止 Timer0
        temp = TH0;                      //保存 TH0
        if(temp == 0x0A)                 //判断是否起始位
        {
            for(i=0; i!=24; i++)
            {
                while(QI == 1) ;         //等待低电平的到来
                //下面计算低电平的时间
                TL0 = 0x00;
                TH0 = 0x00;
                TR0 = 1;                 //启动 Timer1
                while(QI == 0) ;         //等待高电平的到来
                TR0 = 0;
                temp = TH0;              //保存 TH0
                if(temp == 0x03)         //如果低电平长 0x0300 ~ 0x03FF，就算逻辑 1
                {
                    buff[i] = 1;
                }
                else if(temp == 0x02)//如果低电平长 0x0200 ~ 0x02FF，就算逻辑 0
                {
                    buff[i] = 0;
                }
            }
            IrfData = Compare(buff);//根据 buff 中的 1 和 0，用查表方式解码 24 位的红外码
            if(IrfData != 0xff)          //是否正确解码出来
            {
                P0 = table[IrfData+1];
                P2 = table_led[IrfData+1];
            }
        }
    }
}
void init()
{
    TMOD = 0x21;                                 //Timer1 模式2，Timer0---------1
    TH1 = 0xFF;
    TL1 = 0xFF;
    TH0 = 0x00;
    TL0 = 0x00;
    TR1 = 1;                                     //启动 Timer1
    PCON |= 0x80;                                //波特率加倍
    SCON = 0x50;                                 //设置串口
    EA = 0;
}
unsigned char Compare(unsigned char *s)
{
    unsigned char x, y;
    for(x=0; ; )
    {
        for(y=0; y!=24; y++)
        {
            if(IRCode[x][y] != *(s+y)) { if(++x>9) return 0xff; y=0; }
        }
        return x;
    }
    return 0xff;
}
```

习题与思考题

(1) 单片机应用系统设计主要包括哪些步骤？

(2) 单片机应用系统的硬件设计，主要包括哪几个部分的设计？

(3) 一个优秀的单片机应用系统软件应具有哪些特点？

(4)　完成一个控制直流电机转速的单片机应用系统的软硬件设计，要求：单片机采用 89S52，采用 8155 芯片、光电传感器、正反转及转速控制按键和 1 个 4 位 0.5 英寸共阳数码管，显示正反转标识及转速。

(5)　要求综合运用前面所学习的知识，完成一个方波发生器和频率计的单片机应用系统的软硬件设计。要求如下。

①　通过某端口输出方波，可以通过拨码开关设置方波频率；LED 显示拨码开关状态。

②　可以测量信号频率，通过 LED 显示。

③　通过拨码开关的某位，切换以上两功能。

附录 1 μVision 菜单项命令、工具栏图标、默认快捷键及描述

(1) 文件菜单和命令(File)：

菜　单	工具按钮	快　捷　键	描　述
New	📄	Ctrl+N	创建新文件
Open	📂	Ctrl+O	打开已经存在的文件
Close		Ctrl+S	关闭当前文件
Save	💾		保存当前文件
Save all	💾		保存所有文件
Save as			另外取名保存
Device Database			维护器件库
Print Setup			设置打印机
Print	🖨	Ctrl+P	打印当前文件
Print Preview			打印预览
1~9			打开最近用过的文件
Exit			退出μVision，提示是否保存文件

(2) 编辑菜单和编辑器命令(Edit)：

菜　单	工具按钮	快　捷　键	描　述
Home			移动光标到本行的开始
End			移动光标到本行的末尾
		Ctrl+Home	移动光标到文件的开始
		Ctrl+End	移动光标到文件的结束
		Ctrl+←	移动光标到词的左边
		Ctrl+→	移动光标到词的右边
		Ctrl+A	选择当前文件的所有文本内容
Undo	↺	Ctrl+Z	取消上次操作
Redo	↻	Ctrl+Shift+Z	重复上次操作
Cut	✂	Ctrl+X	剪切所选文本
		Ctrl+Y	剪切当前行的所有文本
Copy	📋	Ctrl+C	复制所选文本
Paste	📋	Ctrl+V	粘贴
Indent Selected Text	⇥		将所选文本右移一个制表键的距离
Unindent Selected Text	⇤		将所选文本左移一个制表键的距离
Toggle Bookmark	🔖	Ctrl+F2	设置/取消当前行的标签
Goto Next Bookmark	🔖	F2	移动光标到下一个标签处

菜　单	工具按钮	快捷键	描　述
Goto Previous Bookmark		Shift+F2	移动光标到上一个标签处
Clear All Bookmarks			清除当前文件的所有标签
Find	command ▾	Shift+F	在当前文件中查找文本
		F3	向前重复查找
		Shift+F3	向后重复查找
		Ctrl+F3	查找光标处的单词
Replace		Ctrl+H	替换特定的字符
Find in Files			在多个文件中查找
Goto Matching brace			选择匹配的一对大括号,圆括号或方括号

(3) 选择文本命令。

在μVision 中,可以通过按住 Shift 键和相应的光标操作键来选择文本。如 Ctrl+→是移动光标到下一个词,那么,Ctrl+Shift+→就是选择当前光标位置到下一个词的开始位置间的文本。

当然,也可以用鼠标来选择文本,操作如下:

要选择的具体内容	鼠标操作
任意数量的文本	在要选择的文本上拖动鼠标
一个词	双击此词
一行文本	移动鼠标到此行的最左边,直到鼠标变成右指向的箭头,然后单击
多行文本	移动鼠标到此行的最左边,直到鼠标变成右指向的箭头,然后相应拖动
一个矩形	框中的文本,按住 Alt 键,然后相应地拖动鼠标

(4) 视图菜单(View):

菜　单	工具条	描　述
Status Bar		显示/隐藏状态条
File Toolbar		显示/隐藏文件菜单条
Build Toolbar		显示/隐藏编译菜单条
Debug Toolbar		显示/隐藏调试菜单条
Project Window		显示/隐藏项目窗口
Output Window		显示/隐藏输出窗口
Source Browser		打开资源浏览器
Disassembly Window		显示/隐藏反汇编窗口
Watch & Call Stack Window		显示/隐藏观察和堆栈窗口
Memory Window		显示/隐藏存储器窗口
Code Coverage Window		显示/隐藏代码报告窗口

菜 单	工 具 条	描 述
Performance Analyzer Window	☰	显示/隐藏性能分析窗口
Symbol Window		显示/隐藏字符变量窗口
Serial Window #1	🖐	显示/隐藏串口1的观察窗口
Serial Window #2	🖐	显示/隐藏串口2的观察窗口
Toolbox	🔨	显示/隐藏自定义工具条
Periodic Window Update		程序运行时刷新调试窗口
Workbook Mode		显示/隐藏窗口框架模式
Options		设置颜色、字体、快捷键和编辑器的选项

(5) 项目菜单和项目命令(Project)：

菜 单	工具按钮	快 捷 键	描 述
New Project			创建新项目
Import μVision Project			转化 μVision 的项目
Open Project			打开一个已经存在的项目
Close Project			关闭当前的项目
File Extensions			选择不同文件类型的扩展名
Targets, Groups, Files			维护一个项目的对象、文件组和文件
Select Device for Target	MCB251 ▾		选择对象的 CPU
Remove Item			从项目中移走一个组或文件
Options	🔨	Alt+F7	设置对象、组或文件的工具选项
Clear Group and File Options			清除文件组和文件属性
Build Target	🏢	F7	编译修改过的文件并生成应用
Rebuild All Target Files	🏢		重新编译所有的文件并生成应用
Translate	📑	Ctrl+F7	编译当前文件
Stop Build	📑		停止生成应用的过程
1~9			打开最近打开过的项目

(6) 调试菜单和调试命令(Debug)：

菜 单	工 具 条	快 捷 键	描 述
Start/Stop Debug Session	ⓓ	Ctrl+F5	开始/停止调试模式
Go	🗐	F5	运行程序，直到遇到一个中断
Step	🕂	F11	单步执行程序，遇到子程序则进入
Step over	🕂	F10	单步执行程序，跳过子程序
Step out of	🕂	Ctrl+F11	执行到当前函数的结束
Run to Cursor line	🕂		运行到光标行
Stop Running	⊗	Esc	停止程序运行

菜　单	工　具　条	快　捷　键	描　述
Breakpoints			打开断点对话框
Insert/Remove Breakpoint			设置/取消当前行的断点
Enable/Disable Breakpoint			使能/禁止当前行的断点
Disable All Breakpoints			禁止所有的断点
Kill All Breakpoints			取消所有的断点
Show Next Statement			显示下一条指令
Enable/Disable Trace Recording			使能/禁止程序运行轨迹的标识
View Trace Records			显示程序运行过的指令
Memory Map			打开存储器空间配置对话框
Performance Analyzer			打开设置性能分析的窗口
Inline Assembly			对某一个行重新汇编，可以修改汇编代码
Function Editor			编辑调试函数和调试配置文件

(7)　外围器件菜单(Peripherals)：

菜　单	工　具　条	描　述
Reset CPU		复位 CPU
Interrupt		打开片上外围器件的设置对话框 (对话框的种类及内容依赖于选择的 CPU)
I/O-Ports		P0~P3 口观察
Serial		串口观察
Timer		定时器观察

(8)　工具菜单(Tool)。

利用工具菜单，可以配置、运行 Gimpel PC-Lint/Siemens Easy-Case 和用户程序。通过 Customize Tools Menu 菜单，可以添加想要添加的程序。

具体如下：

菜　单	描　述
Setup PC-Lint	配置 Gimpel Software 的 PC-Lint 程序
Lint	用 PC-Lint 处理当前编辑的文件
Lint all C Source Files	用 PC-Lint 处理项目中所有的 C 源代码文件
Setup Easy-Case	配置 Siemens 的 Easy-Case 程序
Start/Stop Easy-Case	运行/停止 Siemens 的 Easy-Case 程序
Show File (Line)	用 Easy-Case 处理当前编辑的文件
Customize Tools Menu	添加用户程序到工具菜单中

(9) 软件版本控制系统菜单(SVCS)。

用此菜单来配置和添加软件版本控制系统的命令。具体如下：

菜 单	描 述
Configure Version Control	配置软件版本控制系统的命令

(10) 视窗菜单(Window)：

菜 单	描 述
Cascade	以互相重叠的形式排列文件窗口
Tile Horizontally	以不互相重叠的形式水平排列文件窗口
Tile Vertically	以不互相重叠的形式垂直排列文件窗口
Arrange Icons	排列主框架底部的图标
Split	把当前的文件窗口分割为几个
1~9	激活指定的窗口对象

(11) 帮助菜单(Help)：

菜 单	描 述
Help topics	打开在线帮助
About μVision	显示版本信息和许可证信息

附录 2　C51 常用库函数

(1)　字符函数(ctype.h)

本类别函数用于对单个字符进行处理，包括字符的类别测试和字符的大小写转换。

函数形式	说　明
bit isalnum(char c)	是否字母和数字
bit isalpha(char c)	是否字母
bit iscntrl(char c)	是否控制字符
bit isdigit(char c)	是否数字
bit isgraph(char c)	是否可显示字符(除空格外)
bit islower(char c)	是否小写字母
bit isprint(char c)	是否可显示字符(包括空格)
bit ispunct(char c)	是否既不是空格，又不是字母和数字的可显示字符
bit isspace(char c)	是否空格
bit isupper(char c)	是否大写字母
bit isxdigit(char c)	是否 16 进制数字(0~9，A~F)字符
char toascii(char c)	转换为 ASCII 码。返回值=c&0x7F
char toint(char c)	0~9、A~F 转换为 0H~9H、0AH~0FH
char tolower(char c)	c 为大写则转换为小写字母
char __tolower(char c)	转换为小写字母
char toupper(char c)	c 为小写则转换为大写字母
char __toupper(char c)	转换为大写字母

(2)　伪本征函数(intrins.h)

函数使用起来，就像在用汇编时一样简便。

函数形式	说　明
unsigned char _crol_ (unsigned char c, unsigned char b)	字符变量 c 循环左移 b 位
unsigned char _cror_ (unsigned char c, unsigned char b)	字符变量 c 循环右移 b 位
unsigned char _chkfloat_ (float ual)	检查浮点数 ual 的状态
unsigned int _irol_ (unsigned int i, unsigned char b)	整型变量 i 循环左移 b 位
unsigned int _iror_ (unsigned int i, unsigned char b)	整型变量 i 循环右移 b 位
unsigned long _lrol_ (unsigned long L, unsigned char b)	长整型变量 L 循环左移 b 位
unsigned long _lror_ (unsigned long L, unsigned char b)	长整型变量 L 循环右移 b 位
void _nop_ (void)	空指令 NOP
bit _testbit_ (bit b)	测试位 b 值并返回 b 值， 同时清 0，JBC 指令

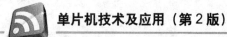

（3）输入输出函数(stdio.h)

该分类用于处理文件、控制台等各种输入输出设备，各函数以"流"的方式实现。

函数形式	说　明
char getchar(void)	从串行口输入字符
char _getkey(void)	从串行口输入一个字符，该函数等待字符输入
char* gets(char *string, int len)	从串行口读入一个长度为 len 的字符串，并存入由*string 指向的数组
int printf(const char *fmtstr[, argument]…)	格式输出到串行口
char putchar(char c)	从串行口输出字符
int puts (const char *string)	用 putchar 函数输出一个字符串和换行符
int scanf(const char *fmtstr.[, argument]…)	按格式用 getchar 函数从串行口读数据
int sprintf(char *buffer, const char *fmtstr[, argument])	格式输出到缓冲区
int sscanf(char *buffer, const char *fmtstr[, argument])	从缓冲区中按格式输入
char ungetchar(char c)	把字符 c 放回到 getchar 输入缓冲区
void vprintf (const char *fmtstr, char *argptr)	作用同 printf，参数表由一个字符串指针代替
void vsprintf(char *buffer, const char *fmtstr, char *argptr)	作用同 sprintf，参数表由一个字符串指针代替
char getchar(void)	字符输入(控制台)

（4）实用工具函数(stdlib.h)

本分类给出的一些函数无法按以上分类，但又是编程所必须要的。

函数形式	说　明
float atof(void *string)	字符串转换为浮点数
int atoi(void *string)	字符串转换为整数
long atol(void *string)	字符串转换为长整数
int rand(void)	产生随机数
void srand (int seed)	设置随机函数的起动数值

（5）字符串处理(string.h)

本分类的函数用于对字符串进行合并、比较等操作。

函数形式	说　明
char memcmp(void *buf1, void *buf2, int n)	块拷贝(目的和源存储区不可重叠)
char* strcat (char *dest, char *src)	将字符串 src 拷贝到字符串 dest 的尾部，并以 null 结束
char* strchr (const char *string, char c)	返回字符串中指定字符'c'第一次出现位置的指针
char strcmp(char *string1, char *string2)	按长度对字符串比较
char* strcpy(char *dest, char *src)	拷贝一个字符串到另一个字符串

函数形式	说　明
int strcspn(char *src, char *set)	第一个字符串包含第二个字符串的任意字符的第一个匹配字符的指针，不包含返回 null
int strlen(char *src)	求字符串长度
char* strncat (char *dest, char *src, int n)	将字符串 src 从开始位置的 n 个字符拷贝到字符串 dest 的尾部，并以 null 结束
char strncmp(char *string1, char *string2, int n)	比较字符串前 n 个字符
char* strncpy(char *dest, char *src, int n)	将字符串 src 从开始位置的 n 个字符拷贝到字符串 dest 的尾部，并以 null 结束。若 src 长度小于 n，则以 0 补齐
char* strpbrk(char *string, char *set)	第一个字符串包含第二个字符串的任意字符的第一个匹配字符的指针
int strpos(const char *string, char c)	字符 c 在字符串中第一次出现的位置
char* strrchr(const char *string, char c)	字符 c 在字符串中最后一次出现的位置指针
char* strrpbrk(char *string, char *set)	返回第一个字符串包含第二个字符串的任意字符的最后一个匹配字符的指针
int strrpos(const char *string, char c)	字符 c 在字符串中最后一次出现的位置
int strspn(char *string, char *set)	返回第一个字符串包含第二个字符串的个数

(6)　数学函数(math.h)

本分类给出了各种数学计算函数，必须提醒的是，ANSI C 标准中的数据格式并不符合 IEEE754 标准，一些 C 语言编译器却遵循 IEEE754(例如 Frinklin C51)。

函数形式	说　明
float acos(float x)	反余弦
float asin(float x)	反正弦
float atan(float x)	反正切
float atan2(float y, float x)	x/y 反正切
float cos(float x)	余弦
float sin(float x)	正弦
float tan(float x)	正切
float cosh(float x)	双曲余弦
float sinh(float x)	双曲正弦
float tanh(float x)	双曲正切
float exp(float x)	指数函数
float frexp(float x)	指数分解函数
float fdexp(float x)	乘积指数函数
float log(float x)	自然对数

续表

函数形式	说　明
float log10(float x)	以 10 为底的对数
float modf(float x, float *ip)	浮点数分解函数
float powf(float x, float y)	幂函数
float sqrt(float x)	平方根函数
float ceil(float x)	求上限接近整数
float fabs(float x)	绝对值
float floor(float x)	求下限接近整数
float fmod(float x, float y)	求余数

附录 3　C51 中的关键字

(1)　ANSIC 标准关键字：

关 键 字	用 途	说 明
auto	存储种类说明	用以说明局部变量，默认值
break	程序语句	退出最内层循环
case	程序语句	switch 语句中的选择项
char	数据类型说明	单字节整型数或字符型数据
const	存储类型说明	在程序执行过程中不可更改的常量值
continue	程序语句	转向下一次循环
default	程序语句	switch 语句中的失败选择项
do	程序语句	构成 do-while 循环结构
double	数据类型说明	双精度浮点数
else	程序语句	构成 if-else 选择结构
enum	数据类型说明	枚举
extern	存储种类说明	在其他程序模块中说明了的全局变量
flost	数据类型说明	单精度浮点数
for	程序语句	构成 for 循环结构
goto	程序语句	构成 goto 转移结构
if	程序语句	构成 if-else 选择结构
int	数据类型说明	基本整型数
long	数据类型说明	长整型数
register	存储种类说明	使用 CPU 内部寄存的变量
return	程序语句	函数返回
short	数据类型说明	短整型数
signed	数据类型说明	有符号数，二进制数据的最高位为符号位
sizeof	运算符	计算表达式或数据类型的字节数
static	存储种类说明	静态变量
struct	数据类型说明	结构类型数据
switch	程序语句	构成 switch 选择结构
typedef	数据类型说明	重新进行数据类型定义
union	数据类型说明	联合类型数据
unsigned	数据类型说明	无符号数数据
void	数据类型说明	无类型数据
volatile	数据类型说明	该变量在程序执行中可被隐含地改变
while	程序语句	构成 while 和 do-while 循环结构

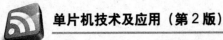

(2) C51 编译器的扩展关键字：

关 键 字	用 途	说 明
bit	位标量声明	声明一个位标量或位类型的函数
sbit	位标量声明	声明一个可位寻址变量
sfr	特殊功能寄存器声明	声明一个特殊功能寄存器
sfr16	特殊功能寄存器声明	声明一个 16 位的特殊功能寄存器
data	存储器类型说明	直接寻址的内部数据存储器
bdata	存储器类型说明	可位寻址的内部数据存储器
idata	存储器类型说明	间接寻址的内部数据存储器
pdata	存储器类型说明	分页寻址的外部数据存储器
xdata	存储器类型说明	外部数据存储器
code	存储器类型说明	程序存储器
interrupt	中断函数说明	定义一个中断函数
reentrant	再入函数说明	定义一个再入函数
using	寄存器组定义	定义芯片的工作寄存器

高职高专计算机实用规划教材——案例驱动与项目实践

附录 4　汇编指令表

指令助记符 (包括寻址方式)	指令说明		字节数	机器 周期数
	数据传送类指令			
MOV A, Rn	寄存器内容送累加器	A ← (Rn)	1	1
MOV A, direct	直接寻址字节内容送累加器	A ← (direct)	2	1
MOV A, @Ri	间接 RAM 送累加器	A ← ((Ri))	1	1
MOV A, #data	立即数送累加器	A ← #data	2	1
MOV Rn, A	累加器送寄存器	Rn ← (A)	1	1
MOV Rn, direct	直接寻址字节送寄存器	Rn ← (direct)	2	2
MOV Rn, #data	立即数送寄存器	Rn ← #data	2	1
MOV direct, A	累加器送直接寻址字节	direct ← A	2	1
MOV direct, Rn	寄存器送直接寻址字节	direct ← (Rn)	2	2
MOV direct1, direct2	直接寻址字节送直接寻址字节	direct1 ← (direct2)	3	2
MOV direct, @Ri	间接 RAM 送直接寻址字节	direct ← ((Ri))	2	2
MOV direct, #data	立即数送直接寻址字节	direct ← #data	3	2
MOV @Ri, A	累加器送片内 RAM	(Ri) ← A	1	1
MOV @Ri, direct	直接寻址字节送片内 RAM	(Ri) ← (direct)	2	2
MOV @Ri, #data	立即数送片内 RAM	(Ri) ← #data	2	1
MOV DPTR, #data16	16 位立即数送数据指针	DPRT ← #data16	3	2
MOVC A, @A+DPTR	变址寻址字节送累加器(相对 DPTR)	A ← ((A)+(DPTR))	1	2
MOVC A, @A+PC	变址寻址字节送累加器(相对 PC)	A ← ((A)+(PC))	1	2
MOVX A, @Ri	片外 RAM 送累加器(8 位地址)	A ← ((Ri))	1	2
MOVX A, @DPTR	片外 RAM(16 位地址)送累加器	A ← ((DPTR))	1	2
MOVX @Ri, A	累加器送片外 RAM(8 位地址)	((Ri)) ← A	1	2
MOVX @DPTR, A	累加器送片外 RAM(16 位地址)	((DPTR)) ← A	1	2
PUSH direct	直接寻址字节压入栈顶	SP ← (SP)+1, (SP) ← (direct)	2	2
POP direct	栈顶弹至直接寻址字节	direct ← ((SP)), SP ← (SP)−1	2	2
XCH A, Rn	寄存器与累加器交换	(A) ←→ (Rn)	1	1
XCH A, direct	直接寻址字节与累加器交换	(A) ←→ (direct)	2	1
XCH A, @Ri	片内 RAM 与累加器交换	(A) ←→ ((Ri))	1	1
XCHD A, @Ri	片内 RAM 与累加器低 4 位交换	(A)3~0 ←→ ((Ri))3~0	1	1

续表

指令助记符 (包括寻址方式)	指令说明		字节数	机器 周期数
	算术运算类指令			
ADD A, Rn	寄存器内容送累加器	A ← (A)+(Rn)	1	1
ADD A, direct	直接寻址送累加器	A ← (A)+(direct)	2	1
ADD A, @Ri	间接寻址 RAM 到累加器	A ← (A)+((Ri))	1	1
ADD A, #data	立即数到累加器	A ← (A)+data	2	1
ADDC A, Rn	寄存器加到累加器(带进位)	A ← (A)+(Rn)+C_Y	1	1
ADDC A, direct	直接寻址加到累加器(带进位)	A ← (A)+(direct) +C+C_Y	2	1
ADDC A, @Ri	间接寻址 RAM 加到累加器(带进位)	A ← (A)+((Ri)) +C_Y	1	1
ADDC A, #data	立即数加到累加器(带进位)	A ← (A)+data+C_Y	2	1
SUBB A, Rn	累加器内容减去寄存器内容(带借位)	A ← (A)−(Rn)−C_Y	1	1
SUBB A, direct	累加器内容减去直接寻址(带借位)	A ← (A)−(direct)−C_Y	2	1
SUBB A, @Ri	累加器内容减去间接寻址(带借位)	A ← (A)−((Ri))−C_Y	1	1
SUBB A, #data	累加器内容减去立即数(带借位)	A ← (A)−data−C_Y	2	1
INC A	累加器加 1	A ← (A)+1	1	1
INC Rn	寄存器加 1	Rn ← (Rn)+1	1	1
INC direct	直接寻址加 1	direct ← (direct)+1	2	1
INC @Ri	间接寻址 RAM 加 1	(Ri) ← ((Ri))+1	1	1
INC DPTR	地址寄存器加 1	DPTR ← DPTR+1	1	2
DEC A	累加器减 1	A ← (A)−1	1	1
DEC Rn	寄存器减 1	Rn ← (Rn)−1	1	1
DEC direct	直接寻址地址字节减 1	direct ← (direct)−1	2	1
DEC @Ri	间接寻址 RAM 减 1	(Ri) ← ((Ri))−1	1	1
MUL AB	累加器 A 和寄存器 B 相乘	AB ← (A)*(B)	1	4
DIV AB	累加器 A 除以寄存器 B	AB ← (A)/(B)	1	4
DA A	对 A 进行十进制调整		1	1
	逻辑操作类指令			
ANL A, Rn	寄存器"与"到累加器	A ← (A)∧(Rn)	1	1
ANL A, direct	直接寻址"与"到累加器	A ← (A)∧(direct)	2	1
ANL A, @Ri	间接寻址 RAM "与"到累加器	A ← (A)∧((Ri))	1	1
ANL A, #data	立即数"与"到累加器	A ← (A)∧data	2	1
ANL direct, A	累加器"与"到直接寻址	direct ← (direct)∧(A)	2	1
ANL direct, #data	立即数"与"到直接寻址	direct ← (direct)∧data	3	2
ORL A, Rn	寄存器"或"到累加器	A ← (A)∨(Rn)	1	1
ORL A, direct	直接寻址"或"到累加器	A ← (A)∨(direct)	2	1

高职高专计算机实用规划教材——案例驱动与项目实践

续表

指令助记符 (包括寻址方式)	指令说明		字节数	机器 周期数
ORL A, @Ri	间接寻址 RAM "或" 到累加器	A ← (A)∨((Ri))	1	1
ORL A, #data	立即数 "或" 累加器	A ← (A)∨data	2	1
ORL direct, A	累加器 "或" 到直接寻址	direct ← (direct)∨(A)	2	1
ORL direct, #data	立即数 "或" 到直接寻址	direct ← (direct)∨data	3	2
XRL A, Rn	立即数 "异或" 到累加器	A ← (A)∨(Rn)	1	1
XRL A, direct	直接寻址 "异或" 到累加器	A ← (A)∨(direct)	2	1
XRL A, @Ri	间接寻址 RAM "异或" 累加器	A ← (A)∨((Ri))	1	1
XRL A, #data	立即数 "异或" 到累加器	A ← (A)∨data	2	1
XRL direct, A	累加器 "异或" 到直接寻址	direct ← (direct)⊕(A)	2	1
XRL direct, #data	立即数 "异或" 到直接寻址	direct ← (direct)⊕data	3	2
CLR A	累加器清零	A ← 0	1	1
CPL A	累加器求反	A ← $\overline{(A)}$	1	1
RL A	累加器循环左移	A 循环左移一位	1	1
RLC A	经过进位位的累加器循环左移	A 带进位循环左移一位	1	1
RR A	累加器右移	A 循环右移一位	1	1
RRC A	经过进位位的累加器循环右移	A 带进位循环右移一位	1	1
SWAP A	A 半字节交换		1	1
位操作类指令				
CLR C	清进位位	CY ← 0	1	1
CLR bit	清直接地址位	bit ← 0	2	1
SETB C	置进位位	CY ← 1	1	1
SETB bit	置直接地址位	bit ← 1	2	1
CPL C	进位位求反	CY ← $\overline{CY}$	1	1
CPL bit	直接地址位求反	bit ← $\overline{bit}$	2	1
ANL C, bit	进位位和直接地址位相 "与"	CY ← (CY)∧(bit)	2	2
ANC C, $\overline{bit}$	进位位和直接地址位的反码相 "或"	CY ← (CY)∧($\overline{bit}$)	2	2
ORL C, bit	进位位和直接地址位相 "与"	CY ← (CY)∨(bit)	2	2
ORL C, $\overline{bit}$	进位位和直接地址位的反码相 "或"	CY ← (CY)∨($\overline{bit}$)	2	2
MOV C, bit	直接地址位送入进位位	CY ← (bit)	2	1
MOV bit, C	进位位送入直接地址位	bit ← CY	2	2
JNC rel	进位位为 1 则转移 PC←(PC)+2, 若(CY)=0 则 PC←(PC)+rel		2	2
JB bit, rel	进位位为 0 则转移 PC←(PC)+3, 若(bit)=1 则 PC←(PC)+rel		3	2
JC rel	直接地址位为 1 则转移 PC←(PC)+2, 若(CY)=1 则 PC←(PC)+rel		2	2

指令助记符 (包括寻址方式)	指令说明	字节数	机器 周期数
JBN bit, rel	直接地址位为 0 则转移 PC←(PC)+3，若(bit)=0 则 PC←(PC)+rel	3	2
JBC bit, rel	直接地址位为 1 则转移，该位清 0 PC←(PC)+3，若(bit)=1 则 bit←0，PC←(PC)+rel	3	2
控制转移类指令			
LJMP addr16	长转移　　　　　　　　PC ← addr16	3	2
AJMP addr11	绝对转移　　　　　　　PC10～0 ← addr11	2	2
SJMP rel	短转移(相对偏移)　　　PC ← (PC)+rel	2	2
JMP @A+DPTR	相对 DPTR 的间接转移　PC ← (A)+(DPTR)	1	2
JZ rel	累加器为零则转移 PC←(PC)+2，若(A)=0 则 PC←(PC)+rel	2	2
JNZ rel	累加器为非零则转移 PC←(PC)+2，若(A)≠ 0 则 PC←(PC)+rel	2	2
CJNE A, direct, rel	比较直接寻址字节和 A 不相等则转移 PC←(PC)+3，若(A)≠ (direct)则 PC←(PC)+rel*	3	2
CJNE A, #data, rel	比较立即数和 A 不相等则转移 PC←(PC)+3，若(A)≠ (data)则 PC←(PC)+rel*	3	2
CJNE Rn, #data, rel	比较立即数和寄存器不相等则转移 PC←(PC)+3，若(Rn)≠ (data)则 PC←(PC)+rel*	3	2
CJNE @Ri, #data, rel	比较立即数和间接寻址 RAM 不相等则转移 PC←(PC)+3，若((Ri))≠ (data)则 PC←(PC)+rel*	3	2
DJNZ Rn, rel	寄存器减 1 不为零则转移 PC←(PC)+2，Rn←(Rn)-1，若(Rn)≠ 0，则 PC←(PC)+rel	2	2
DJNZ direct, rel	直接寻址字节减 1 不为零则转移 PC←(PC)+3　direct←(direct)-1 若(direct)≠ 0，则 PC←(PC)+rel	3	2
ACALL addr11	绝对调用子程序 PC← (PC)+2，SP←(SP)+1 SP←(PC)L，SP←(SP)+1 (SP)←(PC)H，PC10～0←addr11	2	2
LCALL addr16	长调用子程序 PC←(PC)+3，SP←(SP)+1 SP←(PC)L，SP←(SP)+1 (SP)←(PC)H，PC10～0←addr16	3	2

续表

指令助记符 (包括寻址方式)	指令说明	字节数	机器 周期数
RET	从子程序返回 PCH←((SP))，SP←(SP)-1 PCL←((SP))，SP←(SP)-1	1	2
RETI	从中断返回 PCH←((SP))，SP←(SP)-1 PCL←((SP))，SP←(SP)-1	1	2
NOP	空操作	1	1